连续流动分析技术及应用

郭军伟
王洪波 主编

中国轻工业出版社

图书在版编目（CIP）数据

连续流动分析技术及应用/郭军伟，王洪波主编．—
北京：中国轻工业出版社，2020.6
ISBN 978－7－5184－2908－0

Ⅰ.①连…　Ⅱ.①郭…　②王…　Ⅲ.①烟草—化学
成分—化学分析　Ⅳ.①TS424

中国版本图书馆CIP数据核字（2020）第037180号

责任编辑：张　靓　王昱茜　　责任终审：张乃柬　　整体设计：锋尚设计
策划编辑：张　靓　　责任校对：吴大鹏　　责任监印：张　可

出版发行：中国轻工业出版社（北京东长安街6号，邮编：100740）
印　　刷：三河市万龙印装有限公司
经　　销：各地新华书店
版　　次：2020年6月第1版第1次印刷
开　　本：170×240　1/16　印张：19.75
字　　数：380千字
书　　号：ISBN 978-7-5184-2908-0　定价：78.00元
邮购电话：010－65241695
发行电话：010－85119835　传真：85113293
网　　址：http：//www.chlip.com.cn
Email：club@chlip.com.cn
如发现图书残缺请与我社邮购联系调换
190128K1X101ZBW

本书编写人员

主　　编　郭军伟　王洪波

副 主 编　颜权平　郭吉兆　彭丽娟

参　　编　刘绍锋　杜　文　丁时超　朱先约
崔　迟　孙培健　樊美娟　潘立宁
王宜鹏　贾云祯　王　颖　谭　涛
李星亮　高玉珍　何东香　李怀奇
成　涛　胡　奇　殷延齐　张永红
张　威　戴云辉　曹继红　胡念念

前言

PREFACE

随着卷烟工业的快速发展，卷烟产品不仅要有独特的香气风格和品质保证，还要降低烟气中有害成分的释放。于是，广大科技人员在烟草成分与烟叶质量的关系、烟气成分与吸食品质的关系、烟气有害成分分析、烟草及烟气成分分析方法、烟用材料产品质量安全等方面开展了大量的研究工作，科学制定相关技术标准，以全面提升卷烟产品安全和质量。

连续流动分析技术作为一种快速、简便、高效的化学成分分析技术被广泛应用于烟草及烟气的研究工作中，并形成了一系列新方法、新技术、新标准。本书共分为七章。第一章为绪论，简要概述了连续流动分析技术的发展过程及基本化学知识；第二章介绍了连续流动分析技术基本原理；第三章、第四章和第五章分别详细介绍了烟草成分、卷烟烟气成分和烟用材料成分的连续流动分析技术研究进展及相关分析标准方法；第六章介绍了连续流动法的测量不确定度评价；第七章介绍了连续流动分析应用展望；附录为烟草行业现行有效的连续流动分析标准方法。

本书的主要读者对象是烟草化学研究人员与技术人员，本书也可作为分析化学研究人员和技术人员掌握连续流动分析技术的参考书。本书在编写过程中参考了大量国内外专家和学者的相关文献及研究成果，在此谨向他们致以衷心感谢。

烟草连续流动分析技术体系尚在完善之中，加之编者学术水平有限，书中错误和不当之处在所难免，敬请读者批评指正。

编者

目录

CONTENTS

第一章
绪论

第一节　连续流动分析技术发展简史

20 世纪 50 年代，在各种各样自动分析仪发展的同时，出现了一种性能更为优越的溶液化学分析技术——空气间隔连续流动分析。它的基本方法是把各种化学分析所需用的化学试剂和样品按一定的顺序和比例用管道和泵输送到特定反应区域进行混合和反应，待反应达到平衡后再使产物流经检测器检测并由记录仪显示分析结果。随着科学技术的进步并要满足研究领域需求，最终衍化形成两大空气间隔连续流动分析技术——连续流动分析和流动注射分析。

一、连续流动分析

连续流动分析（Continuous Flow Analysis，CFA）是一种连续流分析的自动化分析技术。1957 年药理实验室的研究人员 Leonard Skaggs 提出了连续流动自动化学分析技术的概念，这种技术以引入空气泡为特征，最初仪器主要用于临床分析，后来迅速被应用于工业分析。1960 年由美国 Technicon 公司生产了世界上第一台应用此技术的仪器，定名为自动分析仪（AutoAnalyzer），当时的型号为 AutoAnalyzer Ⅰ（AA Ⅰ）。从此，AutoAnalyzer 作为 Technicon 的商标成为 CFA 的代名词。由于它能将大多数复杂的化学反应固定在一台被精密控制的仪器上，从试剂的顺序定量导入、反应温度控制、化学反应完成及吸光度检测等方面完全自动地、快速准确地进行，得以克服了手工分析法的操作过程繁琐、分析速度慢、工作强度大、样品和试剂消耗量大、频繁操作对人体造成危害的缺点，同时克服了程序分析器分析速度慢、样品和试剂消耗量大的不足，具有通用性强、分析速度快、自动化程度高等优点，从而得到各行业的研究和推广应用，很快成为大多数工业各领域通用的标准化学分析方法，推动化学分析技术领域取得重大进步。

1969 年，Technicon 推出了功能更强大、结构更完善、操作更方便的 AutoAnalyzer Ⅱ。1988 年德国布朗卢比公司收购了 Technicon，继续致力于 CFA 的研究和开发。1997 年德国布朗卢比公司推出的 AutoAnalyzer Ⅲ已经能进行在线消解、在线溶剂萃取、在线蒸馏、在线过滤、氧化还原、在线离子交换等，自动稀释，自动进样，WINDOWS/NT 下全计算机自动系统控制软件，结果自动报表打印，多功能化学分析盒，高低量程转换，不用安装电子除气泡装置等。仪器采用连续流动的原理，用均匀的空气泡将样品与样品分开，标准样品和未知样品通过同样的处理和同样的环境，通过对吸光度的比较，得出准确的结果。系统由自动进样器、蠕动泵、化学分析盒、比色计、计算机和打印机组成。

随着科学技术的快速发展，尤其是电子技术和软件技术的飞速发展，连续流动分析技术取得了突飞猛进的大发展，多家仪器公司加入到连续流动分析仪的研发中来，推出多台先进的连续流动分析仪。目前连续流动分析仪的研发公司主要包括：德国 BRAN + LUEB 公司、美国 LATCH 公司、荷兰 SKALA 仪器公司及法国 FUTURA 公司。

二、流动注射分析

流动注射分析技术（Flow Injection Analysis，FIA）是样品被注射进试剂流进行分析。1974 年由丹麦学者 Ruzicka 与 Hansen 首次提出流动注射分析，采用把一定体积的试样注入到无气泡间隔的流动试剂（载流）中的办法，保证混合过程与反应时间的高度重现性，在非平衡状态下高效率地完成了试样的在线处理与测定，使非平衡条件下的分析成为可能。美国的 LATCH，北京吉天生产的 FIA－6000 均采用这种原理。FIA 技术除去了原来分析中大量而繁琐的手工操作，并由间隙式流程过渡到连续自动分析，操作简单，试剂、试样用量少，分析速度快，精密度高，承担了快速、准确地提供大量分析数据的工作。

1975 年瑞典 BIFOK 公司研制推出第一代 FIA 仪器，基本上能满足一般的 FIA 分析。随后各国的厂家和仪器公司相继推出了具有各自特色的 FIA 仪器，为 FIA 技术的进一步发展创造了条件。

在中国，连续流动分析技术近几年也开始快速发展起来，其中最具代表性的是北京吉天公司生产的 FIA－6000，其性能已经达到国外同类产品的先进水平。

基于连续流动分析操作简便、实际消耗极少、快速高效和结果准确可靠的特点，目前连续流动分析仪已广泛应用于水质检测、烟草、食品、土壤/植物及化肥等行业。

第二节 名词术语

1. 标准物质（Reference material，RM）

标准物质亦称为参考物质。已确定其一种或几种特性量值，用于标准测量器具、评价测量方法或确定材料特性量值的物质。标准物质是国家计量部门颁布的一种计量标准，具有以下基本属性：均匀性、稳定性和准确量值。标准物质可以是纯的或混合的气体、液体或固体，也可以是一件制品或图像。

2. 相关系数（Correlation coefficient）

相关系数是最早由统计学家卡尔·皮尔逊设计的统计指标，是研究变量之间线性相关程度的量，一般用字母 r 或 R^2 表示，相关系数越接近于1，相关度越强。

3. 不确定度（Uncertainty）

不确定度是表征合理地赋予被测量值的分散性，与测量结果相关的参数。

4. 测量不确定度（Uncertainty of measurement）

测量不确定度是指合理地赋予被测量值与真值之间的分离度大小，是对检测结果做解释时相互联系一并报告的参数。通常情况下，测量不确定度可以用标准偏差（或其指定倍数）或规定置信水平间的半宽度表示。测量不确定度一般由许多分量组成，其中一些分量可以用一系列测量结果的统计分布进行计算，并以标准偏差来表示，而另一些分量可以根据经验或其他信息的假定概率分布进行估算，也可以用实验标准偏差来表示；一个度量结果是被测变量的最佳估计值，不确定度的全部构成来自反应体系，有修正值和参考标准等联合构成的离散度。

5. 基体效应（Matrix effects）

基体效应是指试样的基本化学组成和物理化学状态的变化对待测元素定量分析结果所造成的影响。基体效应包括改变被测元素的蒸发特性，元素分子的不完全解离，已原子化的原子重新复核，被测元素以分子形式逃逸测量区，以及大量基体分子存在造成的散射及对分析谱线的吸收的影响。

6. 检出限（Detection limit）

检出限指由特定的分析步骤能够合理地检测出的最小分析信号并求得的最低浓度，其与分析中所用试剂和水的空白有关外，还与仪器的稳定性及噪声水平有关。检出限通常记为方法流程空白值标准偏差（10 次或 20 次）的 3 倍。

7. 定量限（Quantification limit）

定量限是指样品中被测物质能被定量测定的最低量，其测定结果应具有一定的准确度。定量限体现了分析方法是否具备灵敏的定量检测能力。定量限通常记为方法流程空白值标准偏差（10 次或 20 次）的 10 倍。

8. 精密度（Precision）

精密度或称精度，是指在指定条件下，多次独立测定结果之间的相互接近程度。一般地说，精密度只取决于随机误差的分布，而与真值或规定值无关；精密度的衡量通常以测试结果的标准偏差来表达，其标准偏差越大，不确定度越高；“独立测定结果”意味着本次获得的结果是独立的，不受相同或相似样品以往结果的影响。

9. 重复性（Repeatability）

重复性是指在限定条件下的重复检测。即在较短间隔时间内，有相同的操作人员在同一实验室内用相同的方法，对同一检测项目进行独立的重复检测，获得独立的重复实验结果。

10. 回收率（Recovery）

回收率是指在没有被测物质的空白样品基质中加入定量的标准物质，按样品的处理步骤分析，得到的结果与理论值的比值。实际测定过程中，采用相同的样品取两份，其中一份加入定量的待测成分标准物质；两份同时按相同的分析步骤分析，加标的一份所得的结果减去未加标一份所得的结果，其差值同加入标准物质的理论值之比即为样品加标回收率。

11. 误差（Error）

误差指测量结果减去被测量的“真值”之差。由于真值不能确定，实际上用的是约定真值。误差是一个单个数值，原则上已知误差可以用来修正测量结果。通常认为误差含有两个分量，即随机分量和系统分量，分别称为随机误差和系统误差。

12. 随机误差（Random error）

随机误差是在测量过程中因随机因素作用产生的具有抵偿性的误差。随机误差遵循统计规律，随着测量次数增加而逐渐降低；理论上当测量次数足够多时，随机误差的平均值趋向于零。

13. 系统误差（Systematic error）

系统误差是指对同一测量物的测量过程中保持不变或以可以预见的方式变化的误差分量。它是独立于测量次数的，不能在相同的测量条件下通过增加测量次数的方法使之减少。但是，可以根据对产生误差的原因分析，用已知的相关因子进行校正来消除系统误差。

14. 标准偏差（Standard deviation，SD）

标准偏差是表征测定值离散性的一个特征参数。从总体抽取容量为 n 的样本进行重复测定，由所测得的 n 次测定值计算得出，以 S 表示。

$$S = \sqrt{\frac{\sum_{i=1}^{n} (x_i - \bar{x})^2}{n-1}}$$

其特点：①全部测定值都参与标准偏差的计算，充分利用了得到的所有信息；②对一组测定值中离散性大的测定值反应灵敏，当一组测量中出现离散性大的测定值时，标准偏差随即明显变大；③总体标准差的无偏估计值，用来量度测定的精密度是最有效的；④不具有加和性。标准偏差在数据处理中应用非常广泛。

15. 相对标准偏差（Relative standard deviation，RSD）

相对标准偏差亦称为标准偏差系数、变异系数等，由标准偏差除以相应的平均值乘 100% 所得值，可在检验检测工作中分析结果的精密度。

16. 基线（Baseline）

在实验操作条件下，试剂反应后没有样品组分流出时的流出曲线称为基线，稳定的基线应该是一条水平直线。

17. 分光光度计（Spectrometer）

分光光度计是将成分复杂的光分解为光谱线的科学仪器。测量范围一般包括波长范围为 380 ~ 780nm 的可见光区和波长范围为 200 ~ 380nm 的紫外光区。

18. 火焰光度计（Spectrophotometer）

火焰光度计是指以发射光谱法为基本原理的一种分析仪器，以火焰作为激发光源，并应用光电检测系统来测量被激发元素由激发态回到基态时发射的辐射强度。根据其特征光谱及光波强度判断元素类别及其含量，适用于较易激发的碱金属及碱土金属元素的测定。

19. 缓冲溶液（Buffer solution）

缓冲溶液指的是由弱酸及其盐、弱碱及其盐组成的混合溶液，能在一定程度上抵消、减轻外加强酸或强碱对溶液酸碱度的影响，从而保持溶液的 pH 相对稳定。

20. 实验室质量控制样品（Laboratory control sample）

实验室质量控制样品是指一个含有基质且待测物浓度为已知的样品。其目的在于检查整个检测方法的效率，可用浓度确定的样品。

21. 基质（Matrix）

基质是组成样品的主要物质。

22. 方法空白（method blank）

方法空白的目的是确认样品在分析检测过程是否受到污染。通常以试剂水为样品，以与待测样品相同的检测方法处理分析，所测得的值为方法空白值。

23. 校正空白（Calibration blank）

校正空白是指试剂水中添加与标准品和样品相同种类与数量的溶液。

24. 重复分析（Duplicate）

重复分析指将一样品等分为二，依相同前处理及分析步骤，针对同批次中同一样品作两次以上的分析（含样品前处理、分析步骤），由此可确定操作程序的精密度。重复分析的样品应为可定量的样品，除检测方法另有规定外，通常至少每 10 个样品应执行一个重复样品分析，若每批次样品数少于 10 个，则每批次应执行一个重复样品分析。若无法执行样品的重复分析时至少应执行查核样品的重复分析。检验室应记录重复样品编号、分析日期、重复分析测定值。

25. 样品加标（Matrix spike）

样品加标是指添加已知浓度的浓缩标准品到样品中，与原样品经过相同程序处理分析计算其添加回收率 P，可检测样品的基质效应与检测方法的误差。

26. 批次（Batch）

批次为品管的基本单元，指使用相同检测方法、同组试剂、于相同时间内或连续一段时间内，以相同前处理、分析步骤一起检测的样品。其中每一批次样品应具有同一基质或相似的基质。

27. 加标样品（Spiked sample）

为确认样品中有无基质干扰或所用的检测方法是否适当，将样品等分为二，一部分依样品前处理、分析步骤直接检测，另一部分添加适当量的待测物标准品后再依样品前处理、分析步骤检测，后者即称之为加样样品。由此可了解检测方法的适用性及样品的基质干扰。添加的浓度应接近法规管制标准或与样品浓度相当。

28. 样品有效期（Sample holding time）

样品有效期指于指定的保存和储存条件下，样品采集后至样品分析前的有效期间。

29. 稀释测试（Dilution test）

稀释测试指每一分析批次选择一具代表性的样品进行系列稀释，以确定是否有干扰存在。待测物的浓度必须至少是预估侦测极限的25倍。先测定未稀释样品的粗浓度后，稀释至少5（1+4）倍再重新分析。假如此批次的所有样品浓度皆低于侦测极限的10倍，则以下节所述的添加回收分析为之。如果，未稀释的样品浓度与稀释样品浓度的5倍值相差在10%以内则表示无干扰存在，则不需使用标准添加法分析。

30. 回收率测试（Recovery test）

回收率测试是指假如稀释测试的结果不符合上述的要求，则表示干扰可能存在，此时须分析添加样品以助于确定稀释测试的结果。另外取一部分的测试样品，加入一已知量的待测物使待测物浓度为原浓度的2~5倍；假如该批次的待测物浓度皆低于侦测极限，则将所选择的样品添加侦测极限的20倍。分析该添加样品，并计算添加的回收率。假如回收率低于85%或高于115%，则该批次所有样品皆须以标准加入法分析。

31. 标准加入法（Standard addition method）

标准加入法是指将已知量的标准品加至一或多个处理的样品溶液中。此技术可补偿由于样品的组成对分析讯号的增强或降低所导致的斜率偏差（样品的斜率不同于检量线）的现象，但无法校正加成性干扰所造成的基线偏移。标准添加法应用于所有萃取程序萃取液的分析、申请表列排除（delisting petition）的委托分析，及每一种新样品基质的分析。

第三节　分析化学基础知识

一、化学试剂规格

试剂规格基本上按纯度（杂质含量的多少）划分，有高纯试剂、光谱纯试剂、基准试剂、分析纯试剂、优级纯试剂、分析试剂和化学纯试剂等 7 种。国家和主管部门颁布质量指标的主要有优级纯、分级纯、化学纯和实验试剂 4 种。选用不同纯度试剂的标准主要是不同的反应需求，以及该试剂所含杂质对分析要求有无影响。目前我国化学试剂的等级标志，见表 1－1。

表 1－1　我国化学试剂等级对照表

质量次序	1	2	3	4	5
级别	一级品	二级品	三级品		
中文标志	保证试剂 优级纯	分析试剂 分析纯	化学纯 纯	实验试剂 医用	生物试剂
符号	GR	AR	CP	LR	BR 或 CR
瓶签颜色	绿	红	蓝	棕色或其他色	黄色或其他色

除了上述级别外，还有一些特殊用途的所谓高纯试剂。例如：基准试剂是专门作为基准物用，可直接配制标准溶液；而色谱纯试剂是在最高灵敏度下以 10^{-10}g 下无杂质峰来表示的，光谱纯试剂是以光谱分析时出现的干扰谱线的数目强度大小来衡量的，二者均不能被认为是化学分析的基准试剂。

在一般的分析工作中，通常要求使用分析纯试剂。

常用化学试剂的检验，除经典的湿法化学方法之外，已越来越多地使用物理化学方法和物理方法，如原子吸收光谱法，发射光谱法，电化学方法等。高纯试剂的检验，只能选用比较灵敏的痕量分析方法。

分析工作者必须对化学试剂有明确的认识，做到合理使用，既不超规格造成浪费，又不随意降低规格而影响分析结果的准确度。另外，必须指出，目前的化学试剂合格率比较低，应选用信誉良好的正规厂家的产品。

二、玻璃仪器的洗涤

分析化学实验中使用的玻璃仪器应洁净，其内壁应能被水均匀地润湿而无水的条纹，且不挂水珠。

实验中常用的烧杯、三角瓶、量杯等一般的玻璃仪器，可用毛刷蘸去污粉或合成洗涤剂刷洗，再用自来水冲洗干净，然后用蒸馏水或去离子水润洗 2 ~3 次。

滴定管、移液管、容量瓶等具有精确刻度的仪器，视其脏污的程度，选择下列合适种类的洗涤液。因铬酸洗液有毒，易造成污染，近年来较少使用，现多采用合成洗涤剂或洗衣粉。洗涤的方法为制 0.1% ~0.5% 浓度的合成洗涤剂或洗衣粉，将少量洗涤液倒入所洗容器中，摇动几分钟后，倾入原瓶，然后用自来水冲洗干净后，用蒸馏水或去离子水润洗几次。

吸光光度法中所用的比色皿，是用玻璃或石英制成的，不能用毛刷刷洗，通常用盐酸 - 乙醇、合成洗涤剂或铬酸洗液等洗涤后，再用自来水冲洗干净，然后用蒸馏水或去离子水润洗几次。

实验室常用的洗涤剂种类如下。

1. 合成洗涤剂或洗衣粉

市售的洗衣粉是以十二烷基苯磺酸钠为主，另含有少量的十二烷基硫酸钠和十二烷基磺酸钠，属于阴离子表面活性剂。此物质适合洗涤被油脂或某些有机物沾污的容器。

2. 氢氧化钠 - 高锰酸钾水溶液

氢氧化钠 - 高锰酸钾水溶液是指称取 10g 高锰酸钾于 250mL 烧杯中，加入少量水使之溶解，并向该溶液中慢慢加入 100mL 10% 氢氧化钠溶液，混匀后倒入带有橡皮塞的玻璃瓶中备用。此洗涤液适用于洗涤油污及有机物污染的器皿。用此洗涤液洗后的器皿如果残留有 $MnO_2 \cdot nH_2O$ 沉淀，可用 $HCl - NaNO_2$ 混合液洗涤。

3. 盐酸 - 乙醇（1 +2）洗涤液

盐酸 - 乙醇洗涤液是由 1 份体积的浓盐酸与 2 份体积的 95% 乙醇配制而成的。适合于洗涤有颜色的有机物污染的比色皿。

4. 铬酸洗液

铬酸洗液是称取 10 g 工业纯铬酸（$K_2Cr_2O_7$）置于 400mL 烧杯中，加 20mL 水溶解后，慢慢加入 200mL 粗硫酸（工业纯），边加边搅拌配制而成的。配制好的溶液应呈深红色。待溶液冷却后转入具塞玻璃瓶中备用。因硫酸易吸水，应用磨口玻璃塞塞好。铬酸洗液为强氧化剂，腐蚀性很强，易烫伤皮肤，烧坏衣物；且铬有毒，因此，用铬酸洗液洗涤玻璃仪器时应特别小心，注意安全。具体操作如下。

（1）使用洗液前，必须先用毛刷和自来水洗刷仪器表面污渍，然后将水倾尽，以免洗液稀释后降低洗液的效率。

（2）用过的洗液不能随意乱倒，应倒回原瓶，以备下次再用。当洗液变为绿色或由于吸水出现红色沉淀而失效时，严禁倒入下水道，应倒入废液缸内，由专业机构处理。

（3）用洗液洗涤后的仪器，应先用自来水冲洗干净，再用蒸馏水或去离子水润洗内壁 2～3 次。

必须指出，铬酸洗液不是万能的，认为任何污垢都能用它洗去的看法是不正确的。例如，被 MnO_2沾污的器皿用铬酸洗液是无效的，在这种情况下，宜用 HCl—$NaNO_2$洗涤。

三、滤纸和滤器

1. 滤纸

化学分析中常用的有定量分析滤纸和定性分析滤纸两种。它们又分为快速、中速和慢速三类。定量滤纸又称为“无灰”滤纸，一般在灼烧后每张滤纸的灰分不超过 0.1mg。各种定量滤纸在滤纸盒上用白带（快速）、蓝带（中速）、红带（慢速）作为标志分类。滤纸外形有圆形和方形两种。常用的圆形滤纸有 Φ7、Φ9 和 Φ11cm 等规格；方形滤纸有 60cm × 60cm、30cm × 30cm 等规格。表 1 – 2 列出定量和定性分析滤纸的主要规格。

表 1 – 2　定量和定性分析滤纸规格

项目	单位	定量滤纸			定性滤纸		
		快速（白）	中速（蓝）	慢速（红）	快速	中速	慢速
重量	g/m^2	75	75	80	75	75	80
过滤测定示例		$Fe(OH)_3$	$ZnCO_3$	$BaSO_4$	$Fe(OH)_3$	$ZnCO_3$	$BaSO_4$
水分	% ≤	7	7	7	7	7	7
灰分	% ≤	0.01	0.01	0.01	0.15	0.15	0.15
含铁量	% ≤	—	—	—	0.003	0.003	0.003
水溶性氯化物	% ≤	—	—	—	0.02	0.02	0.02

2. 玻璃滤器

玻璃滤器是将玻璃多孔性滤片焊接在相同或相似膨胀系数的玻壳或玻管上制成的，玻璃多孔性滤片由玻璃粉末在 600℃ 左右下烧制而成。玻璃滤器有多种形式，如坩埚形（砂芯坩埚或称微空玻璃坩埚）、漏斗形（砂芯漏斗）和管形（桶式滤器）等。按玻璃滤片的平均洞孔大小，玻璃滤器分为六个号，详见表1-3。

表1-3　　玻璃滤器规格和用途

滤片号	滤片平均洞孔/μm	一般用途
G 1	80～120	滤除粗颗粒沉淀
G 2	40～80	滤除较粗颗粒沉淀
G 3	15～40	滤除化学分析中的一般结晶沉淀和杂质。滤除水银
G 4	5～15	滤除细颗粒沉淀
G 5	2～5	滤除极细颗粒沉淀
G 6	<2	滤除细菌

四、玻璃仪器的使用

1. 移液管

移液管分为单标线移液管（又称大肚移液管）和分度吸量管（不完全流出式、完全流出式、吹出式）。单标线移液管用来准确移取一定体积的溶液；分度吸量管读数的刻度部分管径大，准确度稍差，因此当量取整数体积的溶液时，常用相应大小的单标线吸量管而不用分度吸量管。

用移液管移取待取溶液时，应先用待取液润洗3次，操作过程中勿使溶液回流，以免稀释及污染溶液；然后，将移液管插入待取液液面下1～2cm处，右（或左）手的拇指及中指拿住管颈标线以上的地方，左（或右）手拿洗耳球，洗耳球的尖端插入管颈口，并使其密封，慢慢地让洗耳球自然恢复原状，直至液体上升到管颈标线以上1～2cm处，迅速移去洗耳球，立即以右手（或左手）食指按住管颈口，左（或右）手拿盛放被移取溶液的器皿，使得移液管管尖接触器皿内壁，容器倾斜而管直立；移液管垂直提高到管颈标线与视线成水平，右（或左）手食指放松或用拇指及中指轻轻转动移液管，使液面缓慢又平稳地下降，直至液面的弯月面与标线相切，立即按紧食指，不让液体流下，静待10～20s后移走移液管。

2. 移液枪

移液枪是一种用于定量转移液体的器具，常用的有手动可调移液器和电动之分，具体还根据移取液体的容积的不同有许多可选规格。正确使用移液枪，可使实验的误差最小，重复再现性好。

移液枪的使用包括吸头安装—量程设定—吸液放液—卸去吸头等步骤。

每一个步骤都有需要遵循的操作规范。

吸头安装：对于单道移液枪，移液枪末端垂直插入吸头，轻压左右微微转动即可上紧；对于多道移液枪，移液枪的第一道对准第一个吸头，倾斜插入，前后稍许摇动上紧即可。不可反复撞击移液枪来确保吸头气密性，长期以这种方式装配吸头，会导致移液枪的零部件因强烈撞击而松散，甚至会导致调节刻度的旋钮卡住。

量程设定：先选择正确的移液枪，移液枪可在10% ~100%量程范围内操作。从大体积调节至小体积时，逆时针旋转至刻度即可；从小体积调节至大体积时，可先顺时针调过设定体积，再回调至设定体积，可保证最佳的精确度。不可将调节旋钮旋出量程范围外，否则会损坏移液枪内机械装置。

吸液放液：吸入样品溶液之前先对移液枪进行润洗。吸液时移液枪按钮按至第一档，释放按钮，进行吸液。切记不能过快，否则液体进入吸头过快会导致液体倒吸入移液枪内部。对常温样品，吸头润洗有助于提高准确性，但是对于高温或低温样品，吸头润洗反而降低操作准确性，需特别注意。严禁吸取有强挥发性、强腐蚀性的液体（如浓酸、浓碱、有机物等）。

移液枪长时间不用时建议将刻度调至最大量程，让弹簧恢复原形，延长移液枪的使用寿命。

3. 容量瓶

容量瓶主要是用来配制准确浓度的溶液，有透明容量瓶和棕色容量瓶，分为磨口塞和塑料塞两种。棕色容量瓶主要用于配制见光易分解物质的溶液。一般容量为10mL、25mL、50mL、100mL、200mL、250mL、500mL、1000mL、2000mL等规格。

使用容量瓶之前要先进行试漏。在容量瓶中加部分水，塞紧瓶塞，用食指按住塞子，将瓶倒立2min，用干滤纸沿瓶口缝隙处检查有无水渗出。如不漏水，旋转瓶塞180°再塞紧，重复上述操作，若不漏则此瓶可用。

用固体物质配制溶液时，将称好的固体放在烧杯中，倒入部分水溶解，溶完后用玻璃棒转移到容量瓶中，若溶解过程中发热应先冷却至室温再转移。再用少量蒸馏水洗涤烧杯3 ~5次，洗涤液合并到容量瓶中，加蒸馏水至3/4左右，先摇匀一下，再加水至刻度，塞紧塞子，用一手的食指顶住瓶塞，另一手握住瓶底，将瓶摇动数次，倒转摇动数次，使瓶内溶液混合均匀。

液体溶液稀释成另一准确浓度时，用移液管移取一定体积溶液至容量瓶中，再加水，同上操作。

如长期不用，将磨口处洗净吸干，垫上纸片。

第四节　常见缓冲溶液配制

缓冲溶液是连续流动分析常用的化学反应试剂，可以有效控制最佳反应的 pH，使显色反应后溶液的吸光度达到最佳。连续流动分析常用缓冲溶液的配制方法如下。

一、磷酸盐缓冲溶液

1. 0.2mol/L 磷酸盐缓冲溶液，pH 5.7 ~ 8.0（如表 1 – 4 所示）

A 溶液：

$NaH_2PO_4 \cdot 2H_2O$：Mr = 156.03，0.2mol/L 溶液为 31.210g/L；

$NaH_2PO_4 \cdot H_2O$：Mr = 138.01，0.2mol/L 溶液为 27.600g/L。

B 溶液：

$Na_2HPO_4 \cdot 2H_2O$：Mr = 178.05，0.2mol/L 溶液为 35.610g/L；

$Na_2HPO_4 \cdot 7H_2O$：Mr = 268.13，0.2mol/L 溶液为 53.6240g/L；

$Na_2HPO_4 \cdot 12H_2O$：Mr = 358.22，0.2mol/L 溶液为 71.640g/L。

表 1 – 4　　不同 pH 下 0.2mol/L 磷酸盐缓冲溶液的配制

pH	A 溶液体积/mL	B 溶液体积/mL	pH	A 溶液体积/mL	B 溶液体积/mL
5.7	93.5	6.5	6.9	45.0	55.0
5.8	92.0	8.0	7.0	39.0	61.0
5.9	90.0	10.0	7.1	33.0	67.0
6.0	87.7	12.3	7.2	28.0	72.0
6.1	85.0	15.0	7.3	23.0	77.0
6.2	81.5	18.5	7.4	19.0	81.0
6.3	77.5	22.5	7.5	16.0	84.0
6.4	73.5	26.5	7.6	13.0	87.0
6.5	68.5	31.5	7.7	10.5	89.5
6.6	62.5	37.5	7.8	8.5	91.5
6.7	56.5	43.5	7.9	7.0	93.0
6.8	51.0	49.0	8.0	5.3	94.7

根据要求的 pH，取表中相应体积的 A 溶液与 B 溶液混合均匀即得；下同。

2. 1/15mol/L 磷酸盐缓冲液，pH 4.49 ~ 9.18（如表 1 – 5 所示）

A 溶液：

$Na_2HPO_4 \cdot 2H_2O$：Mr = 178.05，1/15mol/L 溶液为 11.864g/L。

B 溶液：

$NaH_2PO_4 \cdot H_2O$：Mr = 138.01，1/15mol/L 溶液为 9.200g/L。

表 1 – 5　　不同 pH 下 1/15mol/L 磷酸盐缓冲溶液的配制

pH	A 溶液体积/mL	B 溶液体积/mL	pH	A 溶液体积/mL	B 溶液体积/mL
4.49	0.0	100	6.98	64.0	36.0
4.94	1.0	99.0	7.71	70.0	30.0
5.29	2.50	97.5	7.58	80.0	20.0
5.59	5.00	95.0	7.75	90.0	10.0
5.91	10.0	90.0	8.04	95.0	5.0
6.24	20.0	80.0	8.20	97.0	3.0
6.47	30.0	70.0	8.54	97.5	2.5
6.64	40.0	60.0	8.68	99.0	1.0
6.81	50.0	50.0	9.18	100	0

3. 磷酸氢二钠 – 柠檬酸缓冲溶液，pH 2.2 ~ 8.0（如表 1 – 6 所示）

A 溶液：

$Na_2HPO_4 \cdot 2H_2O$：Mr = 178.05，0.2mol/L 溶液为 35.610g/L。

B 溶液：

$C_6H_8O_7 \cdot H_2O$（一水合柠檬酸）：Mr = 210.14，0.1mol/L 溶液为 21.014g/L。

表 1 – 6　　不同 pH 下磷酸氢二钠 – 柠檬酸缓冲溶液的配制

pH	A 溶液体积/mL	B 溶液体积/mL	pH	A 溶液体积/mL	B 溶液体积/mL
2.2	2.0	98.0	5.6	58.0	42.0
2.6	10.9	89.1	6.2	66.1	33.9
3.0	20.5	79.1	6.6	72.7	27.3
3.4	28.5	71.5	7.0	82.4	17.6
3.8	35.5	64.5	7.2	87.0	23.0
4.2	41.4	58.6	7.6	93.6	6.4
4.8	49.3	50.7	7.8	95.7	4.3
5.0	51.5	48.5	8.0	97.2	2.8

4. 磷酸二氢钾 - 氢氧化钠缓冲溶液，pH 5.8 ~ 8.0（如表 1 - 7 所示）

A 溶液：

磷酸二氢钾（KH_2PO_4）：$Mr = 136.09$，0.2mol/L 溶液为 27.218g/L。

B 溶液：

氢氧化钠（NaOH）：$Mr = 40.00$，0.2mol/L 溶液为 8.000g/L。

表 1 - 7　　不同 pH 下磷酸二氢钾 - 氢氧化钠缓冲溶液的配制

pH	A 溶液体积/mL	B 溶液体积/mL	pH	A 溶液体积/mL	B 溶液体积/mL
5.8	93.1	6.9	7.0	62.8	37.2
6.0	89.8	10.2	7.2	58.8	41.2
6.2	85.3	14.7	7.4	55.9	44.1
6.4	79.9	20.1	7.6	53.9	46.1
6.6	73.7	26.3	7.8	52.5	47.5
6.8	67.9	32.1	8.0	51.7	48.3

二、邻苯二甲酸氢钾缓冲溶液

1. 邻苯二甲酸氢钾 - 盐酸缓冲溶液，pH 2.2 ~ 4.0（如表 1 - 8 所示）

A 溶液：

邻苯二甲酸氢钾（$C_8H_5KO_4$）：$Mr = 204.23$，0.2mol/L 溶液为 40.850g/L。

B 溶液：

盐酸溶液：浓度 37%（质量分数），0.2mol/L 溶液为 166.67mL 浓盐酸用水定容至 1000mL 所配得。

表 1 - 8　　不同 pH 下邻苯二甲酸氢钾 - 盐酸缓冲溶液的配制

pH	A 溶液体积/mL	B 溶液体积/mL	pH	A 溶液体积/mL	B 溶液体积/mL
2.2	51.7	49.3	3.2	77.3	22.7
2.4	55.8	44.2	3.4	83.5	16.5
2.6	60.3	29.7	3.6	89.3	10.7
2.8	65.4	34.6	3.8	95.0	5.00
3.0	71.1	28.9	4.0	99.2	0.80

2. 邻苯二甲酸氢钾 - 氢氧化钠缓冲溶液，pH 4.1 ~ 5.9

以配制邻苯二甲酸氢钾－氢氧化钠缓冲溶液（pH 为 5.6）举例，取邻苯二甲酸氢钾 10g，加水 900mL，搅拌使之溶解，用氢氧化钠溶液调节 pH 至 5.6，加水稀释至 1000mL，混匀，即得。

三、柠檬酸－柠檬酸钠缓冲溶液

柠檬酸－柠檬酸钠缓冲溶液 pH 3.0～6.6（如表 1－9 所示）。

A 溶液：

柠檬酸（$C_6H_8O_7 \cdot H_2O$）：Mr＝210.14，0.1mol/L 溶液为 21.014g/L。

B 溶液：

柠檬酸钠（$Na_3C_6H_5O_7 \cdot 2H_2O$）：$Mr$＝294.12，0.1mol/L 溶液为 29.410g/L。

表 1－9　不同 pH 下柠檬酸－柠檬酸钠缓冲溶液的配制

pH	A 溶液体积/mL	B 溶液体积/mL	pH	A 溶液体积/mL	B 溶液体积/mL
3.0	93.0	7.0	5.0	41.0	59.0
3.2	86.0	14.0	5.2	36.5	63.5
3.4	80.0	20.0	5.4	32.0	68.0
3.6	74.5	25.5	5.6	27.5	72.5
3.8	70.0	30.0	5.8	23.5	76.5
4.0	65.5	34.5	6.0	19.0	81.0
4.2	61.5	38.5	6.2	14.0	86.0
4.4	57.0	43.0	6.4	10.0	90.0
4.6	51.5	48.5	6.6	7.0	93.0
4.8	46.0	54.0			

四、乙酸－乙酸钠缓冲溶液

乙酸－乙酸钠缓冲溶液，pH 3.6～5.8（如表 1－10 所示）。

A 溶液：

乙酸钠（$CH_3COONa \cdot 3H_2O$）：Mr＝136.09，0.2mol/L 溶液为 27.218g/L。

B 溶液：

乙酸：质量分数 100%，0.2mol/L 溶液为取 11.8mL 稀释至 1000mL（需标定）所得。

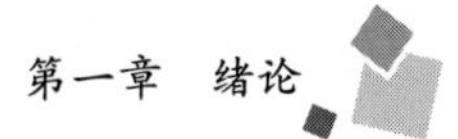

表 1－10　　不同 **pH** 下乙酸－乙酸钠缓冲溶液的配制

pH	A 溶液体积/mL	B 溶液体积/mL	pH	A 溶液体积/mL	B 溶液体积/mL
3. 6	7. 5	93. 5	4. 8	59. 0	41. 0
3. 8	12. 0	88. 0	5. 0	70. 0	30. 0
4. 0	18. 0	82. 0	5. 2	79. 0	21. 0
4. 2	26. 5	73. 5	5. 4	86. 0	14. 0
4. 4	37. 0	63. 0	5. 6	91. 0	9. 0
4. 6	49. 0	51. 0	5. 8	91. 4	8. 6

第二章
连续流动分析技术

第一节 基本原理

一、分光光度法原理

1. 分光光度法

分光光度法是通过测定被测物质在特定波长处或一定波长范围内光的吸光度或发光强度，对该物质进行定性和定量分析的方法。与化学分析法相比，方法灵敏度高，测定下限可达 $10^{-5}\%\sim10^{-4}\%$，可直接用于微量组分的测定；方法的准确度能满足微量组分测定的要求，测定的相对误差为 2% ~5%，使用精密度高的仪器，误差可达 1% ~2%。

在分光光度计中，将不同波长的光连续地照射到一定浓度的样品溶液时，便可得到与不同波长相对应的吸收强度。如以波长（λ）为横坐标，吸收强度（A）为纵坐标，就可绘出该物质的吸收光谱曲线。利用该曲线进行物质定性、定量的分析方法，称为分光光度法，也称为吸收光谱法。用紫外光源测定无色物质的方法，称为紫外分光光度法；用可见光光源测定有色物质的方法，称为可见光光度法。它们与比色法一样，都以朗伯（Lambert）－比尔（Beer）定律为基础。上述的紫外光区与可见光区是常用的。但分光光度法的应用光区包括紫外光区、可见光区和红外光区。波长范围如下所示。

（1）200 ~400nm 的紫外光区；

（2）400 ~760nm 的可见光区；

（3）2.5 ~25μm（按波数计为 $4000cm^{-1}\sim400cm^{-1}$）的红外光区。

依据光谱区，分光光度计可分为：紫外分光光度计，可见分光光度计（或比色计）、红外分光光度计。如果吸光质点是原子，其仪器称为原子吸收分光光度计。

2. 基本原理

当一束强度为I_0的单色光垂直照射某物质的溶液后，由于一部分光被体系吸收，因此透射光的强度降至I，则溶液的透光率T为：$T=(I_0-I)/I_0$

根据 Lambert－Beer 定律：

$$A=a\cdot b\cdot c$$

式中　A——吸光度；

b——溶液层厚度，cm；

c——溶液的浓度，g/dm^3；

a——吸光系数。

其中吸光系数与溶液的性质、温度以及波长等因素有关。溶液中其他组分（如溶剂等）对光的吸收可用空白液扣除。

由上式可知，当溶液层厚度b和吸光系数a固定时，吸光度A与溶液的浓度成线性关系。在定量分析时，首先需要测定溶液对不同波长光的吸收情况（吸收光谱），从中确定最大吸收波长，然后以此波长的光为光源，测定一系列已知浓度c溶液的吸光度A，作出$A\sim c$工作曲线。在分析未知溶液时，根据测量的吸光度A，查工作曲线即可确定出相应的浓度。这便是分光光度法测量浓度的基本原理。

二、连续流动分析技术原理

连续流动分析（Continous Flow Analysis，CFA）是一种基于分光光度法原理的连续流动分析的自动化分析技术。

CFA 的基本工作原理：把生成有色化合物过程中人工需要完成的各种化学反应，通过设计成相互串联的化学反应器，使样品及反应试剂依次进入反应管路中可自动按顺序完成反应（如混合圈代替混合搅拌，透析膜代替过滤，在线加热装置代替手工加热等），最终形成的有色化合物进入分光光度计进行检测，通过电脑软件自动计算出来。系统引入气泡，可将每个样品分成不同的段，在段与段之间充当屏障以防止交叉污染，因为它们沿着管路的长度移动，气泡还可以通过产生湍流（bolus）来帮助混合，以及为操作人员提供快速、简单的流体流动特性的检查。样品溶液和标准溶液以完全相同的方式流经相同长度的反应管路，形成稳态，然后依据分光光度法原理进行测定。

1. 仪器组成

连续流动分析仪由进样器、泵管、蠕动泵、分析管路、检测器和信息采集处理系统构成（见图2－1）。每个模块完成一特定功能。

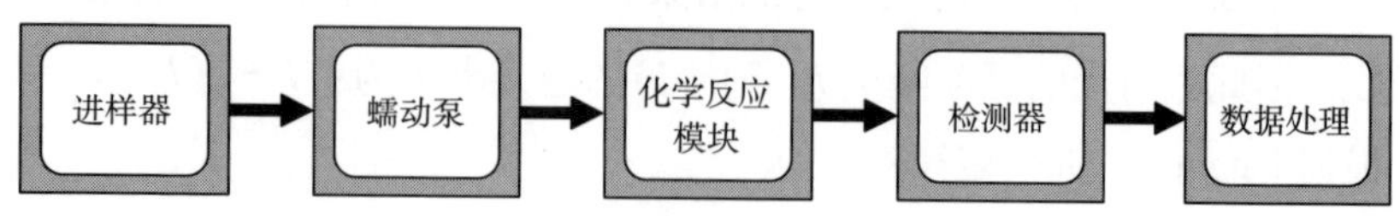

图2－1　简单的CFA分析系统

进样器是在蠕动泵的作用下将标准溶液或样品溶液依次引入化学反应模块的自动取样设备，取样量是由泵管的流量来确定的。吸取清洗液、标准溶液和样品溶液的顺序由信息采集处理系统事先编好的顺序确定。

泵管是连续流动分析实现化学反应的基础，不同内径泵管代表不同的流量，在设计反应管路时，往往要根据经典方法的试样量和反应试剂量的最佳配比，选择适宜流量的泵管，确保显色反应试剂过量和最佳反应条件。

蠕动泵是流体驱动系统的核心。由一个微型电机的主轴带动一组辊轴转动并断续挤压弹性泵管，利用所形成的负压吸取并推动液流，同时引入空气将液流分成等段的液节。当泵的转速一定时，每个泵管内液体的流速也一定。由于方法设计不同内径的泵管，各泵管输出的液体体积有一定比例（按最佳反应需要选择适宜内径的泵管），故蠕动泵也称比例泵。泵速可变，如清洗时速度加快可节省时间。

化学反应模块完成对样品的全自动预处理，是连续流动分析技术的核心。即实现样品与试剂在分析管路中进行的混合、透析、加热等处理，并在进入检测器前实现稳态完全反应。模块通常包括混合圈、渗析器、加热槽等，其中混合圈内反应物螺旋运动，加速高浓度和低浓度相互扩散混合，使片断流内的液体充分混合均匀；渗析器内的半透膜，只允许小分子通过，大分子物质不能或极少通过，以起到净化待测样品溶液的作用；加热槽可根据方法需要，当反应需要加热时，可用加热器来实现。此外，反应模块还可通过安装特殊装置实现在线蒸馏、在线紫外消化、在线溶剂萃取、离子交换等所有实验室经典样品处理手段。

检测器就是检测反应完全后的待测液通过流通池时的光强变化，并将光信号转变为电信号响应，不同的分析方法可选择合适的检测器进行测定。常用的检测器包括有分光光度计（波长范围340～900nm）、UV－分光光度计

（波长范围 190～900nm）、火焰光度计、荧光光度计等。

数据处理系统就是将检测器转变的电信号响应进行记录和数据处理，该系统能够连续监测分析系统的信号值并记录分析的结果，可自动补偿由于基线、灵敏度等原因引起的误差。典型连续流动分析谱图见图 2－2，图中标准样品和样品的峰形为“刀刃峰”。

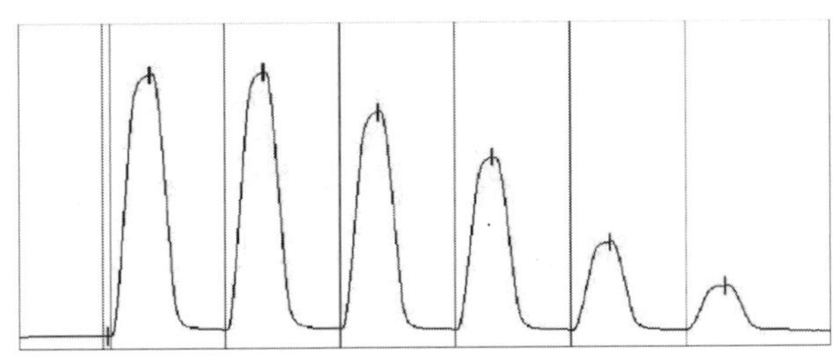

图 2－2 连续流动分析谱图

2. 连续流动分析的特点

连续流动分析仪是基于完全化学反应的基础，将繁琐的手工操作变成仪器简便的自动化操作，具有以下几个特点。

（1）检测精度高。高精度蠕动泵将样品、试剂及空气泡按确定的流量泵入系统中；试剂流中引入气泡，降低扩散与内部带过，降低了样品间的交叉污染，从而获得足够长的时间使反应完全；溶液中加入润滑剂，有效地防止了液体带流；采用渗透膜去除了基质中的干扰物质等。

（2）分析速度快。分析速率为 60～150 个样品/h，实现大批量样品的快速测定。

（3）完全自动化。自动进样，在线稀释、在线处理、自动校正、自动制作标准曲线、自动清洗管路等，使复杂的实际应用完全自动化，避免人工操作失误。

（4）操作相对安全。采用微流技术，试剂用量少，排出废液少；采用在线处理，避免了检测人员接触有害试剂的几率。

（5）每个分析通道 100% 独立。某个信道出现问题时，其他通道不受影响，可继续操作。

第二节　连续流动管路的特点及作用

连续流动分析在管路设计时，充分考虑了液体流动过程中产生的管路湍流现象，增加了空气气泡、润湿剂、透析净化技术，从而使管道液体快速均匀稳定流动。

一、管路湍流

流体在管内低速流动时呈现为层流，其溶液沿着与管轴平行的方向作平滑直线运动。根据流体力学原理，液体在管路中间的流速要快于管壁边缘的流速，即流体的流速在管中心处最大，其近壁处最小。如图 2 - 3 所示。

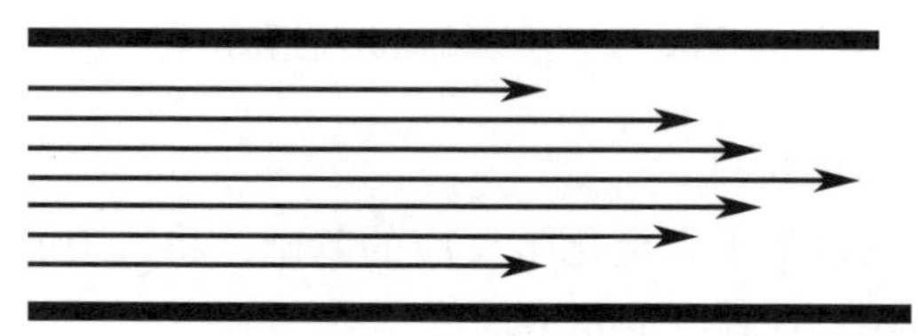

图 2 - 3　管路层流

层流作用造成液体分散较慢，样品溶液浓度的差异会很难达到稳态，从而降低分析速度，甚至引起样品相互覆盖，如图 2 - 4 所示。

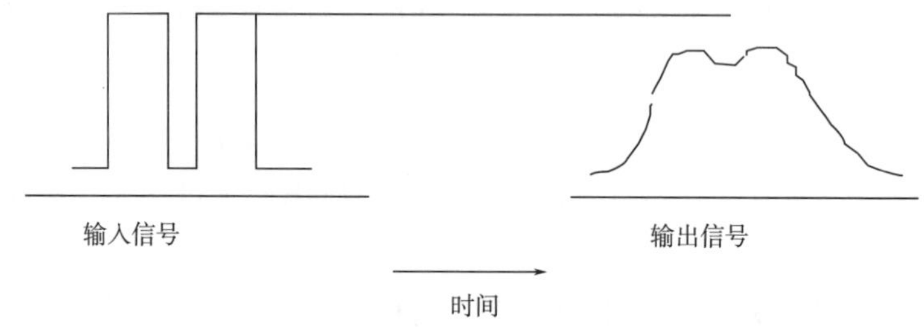

图 2 - 4　层流信号

在连续流动分析管路中引入分割气泡形成管路湍流/片断流，如图 2 - 5 所示。湍流是一种高度复杂的三维非稳态、带旋转的不规则流动。在湍流中流体的各种物理参数，如速度、压力、温度等都随时间与空间发生随机的变化。片断流用气泡降低了扩散，且气泡必须填满管路以分割开气泡两边的溶液，每一片断通过系统时在同一环境状态下反应。湍流模式能够保证每一片断内的溶液快速混合均匀，还可保持管路表面的干净。

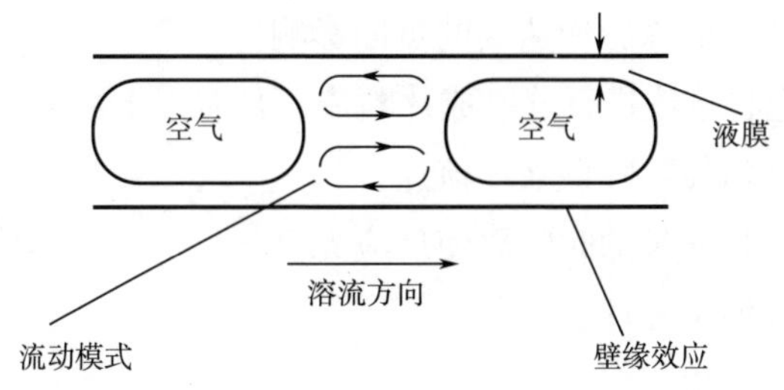

图 2－5　管路湍流

气泡分割的作用是短时间内达到稳定状态和较高的分析频率，如图 2－6 所示。

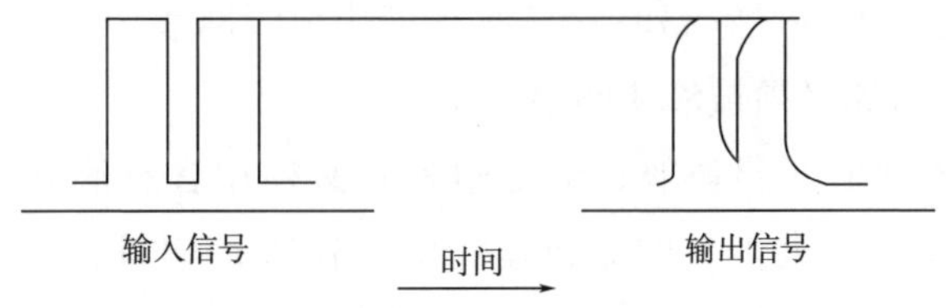

图 2－6　湍流信号

二、空气气泡的作用

连续流动分析过程中在管路中引入空气气泡，主要用以降低扩散和带过的影响。由于气泡与管壁之间还存在着空隙，还会有一层液膜，管壁本身也会粘住一定的液体，就造成扩散与带过的影响。因此需要在管路中添加一定量的润滑剂或表面活性剂能够使气泡与管壁贴住，不留空隙。同时控制一定的流速，选择合适的管径，通过这些措施使扩散和带过最小化。空气气泡不但能够降低扩散和内部带过，而且保证片段内部可以充分混合，可以实现完全反应。同时肉眼可以直接观察到流动形态是否正确，管路系统中的细微变化能够得到缓冲，如化学反应中产生的小气泡不会影响测定结果。连续流动分析的另一个重要特点是检测时反应流中物质浓度的稳定性，它不会随时间变化而改变，反应液内达到稳定态，即完全反应。另外，蠕动泵的输出是不稳定的，以脉冲的方式进行，在泵运转的同时打入空气气泡，可消除脉冲造成的影响。因此，引入气泡的 6 个作用为：（1）降低扩散与内部带过。

(2) 清洁管道内壁。(3) 保证每一片断的完全一致。(4) 保证片断内部可以混合。(5) 使肉眼可以观察到流动形态是否正确。(6) 容纳化学反应过程中产生的小气泡。(7) 消除脉冲造成的负面影响。

CFA 常用气泡将液流进行分割成片断流，具有以下显著的优点。

(1) 减少试剂消耗、降低液体流速。

(2) 可以获得足够长的时间以使反应完全。

(3) 改善方法的重复性。

(4) 降低方法的检测限。

(5) 反应条件中的细微变化（如反应产生气泡）不会影响到结果。

(6) 方法符合美国国家环境保护局（EPA）、美国分析化学家协会（AOAC）、德国标准化学会（DIN）的要求。

三、润湿剂

当气泡有规律地流过管路时，气泡有可能被管路表面上的一层薄的液体分割开。因此，管路必须被液体润湿。

所有的液体都能润湿玻璃，但是塑料管必须用含有润湿剂或者表面活性剂的液体来润湿。大多数的分析盒用的传输管是塑料管，所以大多数方法都用表面活性剂。气泡分割需要表面活性剂，对于只有液体（例如试剂管）是没有必要加表面活性剂的。当气泡通过未润湿的管路时，需要比较高的泵压，因此流动变得无规律。连续流动分析常用表面活性剂如下。

(1) 阴离子表面活性剂，如：十二烷基硫酸钠，烷基磺化琥珀酰胺酸盐（Aerosol－22）。

(2) 阳离子表面活性剂，如：甲基溴化铵。

(3) 非离子型表面活性剂，如：十二烷基聚乙二醇醚（Brij－35）、聚乙二醇辛基苯基醚（Triton X－100）。

由于 Brij－35 低活性、低成本，可用于大多数方法测定，但与 Brij－35 反应的方法就不能使用该润滑剂，如：磷酸盐和硅酸盐的测定需要用钼酸盐试剂，钼酸盐易与 Brij－35 发生化学反应，就不能使用。

此外，管路润湿与否可以通过气泡的状态进行判断，如图 2－7 所示。润湿的管路中气泡两端为圆形，未润湿的管路中气泡两端平齐形。

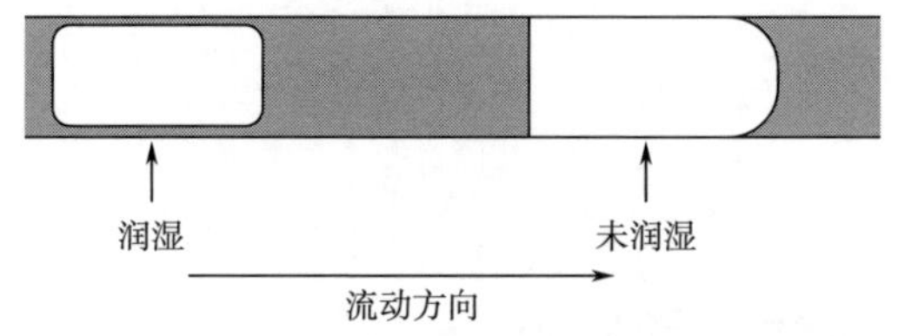

图 2－7　管路润湿的气泡状态

四、透析技术

透析就是将样品流中干扰物或者大分子分离的一种常用方法，在 CFA 系统中透析膜通常为半透膜，膜厚度为 12μm，孔径大约是 4nm。

透析膜上层的液体是含有样品/标准品溶液和缓冲溶液/盐溶液的混合溶液，透析膜下层溶液通常是缓冲溶液、酸液或者盐溶液。两股液体通过透析混合到一起，自然地以相似的流速被透析膜分离。小的离子和大分子以透析膜为界从两个方向流出。

透析是一个扩散过程，通常情况下，透析的速度与液流的 pH、离子浓度和温度密切相关，连续流动分析的透析过程在室温下进行，透析膜上下层溶液随液流运动方向很快达到平衡。此外，透析过程减少了带过，透析时必须减少采集样品速度，通常要降低 20% 的进样速度。液流透析过程见图 2－8。

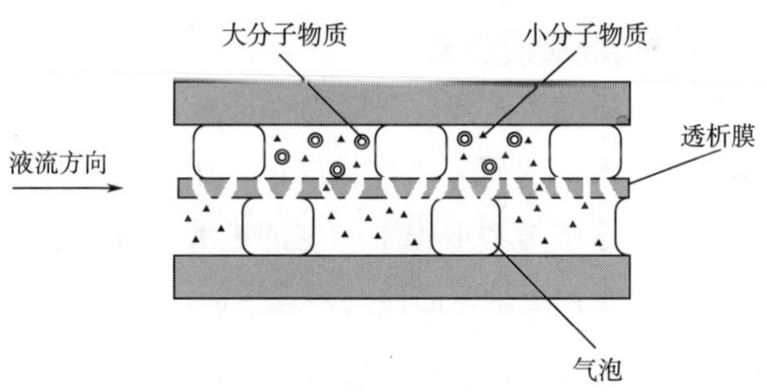

图 2－8　液流透析过程

影响透析效果的因素主要包括以下几点。

（1）液流速度，尤其是透析膜的下层溶液。

（2）液流温度。

（3）压力。

（4）离子的浓度。

第三章
烟草成分的连续流动分析

第一节　概述

烟叶中的化学成分种类繁多，它们对烟叶品质的影响一直是烟草科技工作者关注的课题。我国幅员辽阔，烟叶的生产遍布全国，烟叶的品质受地理环境、气候条件及品种等的影响，表现出千差万别的特性，而这些特性与烟叶中化学成分的含量的多少一定有着必然的联系。为理清烟叶化学成分与烟叶品质关系，行业开展了大量的烟叶化学成分分析研究，通过分析烟叶中的化学成分，积累了大量烟叶化学成分数据。掌握烟叶化学成分的构成及其含量，以正确评价烟叶内在质量，为卷烟配方设计、降低卷烟有害成分以及卷烟的加香加料等技术提供科学依据。

一、化学成分与烟叶品质关系

化学成分与烟叶品质的关系是一个复杂的问题，从20世纪30年代开始，许多科研工作者开展了大量的研究工作，以烟草化学成分含量及其相互之间的关系评定烟叶品质，这些努力取得了一定的进展，得到了一些从化学成分含量及其相互之间的关系评定烟草品质的客观指标。

1. 施木克值

施木克值是水溶性糖类和蛋白质含量之比，用以衡量烟叶的质量。因为卷烟产品中可溶性糖量随等级提高而增加，而蛋白质则随等级提高而减少，因此施木克值较大，烟叶品质较好。施木克值实质上是一个酸碱性的平衡问题，因为烟叶中水溶性糖类在燃烧时产生酸性物质，而含氮化合物则产生碱性的烟气。在实际应用中，并不是施木克值越高越好，因为烟气的酸性过强，也能产生刺激性；而且含氮物质含量过低，一般烟味平淡，香气不足。所以施木克值的应用是有一定范围的。

2. 糖氮比和糖碱比

施木克值反映了烟气的酸碱平衡和谐调关系，也可直接用糖（水溶性糖）氮比值来表示烟质。烤烟糖氮比一般为6～10。

在烟草中，含氮化合物的总氮量与烟碱含量之比存在着一定的比例关系，一般在0.8～1.1的范围内较为合宜，又可以用糖碱比来代替糖氮比。如果总氮/烟碱值增大，则烟叶颜色变淡，烟气的香味逐步减少；总氮/烟碱值过大，接近2:1时，烟气香味严重不足；低于1:1时，烟味转浓，刺激性逐步加重。将水溶性糖、氮比值和总氮、烟碱比值结合起来考虑，即为水溶性糖和烟碱之比。考尔逊（D. A. Coulson）认为水溶性糖和烟碱含量之比接近10:1的烟叶最好。

3. 烟碱与总挥发碱的比值

莫斯利（J. M. Moseley）等人根据白肋烟的质量与挥发碱含量的关系，采用烟碱与总挥发碱的氨当量之比，作为衡量白肋烟质量的指标，比值越大，表示烟叶质量越好。这个指标对含糖量较低的晾晒质量的鉴定有一定的参考价值。

4. 水溶性糖与挥发碱类的比值

张泳泉和孙瑞申等根据卷烟烟气酸碱度平衡谐调的原则，提出以水溶性糖类和挥发碱类的比值作为评价烤烟质量的化学指标，后简称张孙氏比值。挥发性碱类物质包括烟碱及其同类物和挥发性的氨、胺类等，烟碱在烟草品质中一方面表现为生理强度，另一方面则产生刺激性。在氨当量的总挥发性碱中，烟碱占大部分，氨和胺类物质虽仅占总挥发碱量的小部分，但它们是形成刺激性的主要成分。烟碱的挥发性与pH有关；氨和胺类化合物直接增加烟气的碱性，因此与烟碱之间也存在相互影响的关系。张孙氏比值较为准确地反映了烟碱对烟叶质量的双重作用，同时又表达了除烟碱外的挥发性碱类的不利因素。

仅用施木克值、糖碱比等关系指标评价烟叶品质关系，带有一定的局限性和片面性，如施木克值只能描述烤烟和香料烟的吃味品质。目前，烟叶品质采用主要化学成分指标分析，指标分为以下六大类，共30项指标，如下。

（1）基本指标（7项）：烟叶含水率、水溶性总糖、还原糖、总植物碱、总氮、淀粉、蛋白质。

（2）吸味指标（8项）：总挥发碱（以氨计）、总挥发酸（以乙酸计）、石油醚提取物总量、烟草香味成分（酸性香味成分、中性香味成分、碱性香味成分）、色素、多酚。

（3）燃烧性指标（6 项）：钾、钠、氯、硝酸根离子（NO_3^-）、硫酸根离子（SO_4^{2-}）、水溶性灰分的碱度。

（4）有害重金属元素（6 项）：砷、铅、汞、镉、铬、镍。

（5）农残指标（1 项）：有机氯农药残留物总量。

（6）其他（2 项）：pH、灰分。

总的来说，构成烟草中化学成分的物质基础决定烟草的品质，从而决定烟草的吃味。因此，研究烟草的化学成分对烟叶生产、卷烟加工具有重要指导意义。

二、连续流动分析烟草化学成分的应用

随着科学技术的发展，一些学科的先进技术逐步被烟草化学成分分析所借鉴，许多简便快速、高效率、高灵敏度的分析方法在烟草化学成分分析中得到广泛应用。20 世纪 90 年代，基于样品前处理简单、检测效率高、灵敏度高等优点，连续流动分析技术逐步应用于烟草化学成分分析，并发展了一系列烟草行业认可的标准分析方法，以及国际烟草科学研究合作中心（Cooperation Centre for Scientific Research Relative to Tobacco，CORESTA）推荐方法或美国分析化学家协会（Association of Official Analytical Chemists，AOAC）标准方法。目前连续流动法分析的主要化学成分包括：水溶性总糖、还原糖、总植物碱、总氮、淀粉、蛋白质、钾、氯、总挥发碱、总挥发酸、NO_3^-、SO_4^{2-}、水溶性灰分的碱度，这些方法为烟叶品质评价和卷烟配方设计提供大量基础化学成分数据。

第二节　烟草样品的处理

一、样品的采样

1. 采样的一般方法

在烟草及其制品中抽取一定代表性的样品，供分析化验用，叫做采样。

采集的样品分为样品分检样、混合样品和平均样品三种。

从整批烟草及制品的各个部分采取的少量样品称为检样。把许多份检样混合在一起称为混合样品。混合样品经过处理再抽取一部分作为检验用称为

平均样品。如果采取的检样互不一致，则不能把它们放在一起作为混合样品，应把种类相同的混在一起。

根据烟草不同部分分别取样，一般分为上、中、下三个部位。根据烟叶等级取样，要按照国家标准认真挑选，仔细平衡，从中抽取能代表某等级的所需数量的平均样品，每个样品至少采 10 ~ 15 片叶，成品烟需要 50 支。采样时避免主观挑选，应随机取样，兼顾大、中、小叶片适当比例。

2. 烟草成批原料取样

（1）取样单位的选择

采用随机取样法，周期性系统取样法选择取样单位。

（2）小样的抽取和单样的组成

单样的组成包括：3 把扎把烟叶；50 片烟叶（未扎把烟叶）；500g 烟草原料（香料烟、打叶或去梗叶片、烟梗、碎叶、废料或再造烟叶）。

小样数：每个取样单位最少三个。

单样大小：单样是由从同一取样单位中抽取的全部小样组成，取决于烟草类型、取样单位的大小和测定项目的类型和数量。

3. 卷烟的抽样方法

卷烟的抽样方法为每样五条，一条（10 盒、200 支）为单位，随机取样。

二、样品的制备

烟草/卷烟样品的基本步骤如下。

（1）清除烟叶样品表面的尘土，抽去土脉；对于成品卷烟，制样前应去除烟用材料。

（2）若需对样品进行水分调节，将样品放入低温烘箱中，烘箱温度应不高于 40℃，持续烘干直至可用手指碾碎。

（3）采用粉碎机粉碎样品，过 0.360mm（40 目）筛网，必要时应反复研磨直至样品全部通过筛网。研磨过程中粉碎机不应明显发热，必要时应间歇研磨。

（4）将已经过筛的样品使用混匀机或人工搅拌充分混合，确保样品均匀一致。

（5）将样品装入自封袋/旋盖瓶中，密封，加贴唯一性标识。

第三节　烟草中水溶性总糖和还原糖的测定

糖类物质是自然界中分布最为广泛的一类化合物，在烟草植物体中的含量可达干重的25% ~50%，是影响烟草品质的重要因素之一。测定烟草中的糖类，对烟草的生产、吸烟与健康等方面的研究具有实际意义。从结构上看，糖类是一大类多羟基醛或多羟基酮以及水解后能够产生多羟基醛或多羟基酮的化合物。根据分子中单糖数目把糖类物质分为三类：单糖如葡萄糖和果糖；低聚糖如二糖、三糖；多聚糖如糊精、淀粉、纤维素、果胶、半纤维素等。

一、概述

烟草中糖的连续流动分析，最初是利用单糖的还原性质，在碱性介质中把黄色的铁氰化钾还原为无色的亚铁氰化钾，通过测定吸光度的降低得出糖的含量。样品前处理一般采用萃取法，干扰物质则通过采用萃取时加入活性炭或在流路中采用渗析膜除去。铁氰化钾测糖最为代表性的方法，是1969年报道的Harvey采用5%醋酸-20%甲醇水溶液为萃取剂，以活性炭去除干扰物质，通过一种连续流动装置实现了还原糖和总植物碱的同时自动分析。在样品溶液与铁氰化钾反应之前加入盐酸溶液将双糖水解，则可测定烟草中的水溶性总糖。但随着研究的深入，发现这个方法存在着两个方面的严重缺点：(1) 灵敏度低。由于铁氰化钾法是利用铁氰化钾黄色的减褪来进行测定，因此颜色必须减褪到一定程度光度计才能检测出来，一般来说萃取液糖的浓度至少应达到0.125mg/mL才可检测出来，这就限制了方法的灵敏度。(2) 反应的专一性差。Davis发现果糖和葡萄糖仅占铁氰化钾法测出的总还原糖的71%，而据Koiwai的报道，除果糖和葡萄糖之外，烟草中的其他糖类只占2%。这就说明铁氰化钾法测出的所谓糖其实有相当一部分不是糖，而是将一些能够还原铁氰化钾的非糖还原性物质也当做了糖。但由于铁氰化钾法具有简单方便、试剂便宜的优点，目前仍有比较多的应用，如CORESTA的No.37推荐方法《烟草中还原性物质的连续流动分析》即采用的该原理。

1972年，M. Lever在研究抗代谢物质异烟酸酰肼的测定方法时，发现芳香酸酰肼与β-二酮的稀溶液在碱性介质中反应产生黄色的阴离子，将溶液中和为中性时黄色消失。由这个反应他联想到也许可以采用芳香酸酰肼测定人体中的葡萄糖，经过研究，发现：(1) 许多酸的酰肼均可与葡萄糖反应，其

中以对羟基苯甲酸酰肼（PAHBAH）吸光度最大，且空白溶液吸光值小，反应产物的最大吸收波长为395nm。（2）糖与PAHBAH在碱性溶液中100℃加热5min吸光度达到最大，并至少稳定5min，若加热时间过长吸光度有所下降。（3）PAHBAH的最大浓度不宜超过1%，否则空白溶液吸光度增大。（4）试剂的微小变化也会对测定造成较大的干扰。（5）这个反应较为专一，灵敏度高，可检测到1μg的葡萄糖。（6）若存在非常高的蛋白质时干扰测定。（7）钙离子即使很小量也会造成吸光度增加。M. Lever在随后的研究中发现，钙离子（及其他二价阳离子）不但引起反应产物的吸光度增加，而且使最大吸收波长从385~390nm红移至413~415nm。他进一步提出采用络合剂（EDTA或柠檬酸）络合这些阳离子以去除干扰。1976年，R. E. Davis采用连续流动法证实了M. Lever的结果。他发现，钙离子的存在使最大吸收波长红移，最大至410nm，同时使吸光度增加，波长的红移和吸光度的增加均取决于钙离子的浓度，但当钙离子的浓度过高时（实际反应浓度为0.001mol/L），吸光度会下降。在反应介质中引入柠檬酸后，对最大吸收波长的移动和吸光度影响不大，但吸光度出现了一个平台，这种“缓冲”现象可使钙离子的浓度即使增加一倍也不会发生吸光度的改变。

R. E. Davis最初是采用萃取液直接进样的。他发现，在分析白肋烟及重组烟草（烟草薄片）时管路中会出现沉淀，使吸光度无法测定。这是由于反应介质的碱性太强造成的。为解决这个问题，他引入了渗析膜除去干扰物质。在分析时，由于该方法灵敏度很高，因此萃取液要稀释进样。采用碱性溶液或水为稀释剂时，分析白肋烟时渗析膜上会逐渐附着一层沉淀，降低检测的灵敏度，若采用醋酸溶液，则不会或很少附着沉淀。Davis研究结果表明吸光度超过0.6时标准曲线会发生弯曲，误差显著增加，因此实际测定时应控制吸光度小于0.6。研究中还发现，虽然葡萄糖和果糖的反应产物的吸光系数完全相同，但采用渗析膜之后，果糖的响应值却比葡萄糖高5%，这反映出果糖的渗析效率高于葡萄糖。

国际烟草科学研究合作中心（CORESTA）第38号推荐方法《烟草中还原糖的连续流动分析》（详见附录1）规定了烟草和烟草制品中还原糖的连续流动测定方法，采用5%的醋酸萃取样品，萃取液与对羟基苯甲酰肼在85℃的碱性介质中产生黄色偶氮化合物，其最大吸收波长为410nm。

我国依据CORETSA推荐方法No. 37和No. 38，制定了用于烟草中水溶性总糖和还原糖连续流动法测定的行业标准，YC/T 159—2002《烟草及烟草制品 水溶性糖的测定 连续流动法》。与 CORESTA No. 38 方法相比，增加了水溶性总糖的测定。

本节重点介绍采用5%乙酸水溶液振荡萃取烟草样品，连续流动法测定其水溶性还原糖和总糖含量的实验研究内容。

二、方法原理

用5%乙酸水溶液振荡萃取烟草样品，萃取液中的糖（水溶性总糖测定时应在90℃下水解）与对羟基苯甲酸酰肼反应，在85℃的碱性介质中生成黄色偶氮化合物，其最大吸收波长为410nm，用比色计测定其吸光度。

三、材料与方法

（一）试剂

除非特殊说明，所有试剂应为分析纯或同等纯度。水应为蒸馏水或同等纯度的水。为得到最佳结果，试剂在使用前应过滤除气；建议使用玻璃纤维滤纸。测定烟草中水溶性总糖和还原糖所需试剂见表 3 - 1。

表 3 - 1　　测定烟草中水溶性总糖和还原糖所需试剂列表

序号	试剂名称	安全分类
1	冰醋酸（$C_2H_4O_2$）	腐蚀性
2	聚乙氧月桂醚（Brij - 35）	—
3	氯化钙（$CaCl_2 \cdot 6H_2O$）	刺激性
4	对羟基苯甲酸酰肼（$C_7H_8O_2N_2$）	刺激性
5	浓盐酸（HCl）	腐蚀性
6	柠檬酸（$C_6H_8O_7$）	—
7	氢氧化钠（NaOH）	腐蚀性

1. 试剂配制

（1）Brij - 35 溶液（聚乙氧月桂醚）　将 250g Brij - 35 加入到 1L 水中，加热搅拌直至溶解。

（2）活化水　1L 水中加入 0. 5mL Brij - 35。

（3）0. 5mol/L 氢氧化钠溶液　将 20g 氢氧化钠加入到约 700mL 水中，搅拌溶解，放置冷却后转移至 1000mL 容量瓶中用蒸馏水定容。加入 0. 5mL Brij - 35，混合均匀。溶液保持清澈透明即可使用。

（4）1.0mol/L 氢氧化钠溶液　将 40g 氢氧化钠加入到约 800mL 水中，搅拌溶解，放置冷却后转移至 1000mL 容量瓶中蒸馏水定容。

（5）0.008mol/L 氯化钙溶液　将 1.75g 氯化钙溶于水中，转移至1000mL容量瓶中用蒸馏水定容。加入 0.5mL Brij－35，混合均匀。若氯化钙在溶解过程中产生沉淀，应使用定性滤纸过滤。溶液保持清澈透明即可使用。

（6）5%（体积比）醋酸溶液　将 50mL 冰醋酸溶于约 500mL 蒸馏水中，转移至 1000mL 容量瓶中用蒸馏水定容。混合均匀。此溶液用于制备标准溶液、样品的萃取溶液及连续流动系统清洗液。

（7）活化 5% 醋酸溶液　1L 5% 醋酸溶液，加入 0.5mL Brij－35，用于连续流动系统清洗液。

（8）0.5mol/L HCl 溶液（水解试剂）　在通风橱中，将 42mL 盐酸（37%）缓慢加入到约 500mL 蒸馏水中，转移至 1000mL 容量瓶中用蒸馏水定容。再加入 0.5mL 30% Brij－35 溶液。混合均匀。溶液保持清澈透明即可使用。

（9）1.0mol/L HCl 溶液　在通风橱中，将 84mL 发烟 HCl（37%）缓慢加入到约 500mL 蒸馏水中，转移至 1000mL 容量瓶中用蒸馏水定容。混合均匀。溶液保持清澈透明即可使用。

（10）5% 对羟基苯甲酸酰肼溶液（PAHBAH）　将 25g 对羟基苯甲酸酰肼溶于约 400mL 盐酸溶液（0.5mol/L），加入 10.5g 柠檬酸。用盐酸溶液（0.5mol/L）定容至 500mL。置于冰箱中冷藏保存，使用时仅取日需量。注：对羟基苯甲酸酰肼（质量分数大于 97%）的纯度非常重要。如果有杂质，将会在管路中形成沉淀。可以用水重结晶进行纯化。如有下列情形则表明对羟基苯甲酸酰肼不纯：

①白色的对羟基苯甲酸酰肼结晶中有黑色颗粒。

②5% 对羟基苯甲酸酰肼溶液呈黄色。

③对羟基苯甲酸酰肼在 0.5mol/L 氢氧化钠溶液中溶解困难。

④溶液中有悬浮颗粒。

⑤基线呈波浪形。

5% 对羟基苯甲酸酰肼溶液也可如下制备：向烧杯中加入 250mL 0.5mol/L 盐酸溶液，加热至 45℃，持续搅拌下加入对羟基苯甲酸酰肼和柠檬酸，冷却后转入容量瓶中，用 0.5mol/L 盐酸溶液稀释至刻度。这种方法的制备对羟基苯甲酸酰肼溶液可避免在管路中形成沉淀。

2. 标准溶液配制

（1）储备液　称取 10.0g（精确至 0.0001g）D－葡萄糖于烧杯中，用约 1000mL 蒸馏水溶解并转移至 1L 容量瓶中，用蒸馏水定容至刻度。储存于冰箱中。此溶液应每月制备一次。

（2）工作标准液　由储备液用 5% 醋酸溶液制备至少 5 个工作标准液，其浓度范围应覆盖预计检测到的样品含量。工作标准液应储存于冰箱中。每两周配制一次。

（二）仪器

常用实验仪器如下。

（1）连续流动分析仪，由取样器、比例泵、渗析器、加热槽、混合圈、比色计（配 420nm 滤光片）和记录仪组成。

（2）分析天平，感量 0.0001g。

（3）振荡器。

（三）实验方法

准确称取 0.25g（精确至 0.0001g）试料于 50mL 磨口三角瓶中，加入 25mL 5% 醋酸溶液或去离子水，盖上塞子。室温下在振荡器上振荡萃取 30min。用定性滤纸过滤，弃去前几毫升滤液，收集后续滤液作分析用。

上机运行工作标准液和样品液（管路图见图 3－1）。如果样品液浓度超出工作标准液的浓度范围，则应稀释。

四、结果的计算与表述

1. 水溶性总糖/还原糖的计算

以干基计的水溶性总糖/还原的含量，以葡萄糖计，由式（3－1）得出：

$$\text{总(还原)糖}(\%) = \frac{c \times v}{m \times (1 - w)} \times 100 \tag{3-1}$$

式中　c——样品液总（还原）糖的仪器观测值，mg/mL；

v——萃取液的体积，mL；

m——试料的重量，mg；

w——试样水分的质量分数,%。

2. 结果的表述

以两次测定的平均值作为测定结果。

若测得的水溶性糖/还原糖含量大于或等于 10.0%，结果精确至 0.1%；

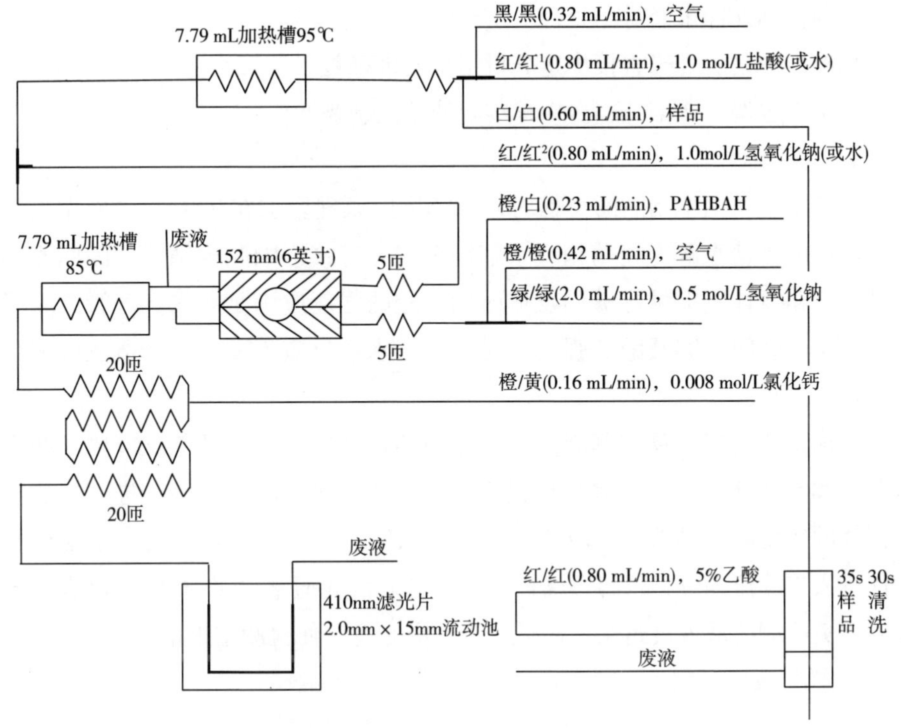

图 3－1　水溶性糖测定管路图

注：测定水溶性总糖时95℃加热槽打开，红/红[1]管为1.0mol/L HCl，红/红[2]管为1.0mol/L NaOH；测定还原糖时95℃加热槽关闭，红/红[1]管为活化水，红/红[2]管为水。

若小于10.0%，结果精确至0.01%。

3. 精密度

两次平行测定结果绝对值之差不应大于0.50%。

五、影响烟草中糖测定的因素

影响烟草中糖测定的主要因素有：标准物质选择、葡萄糖标样纯度、反应条件、样品放置时间等，其中葡萄糖标样纯度和反应条件影响较为显著。

1. 葡萄糖标样纯度及标准溶液

葡萄糖（Glucose）是自然界分布最广且最为重要的一种单糖，为无色结晶或白色结晶性或颗粒性粉末；无臭，味甜，有吸湿性，易溶于水。其含五个羟基和一个醛基，具有多元醇和醛的性质；α－D－葡萄糖具有旋光性，比甜度为0.7。通常情况下，葡萄糖含有一个结晶水，作为标准物质使用前应在105℃下烘干4h，使其充分失去结晶水。当检测结果偏高时10%左右时，应考虑葡萄糖标准样未经烘干处理。

标准溶液是否准确直接决定分析结果的准确度，若标准溶液偏高或偏低，则检测结果也偏高或偏低，所以标准溶液的配制要严格。

2. 反应条件

测定烟草及烟草制品的总糖时，水解反应原理要求在95℃和强酸作用下将样品中的多糖水解为葡萄糖，水解完全与否直接影响测定结果。因此连续流动仪管路设计应提供足够的反应时间，酸的强度应满足要求。若管路时间短导致反应时间不够及酸的强度不足，多糖水解反应不完全，会造成检测结果偏低。

不论是测定烟草及烟草制品中的总糖还是还原糖，其显色反应要求在强碱条件和85℃下进行，强碱条件是反应完全的关键。因此要保证进入加热槽时液体的碱度满足要求。反应原理要求显色反应时间为5min，是为了使待测液体进入连续流动分析仪检测器前温度降低。因此通常设置50匝的反应混合圈，避免待测溶液温度过高，降低溶液的吸光度，使检测结果偏低。

3. 样品放置时间

样品放置时间长短对烟草样品中还原糖测定结果的影响是比较明显的。当样品放置时间过长时，烟草样品中的水溶性淀粉发生水解转化成水溶性糖，使得所测定还原糖的结果明显偏高。因此，要求在实际样品测定过程中，尽快完成样品的检测，才能保证检测数据的准确性。

第四节　烟草中总植物碱的分析

生物碱是一类存在于生物体（主要为植物）中的一类含氮的碱性有机化合物，有似碱的性质，也称为植物碱。烟草中含有多种生物碱，按其分子结构分为两类，一类是吡啶与氢化吡咯环相结合的化合物，如烟碱（尼古丁）、去甲基烟碱（降烟碱）、去氢去甲基烟碱（麦斯明）、二烯烟碱（尼古替啉）等；另一类是吡啶环与吡啶或氢化吡咯环相结合的化合物，如新烟碱（阿那培新）、甲基新烟碱、去氢新烟碱（阿那他明）、*N* - 甲基去氢新烟碱、2，3 - 二吡啶等。烟草总植物碱是指烟草中所有的生物碱。烟草生物碱以烟碱最重要，它占烟草生物碱总量的95%以上，其次是去甲基烟碱（降烟碱）、新烟碱等，故在测定烟草总植物碱的含量时，常以烟碱计。研究表明，烟碱含

量和烟叶品质密切相关。通过检测烟碱含量与烟叶厚度、种植密度的关系，可以在生产中降低烟叶烟碱含量，提高烟叶的可用性。烟碱含量在医学上也是重要指标，可缓解和治疗多种疾病，如帕金森病、阿尔茨海默病、神经衰弱、记忆衰退等。

一、方法概述

自 1960 年连续流动分析法首次应用于烟草总植物碱，至 20 世纪 80 年代初分析方法已基本成熟。

总植物碱的连续流动分析采用戊烯二醛反应。所谓戊烯二醛反应，就是用溴化氰（CNBr）将吡啶类化合物的吡啶环断开，然后与芳香胺反应生成桔黄色的化合物。该化合物稳定性较差。1942 年，Werle 和 Becker 研究了烟碱与 α - 萘胺、β - 萘胺、联苯胺和苯胺的 Konig 反应，研究发现：（1）在水溶液中反应时，α - 萘胺、β - 萘胺和联苯胺均产生浑浊，无法用于比色分析，苯胺不产生浑浊，可用于比色分析。（2）试剂的加入次序、溶液 pH、反应时间、试剂浓度均对反应产物的吸光度产生影响。（3）反应最佳 pH 为 6.1，苯胺浓度为 0.01mol/L 时吸光度达到最大。（4）其他条件不变时，吸光度随溴化氰浓度的增加而增加，先向烟碱溶液中加入苯胺，或与溴化氰同时加入，达到最大吸光度的反应时间为 4 ~ 5min，最大吸收波长为 480nm。若将溴化氰先于苯胺加入溶液，则溴化氰与植物碱反应的中间产物会继续发生反应，生成其他化合物，不能形成测定需要的化合物。

1960 年，Sadler 首次将 Konig 反应用于总植物碱的连续流动分析，用于流动分析的为烟末的碱性水蒸气蒸馏馏出液。Sadler 研究发现，随着 pH 的降低，吸光度增加，pH = 5.4 时达到最大，此时最大吸收波长为 460nm。Sadler 还发现，较低的 pH 有利于比色池冲洗干净，能有效避免样品之间的拖带污染。另外，加入 20% 甲醇降低溶液的表面张力也有利于将比色池冲洗干净。与硅钨酸重量法相比，Sadler 方法的准确度达到 ±0.01%（绝对值）。

Sadler 实现了总植物碱的连续流动分析，而且有很高的准确度，但缺点是必须使用烟末的碱性水蒸气蒸馏馏出液，而水蒸气蒸馏操作比较繁琐费时，影响了连续流动分析方法快速高效优点的发挥，制约了分析效率，因此有必要对样品的前处理方法进行简化。1967 年，Harvey 对此进行了研究，并于 1969 年做了改进。Harvey 采用 5% 醋酸 - 20% 甲醇水溶液作为萃取剂，同时加入活性炭，样品浸泡过夜后经滤纸过滤，滤液直接用于连续流动分析。活性炭的作用是除去色素等干扰物质，它与样品的比例以1.5:1较为合适。1969年，Collins采用了另外一种去除干扰物质的方法，即利用渗透膜的选择性渗透作用使烟碱透过而大分子的干扰物质不透过或少透过。他的萃取方法是用萃取剂浸泡样品过夜，经滤纸过滤后滤液直接进样。他还研究了多种萃取剂的萃取效率，有硫酸溶液（0.05mol/L，0.5mol/L，1.7mol/L）、氢氧化钠溶液（0.1mol/L，1mol/L、3mol/L）、0.4%硼酸溶液、0.2mol/L盐酸-20%甲醇水溶液、水等。在这些萃取剂中，只有0.2mol/L盐酸-20%甲醇水溶液对各种类型烟草的萃取效率在95%以上。据报道，Harvey和Collins方法的准确度基本与分光光度法相同。Harvey和Collins的方法均大大简化了样品的前处理操作，提高了工作效率。两种方法相比，Harvey的方法需要加入萃取剂和活性炭悬浮液两步移液，Collins的方法只需一步移液操作，因此Collins的方法更为简便，试剂也更为节省。Charles曾成功地用Collins的方法测定了总粒相物中的总植物碱（萃取剂为异丙醇）。

1976年，Davis在进行同一萃取液同时分析还原糖和总植物碱两种成分的研究时，将样品的前处理方法改进为用5%醋酸水溶液萃取振荡10min，可有效萃取还原糖和总植物碱，避免了强酸对低聚糖的水解。同时，改用在水中溶解性能较好的对氨基苯磺酸代替苯胺。研究表明反应最佳pH为7.0，最大吸收波长为460nm。

溴化氰具有剧毒、易挥发、易爆炸、易分解的性质，日常的使用和储存非常不便。1981年，Harvey在Davis方法的基础上，借鉴氰离子与氯胺T反应生成氯化氰的原理，在自动分析仪上在线反应产生氯化氰，代替溴化氰，克服了溴化氰的缺点，取得了良好的效果。Harvey发现，氯胺T与氰化钾应尽可能同时导入流路，且氰化钾先导入，如果氯胺T先导入则会先与对氨基苯磺酸反应，干扰测定，最好是氰化钾和氯胺T先在线混合后导入分析流路。

国际烟草科学研究合作中心（CORESTA）于1994年发布了No.35推荐方法，它与Harvey改进的Davis方法基本相同，采用水为萃取剂振荡萃取30min。如果同一萃取液同时测定总植物碱和还原糖，则以5%醋酸水溶液为萃取剂。2002年烟草行业标准方法YC/T 160—2002《烟草及烟草制品　总植物碱的测定　连续流动法》等效采用CORESTA第35号推荐方法。这两种方法均采用剧毒品的氰化钾作为反应试剂，给日常分析、管理带来诸多不便。2011年，CORESTA化学常规分学组研究了用硫氰酸钾和次氯酸钠（或二氯异

氰尿酸钠）在线反应生成氯化氰代替氰化钾和氯胺 T 反应的研究。因为硫氰酸钾、次氯酸钠、二氯异氰尿酸钠都是无毒的，该方法的安全性提高了一大步。但相比氰化钾和氯胺 T 的反应，其灵敏度≤50%。

2013 年张威等对 CORESTA 方法进行改进，采用硫氰酸钾和二氯异氰尿酸钠反应原理，研究制定烟草行业标准方法 YC/T 468—2013《烟草及烟草制品总植物碱的测定 连续流动硫氰酸钾法》。该方法从实验操作和测试稳定性考虑，采用稳定性好的二氯异氰尿酸钠固体粉末，水解后有效氯能达到 60% ~63%，用前不需要滴定，克服了采用不稳定的液体次氯酸钠，用前要滴定确定有效氯浓度的问题。2017 年，CORESTA 组织根据此标准形成 CORESTA 推荐方法 No. 85《烟草中总植物碱的测定 KSCN/DCIC 连续流动法》。

本节重点介绍采用硫氰酸钾和二氯异氰尿酸钠反应原理测定烟草中总植物碱含量的实验内容。

二、方法原理

利用硫氰酸钾和二氯异氰尿酸钠在线反应生成氯化氰，在 pH =7.0 条件下，样品萃取液中的总植物碱（以烟碱计）与对氨基苯磺酸和氯化氰反应，反应物用比色计在 460nm 测定。

氯化氰的生成是方法实现的关键步骤。反应原理：

(二氯异氰尿酸根：Cl, Cl, N, N, C, C, C, O, O, O^-) $+ 2OH^- \longrightarrow$ (异氰尿酸：H, H, N, N, N, C, C, C, O, O, O) $+ 2ClO^-$

$$ClO^- + SCN^- + H_2O + 2e = ClCN + S^{2-} + 2OH^-$$

三、材料与方法

（一）试剂

除非特殊说明，所有试剂应为分析纯或同等纯度。水应为蒸馏水或同等纯度的水。分析烟草中总植物碱所需试剂见表 3 -2。

表 3 -2　　分析烟草中总植物碱所需试剂列表

序号	试剂名称	安全分类
1	冰醋酸（$C_2H_4O_2$）	腐蚀性
2	聚乙氧月桂醚（Brij -35）	—
3	柠檬酸（$C_6H_8O_7 \cdot H_2O$）	—

续表

序号	试剂名称	安全分类
4	二氯异氰尿酸钠［$C_3O_3N_3Cl_2Na$（DCIC）］	低毒，刺激性
5	对氨基苯磺酸（$C_6H_7NO_3S$）	刺激性
6	硫氰酸钾（KSCN）	有害
7	硫酸亚铁（$FeSO_4 \cdot 7H_2O$）	—
8	硼酸钠（$Na_2B_4O_7 \cdot 10H_2O$）	—
9	氯化钠（NaCl）	—
10	磷酸氢二钠（Na_2HPO_4）	刺激性
11	碳酸钠（Na_2CO_3）	弱刺激性和弱腐蚀性
12	烟碱（$C_{10}H_{14}N_2$）	有毒

1. 试剂配制

（1）Brij－35 溶液（聚乙氧月桂醚） 将 250g Brij－35 加入到 1L 水中，加热搅拌直至溶解。

（2）缓冲溶液 A 称取 65.5g 磷酸氢二钠、10.4g 柠檬酸至烧杯中，加入 700mL 水搅拌溶解，然后转入 1000mL 容量瓶中，用水定容至刻度，加入 1mL Brij－35 溶液，混匀。使用前用定性滤纸过滤。

（3）缓冲溶液 B 称取 222g 磷酸氢二钠、8.4g 柠檬酸、7g 对氨基苯磺酸至烧杯中，加入 800mL 水搅拌溶解，然后转入 1000mL 容量瓶中，用水定容至刻度，加入 1mL Brij－35 溶液，混匀。使用前用定性滤纸过滤。

（4）硫氰酸钾溶液 称取 2.88g 硫氰酸钾至烧杯中，加入 100mL 水搅拌溶解，然后转入 250mL 容量瓶中，用水定容至刻度。

（5）二氯异氰尿酸钠溶液 称取 2.20g 二氯异氰尿酸钠至烧杯中，加入 100mL 水搅拌溶解，然后转入 250mL 容量瓶中，用水定容至刻度。该溶液应现配现用。

（6）解毒溶液 A 称取 1g 柠檬酸、10g 硫酸亚铁至烧杯中，加入 500mL 水搅拌溶解，然后转入 1000mL 容量瓶中，用水定容至刻度。

（7）解毒溶液 B 称取 10g 碳酸钠至烧杯中，加入 500mL 水搅拌溶解，然后转入 1000mL 容量瓶中，用水定容至刻度。

2. 标准溶液

（1）标准储备液 称取适量烟碱于 250mL 容量瓶中，精确至 0.0001g，

用水溶解，定容至刻度。此溶液烟碱含量应在 1.6mg/mL 左右。标准储备液应储存于 0～4℃冰箱中。有效期为一个月。

（2）系列标准工作溶液　由标准储备液制备至少 5 个系列标准工作溶液，其浓度范围应覆盖预计检测到的样品含量。该工作溶液在 0～4℃冰箱中保存，有效期为 2 周。

（二）仪器

常用实验仪器如下。

（1）连续流动分析仪，由取样器、比例泵、渗析器、加热槽、混合圈、比色计（配 460nm 滤光片）和记录仪组成。

（2）分析天平，感量 0.0001g。

（3）振荡器。

（三）实验方法

准确称取 0.25g（精确至 0.0001g）样品至 50mL 具塞三角烧瓶中，加入 25mL 5% 醋酸或去离子水，盖上塞子。室温下振荡 30min 后过滤，弃去前几毫升滤液，使用连续流动分析仪测定，测定管路见图 3－2。上机运行系列标准工作溶液和样品溶液，如果样品溶液浓度超过标准工作溶液的浓度范围，则应稀释后再测定。

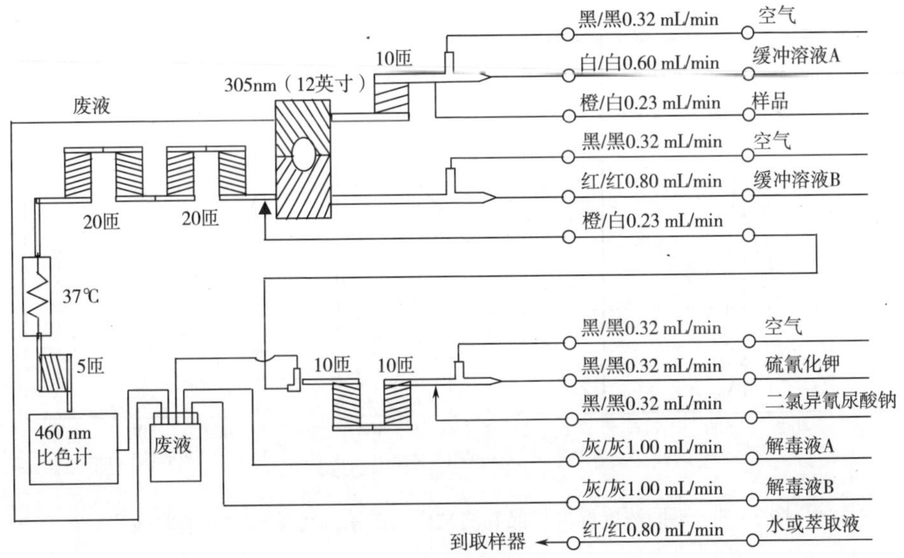

图 3－2　测定烟草中的总植物碱管路图

四、结果的计算与表述

1. 总植物碱（以烟碱计）含量的计算

a 表示以干基试样计的总植物碱（以烟碱计）的含量，数值以% 表示，由式（3－2）计算：

$$a\% = \frac{c \times v}{m \times (1 - w)} \times 100 \qquad (3-2)$$

式中　c——萃取液总植物碱的仪器观测值，mg/mL；

v——萃取液的体积，mL；

m——试样的质量，mg；

w——试样水分的质量分数,%。

2. 结果的表述

以两次平行测定结果的平均值作为测定结果，结果精确至 0.01%。两次平行测定结果绝对值之差不应大于 0.05%。

五、影响烟草中总植物碱测定的因素

1. 反应最佳吸收波长

不同浓度标准溶液和待测样品溶液吸收曲线（图 3－3 所示），反应最佳吸收波长为 463nm，由于仪器配套滤光片的波长基本都是 10 的倍数，连续流动法检测采用 460nm 滤光片。

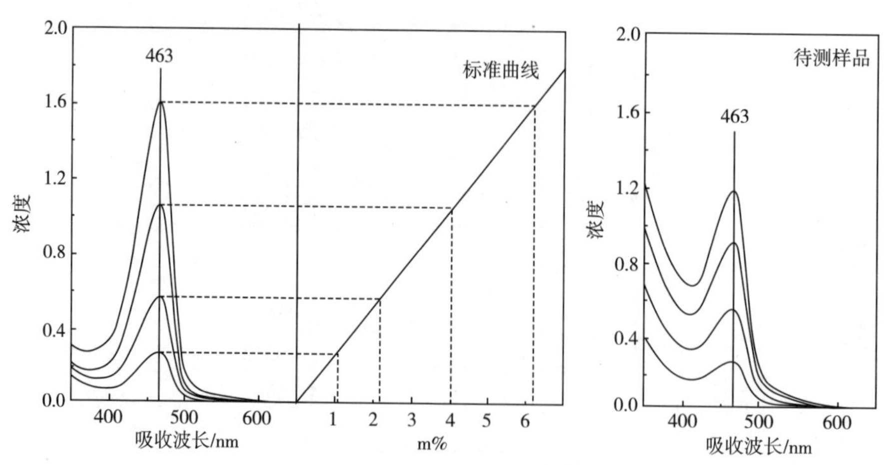

图 3－3　不同浓度标准样品和测试样品的紫外可见吸收光谱曲线

2. 最佳反应条件的实现

（1）最佳检测 pH 的实现

根据 Sadeler 和 Harvey 等研究表明，萃取液中的总植物碱（以烟碱计）与对氨基苯磺酸和氯化氰反应，最佳反应 pH 为 7.0，反应物用比色剂在 460nm 测定。氰化钾法所使用的试剂 pH 如表 3－3 所示。

表 3－3　　氰化钾法所使用的试剂 pH

溶液名称	pH	溶液名称	pH
缓冲溶液 A	9.13	氯胺 T 溶液	7.25
缓冲溶液 B	5.67	进入检测器溶液（洗针液为 5% 醋酸）	6.82
氰化钾溶液	10.90	进入检测器溶液（洗针液为水）	6.88

由于采用硫氰酸钾和二氯异氰尿酸钠在线反应生成氯化氰，硫氰酸钾的 pH 为 4.97，二氯异氰尿酸钠的 pH 为 5.27，这两种溶液混合后会影响整个反应的酸碱环境。经过实际测定，洗针液为 5% 醋酸时，进入检测器溶液的 pH 为 5.20；洗针液为水时，进入检测器溶液的 pH 为 6.22，均不在最佳反应 pH，因此需要对缓冲溶液 B 进行调整。由于缓冲溶液 B 配置使用了磷酸氢二钠（$Na_2HPO_4 \cdot 12H_2O$），通过调整该物质的质量可以调整缓冲溶液 B 的 pH，调整情况如表 3－4 所示。

表 3－4　　缓冲溶液 B 调整实验

$Na_2HPO_4 \cdot 12H_2O$/（g/L）	溶液名称	pH
131	缓冲溶液 B	6.50
	进入检测器溶液（洗针液为 5% 醋酸）	6.41
	进入检测器溶液（洗针液为水）	6.50
262	缓冲溶液 B	7.00
	进入检测器溶液（洗针液为 5% 醋酸）	6.94
	进入检测器溶液（洗针液为水）	7.00

由表 3－4 可知当缓冲溶液 B 中 $Na_2HPO_4 \cdot 12H_2O$ 质量为 262g/L 时，进入检测器溶液 pH 约为 7.00，满足最佳反应 pH 要求。

缓冲溶液 B 配置为：称取 262g $Na_2HPO_4 \cdot 12H_2O$，10.4g$C_6H_8O_7 \cdot H_2O$ 和 7.0g 对氨基苯磺酸，用水溶解，然后转入 1L 容量瓶中，加入 1mL Brij－35，

用蒸馏水稀释至1L。使用前用定性快速滤纸过滤。

（2）KSCN和二氯异氰尿酸钠的最佳浓度条件

硫氰酸钾和二氯异氰尿酸钠实验浓度见表3-5。

表3-5　二氯异氰尿酸钠浓度

二氯异氰尿酸钠编号	A1	A2	A3	A4	A5	A6	A7
二氯异氰尿酸钠称重/g	1.10	1.65	2.20	2.75	3.30	3.85	1.10
二氯异氰尿酸钠浓度/（mol/L）	0.02	0.03	0.04	0.05	0.06	0.07	0.02

表3-6　硫氰酸钾浓度

硫氰酸钾编号	B1	B2	B3	B4	B5	/	/
硫氰酸钾称重/g	2.16	2.88	3.75	4.50	5.04	/	/
硫氰酸钾浓度/（mol/L）	0.09	0.12	0.16	0.19	0.21	/	/

注：以上溶液配制都定容100mL容量瓶。

采用对烤烟、白肋烟、香料烟、烤烟型卷烟和混合型卷烟进行正交实验测定，结果表明A2-B1和A3-B2条件最佳，这一结果与A. P. Brady和Michael L. Pinsky等人的研究结果相一致，即SCN^-:DCIC≈3:1为最佳配比。考虑到方法生成的氯化氰必须过量，选择SCN^-:DCIC=2.88g:2.20g=0.12mol/L:0.04mol/L是适宜的。

3. 方法检出限比较

连续流动分析方法的检出限是根据美国国家环境保护局（EPA）方法第136部分 附录B来确定的。EPA方法用一连串的最高浓度标准工作溶液的2%浓度溶液进行10个重复测量3次，得到标准偏差再乘以相应t值，即MDL（method detection limit）=（s）*（$t-value$）=（s）*$t_{(n-1,.99)}$。标准品10个，自由度为9，$t_{(9,.99)}=2.821$，即MDL=2.821*（s），得到的结果值表示方法检出限具有99%可信度。定量限的计算是LOQ（Limit of Quantitation）=10*（s）。

按氰化钾法和硫氰酸钾法，配置最高浓度标准工作溶液的2%浓度溶液10份，每份重复测量3次，按EPA方法计算得到方法的检出限和定量限，结果见表3-7、表3-8。

表 3-7　　氰化钾法的检出限和定量限

测试次数	测试值/%	测试次数	测试值/%	测试次数	测试值/%
1	0.101	11	0.073	21	0.122
2	0.095	12	0.067	22	0.133
3	0.102	13	0.097	23	0.122
4	0.080	14	0.107	24	0.131
5	0.097	15	0.088	25	0.119
6	0.073	16	0.092	26	0.088
7	0.086	17	0.107	27	0.063
8	0.081	18	0.119	28	0.078
9	0.094	19	0.136	29	0.083
10	0.073	20	0.146	30	0.117

标准偏差 S——0.022

检出限/%——MDL = 0.022 * 2.821 = 0.063

定量限/%——LOQ = 10 * 0.022 = 0.220

表 3-8　　硫氰酸钾法的检出限和定量限

测试次数	测试值/%	测试次数	测试值/%	测试次数	测试值/%
1	0.169	11	0.168	21	0.160
2	0.144	12	0.168	22	0.159
3	0.138	13	0.175	23	0.155
4	0.148	14	0.178	24	0.153
5	0.135	15	0.170	25	0.135
6	0.137	16	0.152	26	0.140
7	0.150	17	0.161	27	0.150
8	0.178	18	0.158	28	0.142
9	0.154	19	0.171	29	0.122
10	0.174	20	0.160	30	0.124

标准偏差 S——0.016

检出限/%——MDL = 0.016 * 2.821 = 0.045

定量限/%——LOQ = 10 * 0.016 = 0.160

氰化钾法的检出限和定量限分别为 0.063% 和 0.220%，硫氰酸钾法的检出限和定量限分别为 0.045% 和 0.160%，两方法均达到检测要求。

4. 方法比对

将烤烟、白肋烟、香料烟、烤烟型卷烟和混合型卷烟五个样品，分别采用氰化钾方法和硫氰酸钾的测定结果进行比较，结果见表 3－9，同一样品采用硫氰酸钾测定结果相对于氰化钾法的相对误差均小于 5%。对同一样品分别采用硫氰酸钾或氰化钾方法的两组测定结果进行配对 t 检验，结果为 $t=1.39$，$t_{0.05}=2.78$，$t<t_{0.05}$，说明两种分析方法没有显著性差异，表明硫氰酸钾法与氰化钾方法结果一致。

表 3－9　硫氰酸钾法与氰化钾法测定总植物碱结果对比

样品编号	硫氰酸钾法	氰化钾法	两法测定结果的差异
	平均值/%	平均值/%	差值/%
烤烟	1.79	1.78	0.02
白肋烟	4.57	4.58	0.01
香料烟	1.02	1.00	0.02
烤烟型卷烟	1.69	1.69	0.00
混合型卷烟	2.22	2.18	0.04

5. 注意事项

（1）配置缓冲溶液 B 时，应核查 $Na_2HPO_4 \cdot 12H_2O$ 和 $C_6H_8O_7 \cdot H_2O$ 试剂所带结晶水数量，出现白色沉淀往往与此有关。

（2）每次配置试剂后，样品检测前应用精密 pH 试纸检测从检测器流出反应液的 pH 是否为 7.0。

（3）样品测定要做最少两次平行测定，以其平均值作为检测结果，精确至 0.01%，且两次测定结果的绝对值之差不应大于 0.05%。

第五节　烟草中总氮的分析

烟叶中有机含氮化合物通称为总氮，其主要成分包括：植物碱氮、蛋白质氮、氨基酸氮、以及含氮杂环化合物等，其含量对烟叶品质有重要影响，是烟草质量评价的重要指标之一。含氮化合物在燃吸过程中产生碱性物质。

质量差的烟叶总氮偏高，所产生的烟气苦味、辛辣、刺激性增强，并产生大量杂气。质量好的烟叶总氮含量较低，若能与其中的碳水化合物产生的酸性物质达到酸碱平衡，则抽吸时可产生令人满意的吃味。烟叶中各种不同的含氮化合物比例适当，如烟碱含量在其中占一定比例，可给吸烟者以适当生理强度，带来一定香气，使刺激性减轻。

一、方法概述

烟草中总氮的连续流动测定方法是有机含氮物质在浓硫酸及催化剂的作用下，经过强热消化分解，其中的氮被转化为氨。在碱性条件下，氨被氧化为氯化铵，然后再与水杨酸钠反应生成靛蓝色络合物，在660nm处进行比色测定。

消化烟草样品，使有机氮转化为氨。现行的消化技术通过加入能促进有机质氧化和有机氮转化为氨的物质以提高消化效果。一般促进转化的物质是能提高消化温度的盐类如硫酸钾和硫酸钠，能提高硫酸对有机质氧化速率的催化剂如锡、汞、铜及其化合物。锡和汞的催化效果差不多，但都明显好于铜。由于烟草含有烟碱类植物碱，烟碱分子中的吡啶环呈共轭结构，非常稳定，不易转化为氨，因此不同催化剂的催化效率差别更大。据报道，用纯烟碱进行实验，氧化汞作催化剂时回收率基本上达到100%，而硫酸铜作催化剂的回收率只有95%。用烟草样品实验，测定结果如表3－10所示。结果表明氧化汞催化效率优于硫酸铜。这是因为在消化过程中氧化汞与硫酸反应形成硫酸汞，汞离子与消化产生的氨络合成为汞氨络离子（$Hg[NH_3]_2)^{2+}$，这个络合物非常稳定，使得反应产生的氨不易损失。寇天舒等利用在酸性条件下，过氧化氢的氧化性加强，且与酸混合后能降低酸的沸点等特点，实现浓硫酸－过氧化氢混合液对烟草中的有机含氮物质强热消化分解，但操作过程中要将大量的浓硫酸加入到过氧化氢中，混合过程中温度不易控制及过氧化氢易分解，目前应用还较少。

表3－10　　氧化汞和硫酸铜催化效率对比

样品	烤烟		白肋烟		香料烟		晒红烟		混合型卷烟		烤烟型卷烟	
	HgO	$CuSO_4$	HgO	$CuSO_4$	HgO	$CuSO_4$	HgO	$CuSO_4$	HgO	$CuSO_4$	HgO	$CuSO_4$
总氮/%	1.67	1.65	3.47	3.34	1.63	1.61	3.56	3.54	2.53	2.52	1.80	1.77

消化液中氨的测定。在碱性条件下，氨被次氯酸钠或二氯异氰尿酸钠氧

化为氯化铵，进而与水杨酸钠产生一靛蓝物质，在660nm 比色测定。

本节对采用氧化汞提高硫酸对有机质氧化速率，硫酸钾为加快反应速度测定烟草中的总氮含量的连续流动法进行详细介绍。

二、方法原理

样品中的有机氮化合物在浓硫酸及催化剂作用下，经强热消化分解，其中的氮被转化分解形成氨。在碱性条件（pH = 12. 8 ~ 13. 1）及催化剂亚硝基铁氰化钠的作用下，氨被次氯酸钠中的活性氯氧化为氯化铵，氯化铵与水杨酸钠反应产生一靛蓝色化合物，在660nm 比色测定。

三、材料与方法

（一）试剂

除非特殊说明，所有试剂应为分析纯或同等纯度。水应为蒸馏水或同等纯度的水。分析烟草中总氮所需试剂见表3－11。

表3－11　分析烟草中总氮所需试剂列表

序号	试剂名称	安全分类
1	聚乙氧月桂醚，Brij－35	—
2	硫酸铵，$(NH_4)_2SO_4$	—
3	氧化汞，HgO（仅在消化中需要时使用）	剧毒
4	硫酸钾，K_2SO_4	—
5	氢氧化钠，NaOH	腐蚀性
6	磷酸氢二钠，Na_2HPO_4	—
7	次氯酸钠 NaClO，有效氯含量≥5%	腐蚀性 有害
8	亚硝基铁氰化钠 $Na_2[Fe(NO)(CN)_5]\cdot 2H_2O$	毒
9	酒石酸钾钠，$C_4H_4KNaO_6$	—
10	水杨酸钠，$Na_2C_7H_5O_3$	有害

1. 试剂配制

（1）Brij－35 溶液（聚乙氧基月桂醚）　将250g Brij－35 加入到1L 水中，加热搅拌直至溶解。

（2）次氯酸钠溶液　移取6mL 次氯酸钠（有效氯含量≥5%）于50mL 水中，溶解后转移至100mL 的容量瓶中，用水稀释至刻度，加2 滴 Brij－35。

（3）氯化钠/硫酸溶液　称取10. 0g 氯化钠于烧杯中，用700mL 水溶解，

缓慢倒入7.5mL浓硫酸，同时不断搅拌溶液，待冷却后转移至1000mL的容量瓶中，用水定容至刻度，加入1mL Brij－35。

（4）水杨酸钠/亚硝基铁氰化钠溶液　称取75.0g水杨酸钠，0.15g亚硝基铁氰化钠于烧杯中，用200mL水溶解，转入500mL容量瓶中，用水定容至刻度，加入0.5mL Brij－35。

（5）缓冲溶液　称取25.0g酒石酸钾钠，17.9g磷酸氢二钠，27.0g氢氧化钠，用200mL水溶解，待溶液冷却后转移至500mL容量瓶中，用水定容至刻度，加入0.5mL Brij－35。

（6）进样器清洗液　移取40mL浓硫酸，缓慢倒入盛有700mL的烧杯中，不断搅拌溶液，冷却后转移至1000mL容量瓶中，用定容至刻度。

2. 标准溶液

（1）标准储备液　称取0.943g硫酸铵于烧杯中，精确至0.0001g，用水溶解，转入100mL容量瓶中，用水定容至刻度。此溶液氮含量为2mg/mL。

（2）系列工作标准液　根据预计检测到的样品的总氮含量，制备至少5个工作标准液。制备方法是：分别移取不同量的储备液，按照与样品消化同样的量加入氧化汞、硫酸钾、硫酸，并与样品一同消化。

（二）仪器

1. 连续流动分析仪，由取样器、比例泵、渗析器、加热槽、混合圈、比色计（配660nm滤光片）和记录仪组成。

2. 消化器：消化管容量为100mL。

3. 分析天平，感量0.0001g。

（三）实验方法

称取0.1g样品于消化管中，精确至0.0001g，加入氧化汞0.1g，硫酸钾1.0g，浓硫酸5.0mL。将消化管置于消化器上消化。消化器工作参数为：150℃ 1h，370℃ 4h。消化后稍冷，加入少量水，冷却至室温，用水定容至刻度，摇匀。上机运行工作标准液和样品液，管路图如图3－4所示。如果样品液浓度超出工作标准液的浓度范围，则应重新制作工作标准液。

四、结果的计算与表述

1. 总氮含量的计算

以干基计的总氮的含量，由式（3－3）得出：

$$总氮\% = \frac{c}{m \times (1 - w)} \times 100 \qquad (3-3)$$

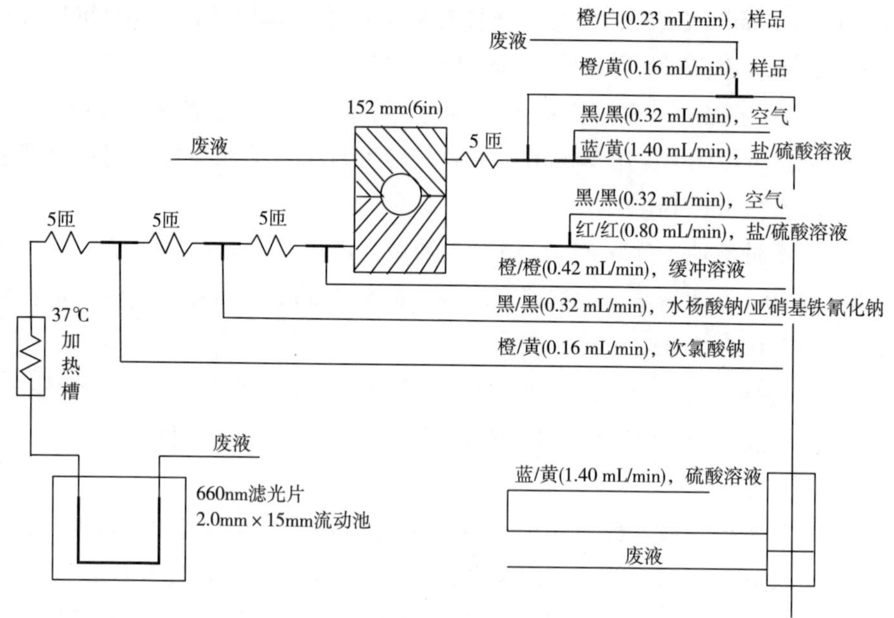

图 3－4　总氮测定管路图

式中　c——样品液总氮的仪器观测值，mg；

m——样品的重量，mg；

w——样品水的质量分数，%。

2. 结果的表述

以两次测定的平均值作为测定结果。结果精确至 0.01%。两次平行测定结果绝对值之差不应大于 0.05%。

五、影响烟草总氮测定因素

影响烟草中总氮测定的主要因素有：样品体系、反应混合液的 pH、水杨酸钠、次氯酸钠活性氯浓度等。

1. 样品体系

样品体系的不同会影响总氮的测定结果，故标准溶液和样品的消化液及取样器清洗液应保持相同的体系。用介绍的方法消解后的溶液呈酸性，经计算消解后溶液中硫酸的浓度约为 4%。如果采用其他不同的消化方法，需调整氢氧化钠的用量以使溶液在反应混合过程中维持正确的 pH。

2. 反应混合液的 pH

反应混合物的 pH 应保持在 12.8 ~ 13.1。若 pH 太高，减小缓冲溶液中的

氢氧化钠浓度，若 pH 太低，则增大缓冲溶液中的氢氧化钠浓度。

3. 水杨酸钠

水杨酸钠在酸性溶液中会以水杨酸形式产生沉淀。因此，如果要将一酸性物质加入同一混合管路中运行，必须先加入碱性缓冲溶液，再加入水杨酸钠，否则酸性的样品清洗液将引起沉淀产生。同理，在实验结束时应首先将水杨酸钠移去。

4. 次氯酸钠活性氯浓度

方法中的氨反应程度与活性氯浓度有关。次氯酸钠试剂及其溶液均不稳定，如果达不到规定的灵敏度及线性，需调整次氯酸钠浓度以达到理想的灵敏度及线性。若调整量较大需检查 pH，因次氯酸钠溶液为强碱性。

第六节　烟草中氯的分析

氯是烟草生长发育过程中所必需的营养元素，其含量高低是烟叶质量的重要指标。氯的含量过高或者过低均对烟叶品质有不良影响。当烟草中氯含量过高，会导致烟叶厚且脆，香气减少，烟叶吸湿性强，燃烧性差，吸食有海藻般腥味；而当烟叶含氯不足时，烟叶油分少，偏薄，易破碎，成丝率低。烟叶中氯的正常含量范围为0.1%～1.0%。如果烟叶中氯含量超过2.5%，烟叶几乎不能燃烧。

一、方法概述

烟草中氯的连续流动测定，是通过氯与硫氰酸汞反应释放出硫氰酸根（SCN^{-1}），SCN^{-1}与三价铁络合显色，再由光度计比色测定。烟草行业 2002 年发布的标准 YC/T 162—2002《烟草及烟草制品 氯的测定 连续流动相》，采用水为萃取剂振荡萃取 30min。如果同一萃取液同时测定总植物碱和还原糖，则以 5% 醋酸水溶液为萃取剂。但该方法与行业标准中的电位滴定法和离子色谱法相比，对于同样的测定样品，连续流动法测定结果普遍偏高 6%～20%。王颖通过考察分析测定过程产生差异的原因，对连续流动法进行了管路改进，通过在测定管路中添加透析槽，去除烟草萃取液中干扰测定的大分子物质，同时调整了测定管路的管径配比。采用调整后的测定管路对烟草中的氯进行测定，测定步骤简单，便于操作，测定结果更为准确，该方法已形成标准 YC/T 162—2011《烟草及烟草制品 氯的测定 连续流动法》。

本节对该方法测定烟草中氯含量的实验内容进行重点介绍。

二、方法原理

用5%的醋酸或水萃取烟草样品中的氯，样品中的氯与硫氰酸汞反应释放出硫氰酸根，然后再与三价铁离子反应生成鲜红色络合物，在480nm处进行比色测定。

三、材料与方法

(一) 试剂

除非特殊说明，所有试剂应为分析纯或同等纯度。水应为去离子水或同等纯度的水。分析烟草中氯所需试剂见表3－12。

表3－12　　分析烟草中氯所需试剂列表

序号	试剂名称	安全分类	序号	试剂名称	安全分类
1	硝酸，HNO_3	腐蚀性	5	甲醇，CH_3OH	毒
2	冰醋酸，CH_3COOH	腐蚀性	6	硝酸铁，$Fe(NO_3)_3 \cdot 9H_2O$	—
3	聚乙氧月桂醚，Brij－35	—	7	氯化钠，NaCl	—
4	硫氰酸汞，$Hg(SCN)_2$	毒			

1. 试剂配制

(1) Brij－35溶液（聚乙氧月桂醚）　将250g Brij－35加入到1L水中，加热搅拌直至溶解。

(2) 硫氰酸汞溶液　称取2.1g硫氰酸汞于烧杯中（精确至0.1g），加入300mL甲醇搅拌溶解，然后转移至500mL容量瓶中，用甲醇定容至刻度。该溶液在常温下避光保存，有效期为90天。

(3) 硝酸铁溶液　称取101.0g硝酸铁于烧杯中（精确至0.1g），用量筒量取200mL水，加入到烧杯中搅拌使之溶解。然后用量筒量取15.8mL浓硝酸，缓慢加入到溶液中并不断搅拌，混合均匀冷却后，将混合溶液转移至500mL容量瓶中，用水定容至刻度。该溶液在常温下保存，有效期为90天。

(4) 显色剂　用量筒分别量取硫氰酸汞溶液和硝酸铁溶液各60mL于同一250mL容量瓶中，用水定容至刻度，加入0.5mL Brij－35溶液。显色剂应在常温下避光保存，有效期为2天。

(5) 0.22mol/L硝酸溶液　用量筒量取16mL浓硝酸，缓慢加入到有600mL水的烧杯中，并不断搅拌，冷却后转入1000mL容量瓶中，用水定容至

刻度。

2. 标准溶液配制

（1）标准储备液（1000mg/L，以 Cl 计）　称取约 1.648g 干燥后的氯化钠标准物质于烧杯中，精确至 0.1mg，用水溶解，转移至 1000mL 容量瓶中，用水定容至刻度。

（2）系列标准工作溶液　由上述标准储备液制备至少 5 个工作标准液，其浓度范围应覆盖预计检测到的样品含量。

（二）仪器

常用实验仪器包括以下几种。

（1）连续流动分析仪，由取样器、比例泵、渗析器、加热槽、混合圈、比色计（配 480nm 滤光片）和记录仪组成。

（2）紫外 – 可见分光光度计。

（3）分析天平，感量 0.0001g。

（4）振荡器。

（三）实验方法

准确称取 0.25g（精确至 0.0001g）样品，至 50mL 具塞三角烧瓶中，加入 25mL 5% 醋酸或去离子水，盖上塞子。室温下振荡 30min 后过滤，然后用连续流动分析仪进行测定，测定管路见图 3 – 5。上机运行工作标准液和样品液，如果样品液浓度超出工作标准液的浓度范围，则应重新制作工作标准液。

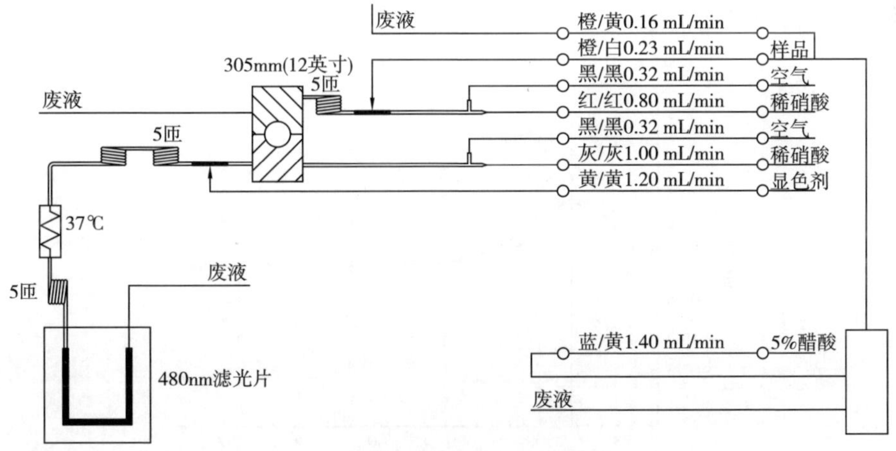

图 3 – 5　测定烟草中的氯管路图

四、结果的计算与表述

1. 氯含量的计算

a 表示以干基试样计的氯的含量，数值以% 表示，由式（3－4）计算：

$$a\% = \frac{c \times v}{m \times (1 - w)} \times 100 \tag{3-4}$$

式中 c——萃取液氯的仪器观测值，mg/mL；

v——萃取液的体积，mL；

m——试样的质量，mg；

w——试样水分的质量分数，%。

2. 结果的表述

以两次平行测定结果的平均值作为测定结果，结果精确至 0.01%。两次平行测定结果绝对值之差不应大于 0.05%。

五、影响氯测定的因素

1. 烟草萃取液基质的影响

研究表明烟草中氯测定的最终产物—红色的硫氰酸铁最大吸收波长在 460nm（图 3－6），而测定氯的滤光片为 480nm，研究发现经过水相萃取的烟草萃取液中所含有的物质如少量色素，单宁类等物质等在 480nm 波长下也有吸收，不同品种烟草样品的萃取液产生的干扰信号强弱不同，且萃取液的颜色越深对氯离子的检测结果干扰越严重。因此，需在测定管路中添加透吸槽，使大分子的干扰物不能够通过，使待测的小分子氯物质透过，有效消除烟草样品萃取液基质的干扰。

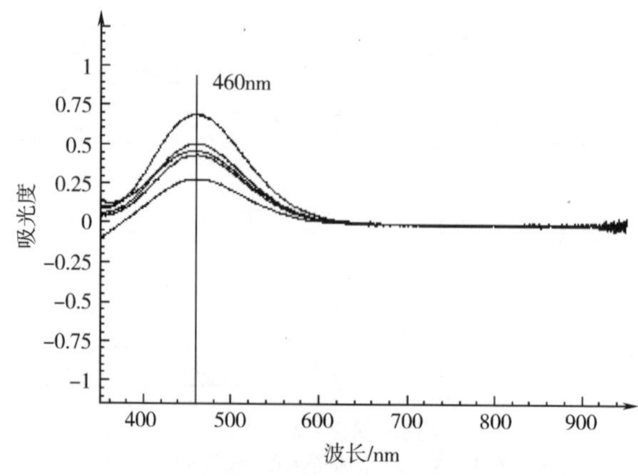

图 3－6 高铁法测定氯不同浓度标液的紫外吸收

2. 测定波长

在管路中添加透析槽后，能将烟草萃取液中的一些本底干扰物质去除，但是，还需要考察透析去除本底是否彻底。在460nm和480nm波长条件分别进行测定的结果见表3－13。在460nm和480nm波长条件下测定结果略有差异，本底未完全去除。但与离子色谱法（IC）测定结果相比较，480nm测定结果与离子色谱测定结果偏差较小。因此，最终的实验条件选择480nm波长作为测定波长。

表3－13　不同波长测定结果

名称	460nm (g/g)	480nm (g/g)	不同波长偏差 (%)	IC测定结果 (g/g)	480nm与IC偏差 (%)
烤烟	0.30	0.26	13.3	0.25	3.8
白肋烟	1.08	1.04	3.7	1.03	1.0
香料烟	0.46	0.42	8.7	0.42	0.0
烤烟卷烟1	0.44	0.39	11.4	0.40	－2.6
混合型卷烟	0.66	0.65	1.5	0.63	3.1
烤烟卷烟2	0.37	0.32	13.5	0.31	3.1

3. 显色反应时间

反应时间的差异会影响样品显色的吸光度，研究发现664s（10匝）条件下的吸光度最大，增加到660s以后，随反应时间延长吸光度变化很小基本保持不变，检测结果稳定并获得较高的仪器响应值。

4. 反应温度

反应温度对检测结果的影响并不大，但检测过程中环境温度的大幅变化将对基线造成很大的波动，从而对检测结果的准确性有一定的影响。同时在低温段（10℃）还出现标准曲线呈抛物线状和相关系数偏低的情况。因此，测氯的管路中需用加热池使反应温度恒定在37℃，可消除环境温度波动对检测结果的影响，尤其是保证低温环境下反应完全和检测结果准确。

第七节　烟草中钾的分析

钾是烟叶灰分的主要成分之一，适当的钾含量对烤烟的色泽和烟叶糖分积累都是有利的，而且还能增强烟叶的燃烧性和保火力，直接关系到卷烟的吸食品质。因此准确而快速地测定烟草中钾的含量，对于指导卷烟配方、采购烟叶原料的品质具有重要的参考价值。

一、方法概述

烟草中钾含量的测定常用方法有全钾离子选择电极分析法、亚硝酸钴钠法、四硼酸钠容量法、原子吸收光度法、火焰光度法和连续流动法等。其中连续流动法的准确度高，精密度好，简便快速。其样品前处理过程有干法灰化、湿法灰化和浸取法。黄瑞等将烟草中的钾经蒸馏水萃取，在线与硫酸锂混合后进入火焰光度计的雾化室雾化，再经压缩气体燃烧，发射出的光在768nm波长被测出，通过计算机做标准工作曲线换算出钾的含量。该连续流动法采用AAⅡ型化学自动分析仪，检测器为火焰光度计。黄海涛等则采用5%的醋酸提取烟草中的钾，建立了ALLOANCE自动分析仪的连续流动分析法。陈伟华等建立了微波消解－连续流动法快速测定烤烟中钾含量的分析方法。由于烟草中的钾是以盐的形式存在的，而这些物质大多都溶于水，烟草行业标准YC/T 217—2007《烟草及烟草制品 钾的测定 连续流动法》是以蒸馏水或5%的醋酸直接提取烟草中的钾离子，简便快速而准确。

本节详细介绍以火焰光度计410为检测器测定烟草中钾含量的连续流动分析方法。

二、方法原理

用水或5%的醋酸萃取烟草样品中的钾，待测样品进入火焰光度计雾化后燃烧，钾的外围电子吸收能量，由基态跃迁至激发态，电子在激发态不稳定，又释放出能量，返回基态，其释放出的能量被光电系统检测。当钾的浓度在一定范围时，其辐射强度同浓度成正比。

三、材料与方法

（一）试剂

除非特殊说明，所有试剂应为分析纯或同等纯度。水应为蒸馏水或同等纯度的水。分析烟草中钾所需试剂见表3－14。

表3－14　分析烟草中钾所需试剂列表

序号	试剂名称	安全分类	序号	试剂名称	安全分类
1	冰醋酸，CH_3COOH	腐蚀性	4	氧化镧，La_2O_3	—
2	聚乙氧月桂醚，Brij－35	—	5	硫酸钾，K_2SO_4	—
3	硝酸，HNO_3	腐蚀性			

1. 试剂配制

（1）Brij－35 溶液（聚乙氧月桂醚）　将 250g Brij－35 加入到 1L 水中，加热搅拌直至溶解。

（2）氧化镧溶液（适于火焰光度计 410）　将 1.6g 氧化镧溶于 30mL 硝酸中（加一些水可帮助氧化镧溶解）。加入 500mL 蒸馏水并搅拌均匀，冷却后转移至 1000mL 容量瓶中用蒸馏水定容至刻度。再加入 1.0mL Brij－35 溶液。混合均匀。溶液保持清澈透明即可使用。

（3）取样器清洗液　使用与萃取液相同的溶液。

（4）空白液（用于校正 410 型火焰光度计）　将 0.8g 氧化镧溶于 15mL 硝酸中（加一些水可帮助氧化镧溶解）。加入 400mL 蒸馏水并搅拌均匀，转移至 1000mL 容量瓶中用蒸馏水定容。再加入 1.0mL Brij－35 溶液。混合均匀。溶液保持清澈透明即可使用。

2. 标准溶液配制

（1）标准储备液（1g/L K）　称取约 4.46g 干燥后的硫酸钾标准物质与烧杯中，精确至 0.1mg，用水溶解，转移至 1000mL 容量瓶中，用水定容至刻度。

（2）系列标准工作溶液　由上述标准储备液制备至少 5 个工作标准液，其浓度范围应覆盖预计检测到的样品含量。

（3）标准液（用于校正 410 型火焰光度计）　将 0.8g 氧化镧溶于 15mL 硝酸中（加一些水可帮助氧化镧溶解）。加入 400mL 蒸馏水并搅拌均匀，加入 10mL 标准储备液。转移至 1000mL 容量瓶中用蒸馏水定容。再加入 1.0mL Brij－35 溶液。混合均匀。溶液保持清澈透明即可使用。

（二）仪器

常用实验仪器如下。

（1）连续流动分析仪，由取样器、比例泵、混合圈、火焰光度计检测器、空气压缩机、液化气和记录仪组成。

（2）分析天平，感量 0.0001g。

（3）振荡器。

（三）实验方法

准确称取 0.25g（精确至 0.0001g）样品，至 50mL 具塞三角烧瓶中，加入 25mL 5% 醋酸或水，盖上塞子。室温下振荡 30min 后用定性滤纸过滤，弃去前几毫升滤液，收集后续滤液用连续流动分析仪进行测定，测定管路见图3－7。

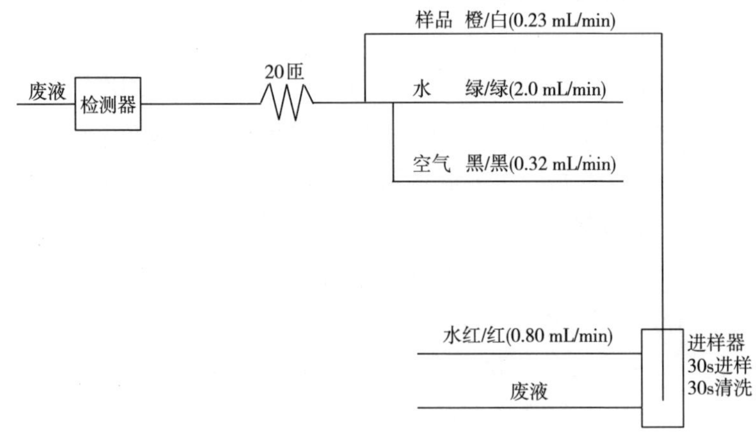

图3－7 测定烟草中的钾管路图

四、结果的计算与表述

1. 钾含量的计算

a表示以干基试样计的钾的含量，数值以%表示，由式（3－5）计算：

$$a\% = \frac{c \times v}{m \times (1 - w)} \times 100 \tag{3-5}$$

式中 c——萃取液钾的仪器观测值，mg/mL；

v——萃取液的体积，mL；

m——试样的质量，mg；

w——试样水分的质量分数，%。

2. 结果的表述

以两次平行测定结果的平均值作为测定结果，结果精确至0.01%。两次平行测定结果绝对值之差不应大于0.05%。

五、影响钾测定的因素

1. 火焰强度

经研究发现，中火焰强度的钾的检测值都在合理范围内，弱火焰强度检测值都在合理值范围之上，而强火焰强度检测值大多都在合理范围之下，这是由于火焰强度不同产生的火焰背景颜色会对钾燃烧时的原子吸收产生一定干扰，而在中强度火焰条件下，火焰背景颜色对钾燃烧时原子吸收干扰最小。

2. 进样流量

以往研究表明，随着进样管内径的增大，样品检测值存在下降趋势，进样管内径为 1.42mm 的情况下，样品检测值的准确度和稳定性高于其他管径下的检测值。

第八节　烟草中淀粉的连续流动法分析

淀粉是由若干个葡萄糖分子聚合而成的天然高分子化合物。淀粉组成可以分为两类，直链淀粉与支链淀粉。直链淀粉中葡萄糖分子之间以 α－1，4－糖苷键相连，而支链淀粉中葡萄糖分子之间除了以 α－1，4－糖苷键相连外，还有以 α－1，6－糖苷键相连的。结构如图 3－8，图 3－9 所示。

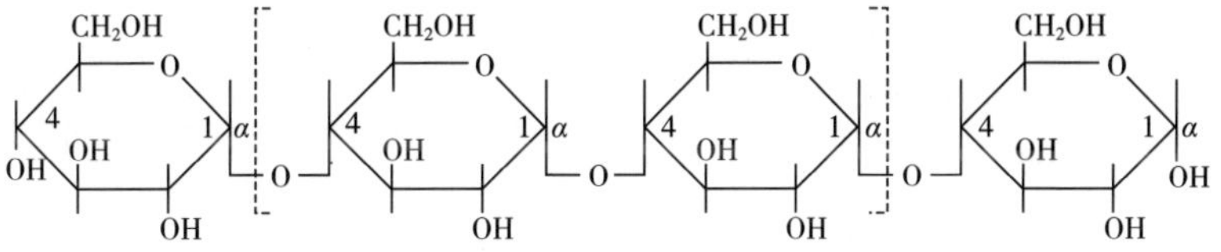

图 3－8　直链淀粉的结构（α－1，4－苷键）的一部分

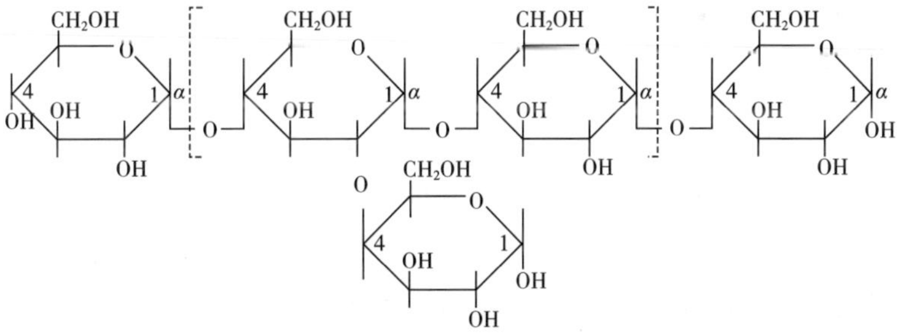

图 3－9　支链淀粉的结构（α－1，4－苷键和 α－1，6－苷键）的一部分

淀粉是烟草中一类重要的碳水化合物，其在烟叶片细胞中的合成、积累、分解、转化状况，决定着烤后叶片内部各种化学成分之间的协调程度，对烟叶色、香、味有不同影响，即影响烟叶的外观和内在品质，一方面淀粉会影响燃烧速度和燃烧的完全性，另一方面淀粉在燃吸时会产生糊焦气味，使烟草的香味变坏。烟叶经调制、发酵后，淀粉大多转化为小分子碳水化合物，

这些小分子碳水化合物参与烟气酸碱平衡，对烟气醇和性与芳香性具有重要作用。因此，淀粉是评价烟草品质的重要指标之一，测定调制前后烟叶中的淀粉含量具有重要意义。

一、方法概述

由于烟草化学成分十分复杂，且烟草淀粉的分离比较困难，长期以来淀粉被认为是较难测定的烟草化学成分之一。根据淀粉不同化学特性形成了三种不同的分析方法：碘显色法、酶水解法和酸水解法。碘显色法简便、快速，适合于常规分析。酶水解法和酸水解法均是测定水解产生的葡萄糖，操作步骤多，分析效率低，且酸水解法能将淀粉之外的多糖水解而得到偏高的结果。烟草淀粉的分析方法的特点如表 3 – 15 所示。

表 3 – 15　　烟草淀粉的分析方法的特点

方法	优点	缺点
碘显色法	操作简便，快速，直接测定淀粉	标准工作曲线制定难，有色素和醌类化合物干扰
酸水解法	与酶水解法相比操作相对简便，快速	水解不具备选择性；不易完全去除糖类化合物的干扰，结果偏高；间接测定淀粉
酶水解法	酶具有专一性和高效性，结果较为准确	酶的价格贵；操作繁琐；不易完全去除糖类化合物的干扰，结果偏高；间接测定淀粉

1. 碘显色法

碘显色法的基本原理就是利用淀粉的化学性质，碘遇淀粉生成蓝色的包合物，而且淀粉跟碘生成的包合物的颜色，跟淀粉的聚合度或相对分子质量有关。直链淀粉遇碘呈蓝色，最大吸收波长为 610nm，支链淀粉遇碘呈紫红色，最大吸收为 550nm。由不同比例的直链淀粉和支链淀粉配制标准溶液，所得溶液的最大吸收波长不同。

根据萃取淀粉的方法不同，可以分为水萃取淀粉和酸萃取淀粉两种。水萃取淀粉就是用水加热沸腾，将淀粉糊化，从而将淀粉从烟草中分离出来。张峻松等采用沸水萃取烟末 5min，经过洗涤和过滤，然后进行显色和吸光度法测定，建立了一种烟草淀粉测定新方法。该方法回收率在 96% ~105% 之间，相对标准偏差为 0. 97% 。酸萃取淀粉就是通过高氯酸氢键断开剂来选择性溶解淀粉分子，从而在常温下萃取烟草中的淀粉。吴玉萍等用该法达到分离淀

粉与非淀粉的目的。烟叶中萃取出来的淀粉与碘酸钾和碘化钾反应生成的碘进行碘显色，即用连续流动法测定烟草中的淀粉含量，建立了简便、快速、准确测定烟草淀粉的方法。该方法回收率为96.71%，相对标准偏差在1.79%～5.58%之间。

由于烟草中存在植物色素和醌类等有颜色的物质，会干扰碘—淀粉的比色测定，烟草中含有糖类化合物，其存在会影响样品溶液的测定，因此在建立方法的过程中要尽量降低植物色素、醌类和糖类化合物对实验结果的影响。

2. 酸水解法

酸水解法就是将淀粉在酸和热的作用下，水解生成葡萄糖，再采用连续流动法对其进行测定，最后折算成淀粉。淀粉水解反应与温度和酸催化剂有关，催化效能较高的为盐酸和硫酸，目前使用最多的水解催化剂为盐酸。

由于淀粉在酸作用下，不但发生水解反应，而且还会发生复合反应和分解反应，但在淀粉水解时一部分半纤维素、果胶之类的物质也会发生水解，产生木糖，阿拉伯糖等干扰淀粉测定，造成淀粉的测量结果偏高。因此实验过程中必须严格控制实验条件，尽可能抑制副反应的发生。

3. 酶水解法

淀粉在一定酸度下，与酶的作用能够水解生成葡萄糖，然后采用连续流动仪实现间接测定烟草淀粉。能够使淀粉水解的淀粉酶主要有：α-淀粉酶、β-淀粉酶、葡萄糖淀粉酶、异淀粉酶和淀粉葡萄糖苷酶。酶对淀粉的催化水解具有专一性。不同的淀粉酶催化水解淀粉的糖苷键不同，有的酶能使α-1，4糖苷键断裂，有的酶能使α-1，6糖苷键断裂，使淀粉水解生成葡萄糖。但烟草中含有大量的糖类化合物，都能够水解生成葡萄糖，从而影响烟草淀粉的间接测定。

瞿先中等先采用耐高温淀粉酶于95℃下处理，再用糖化酶于55℃下处理，然后采用连续流动分析法测定了烟叶样品中的淀粉含量，方法的相对标准偏差为2.0%，回收率在96%～100%之间。刘华等将烟草中淀粉经淀粉酶水解成单糖后，利用DNS（3，5-二硝基水杨酸）比色法测定其还原糖，从而实现间接测定烟草淀粉，回收率为98%～102%。聂聪等利用一种在淀粉中的葡萄糖苷酶（AGS）将烟草中的淀粉水解为葡萄糖，用连续流动仪测定烟草中淀粉含量，其方法回收率为96.6%，变异系数为1.52%～4.08%，并比较了其与酶水解法（ISO方法）、酸水解法和碘显色法测定烟草中淀粉含量的差异。廖堃等先用5%乙酸水溶液除去烟草样品中的可溶性糖后，再经α-淀粉酶、β-淀粉酶酶水解，然后用连续流动法测定样品中的淀粉含量，方法的回收率大于93%，相对标准偏差为4.37%。

本节重点介绍改进雷诺公司方法——连续流动法测定烟草中淀粉。雷诺公司的方法为采用甲醇-氯化钠饱和溶液在72℃水浴20min条件下去除样品色素，然后静置，用高氯酸萃取淀粉。操作中涉及样品转移、高速离心等方法，且需要手工操作，具有步骤多，样品有损失等缺点。改进雷诺公司方法，采用研制的一种G3烧结玻璃砂芯漏斗，使色素及干扰物质的去除和淀粉萃取在同一个装置内完成，避免样品转移造成不必要的损失。采用甲醇-氯化钠饱和溶液超声去色素，超声-高氯酸萃取烟草中的淀粉，连续流动法测定烟草中的淀粉含量，方法样品前处理简单、快速、高效、准确性高。

二、方法原理

采用甲醇-氯化钠饱和溶液超声去除样品中色素及干扰物质，用高氯酸超声萃取烟草中的淀粉，在酸性条件下，样品萃取液中的淀粉与碘发生显色反应，其最大吸收波长为575nm，用比色计测定其吸收。

三、材料与方法

（一）试剂

采用连续流动法分析烟草中淀粉所需的试剂见表3-16。

表3-16　分析烟草中淀粉所需试剂列表

序号	试剂名称	安全分类	序号	试剂名称	安全分类
1	聚乙氧月桂醚，Brij-35	—	5	十二烷基磺酸钠，$C_{12}H_{25}SO_3Na$	—
2	高氯酸，$HClO_4$	腐蚀性	6	碘化钾，KI	—
3	乙醇，C_2H_6O	毒	7	氯化钠，NaCl	—
4	碘，I_2	—			

1. 试剂配制

（1）75%乙醇氯化钠饱和溶液　称取80g氯化钠，溶于250mL水中，加入750mL无水乙醇，搅拌溶解，静置，待溶液澄清后过滤。

（2）碘/碘化钾溶液　称取5.0g碘化钾和0.5g碘于400mL烧杯中，用玻棒研磨粉碎混匀后加入少量水溶解，待完全溶解后，转入250mL容量瓶中，用水定容至刻度。该溶液常温下避光保存，有效期为1个月。

（3）40%高氯酸溶液　移取300mL高氯酸溶液，缓慢溶解于224mL的水中，摇匀即可。

（4）15%高氯酸溶液　移取112mL高氯酸溶液，缓慢溶解于224mL的水中，摇匀即可。

（5）0.1%十二烷基磺酸钠溶液（活化水）　称取0.5g十二烷基磺酸钠，溶解于500mL水，溶解澄清。

2. 标准溶液配制

（1）淀粉标准储备液　分别称取0.15g直链淀粉和0.60g支链淀粉于烧杯中，精确至0.0001g。直链淀粉中加入1.0g氢氧化钠后用水煮沸溶解，支链淀粉用水煮沸溶解，冷却后分别转入500mL容量瓶中，用水定容至刻度。该溶液0~4℃保存，有效期为1个月。

（2）混合标准储备液　分别移取直链淀粉储备液和支链淀粉储备液各30mL于100mL容量瓶中，用水定容至刻度，摇匀，得到混合标准储备液。

（3）系列标准工作液　分别移取不同体积的混合标准储备液于50mL容量瓶中，并分别加入2.5mL高氯酸萃取液，用水定容至刻度。制备至少5个标准工作液（其浓度范围应覆盖预计检测到的样品含量），该系列标准工作液应现配现用。

（二）仪器

常用实验仪器如下。

（1）连续流动分析仪，由取样器、比例泵、渗析器、加热槽、混合圈、比色计（配570nm滤光片）和记录仪组成。

（2）紫外－可见分光光度计。

（3）分析天平，感量0.0001g。

（4）超声波发生器。

（三）实验方法

称取烟草样品0.2g置于50mL G3烧结玻璃漏斗中，加入25mL 75%甲醇－氯化钠饱和溶液，将漏斗放入盛有适量水的400mL烧杯中，室温下超声去除色素25min。取出漏斗，过滤弃去上层液体；再加入15mL 40%高氯酸溶液，超声10min萃取烟草淀粉，然后加入15mL水，过滤收集萃取液于250mL容量瓶中，定容后摇匀。此淀粉萃取液可以采用分光光度法和连续流动法进行测定。连续流动法测定淀粉的流程图如图3－10所示。

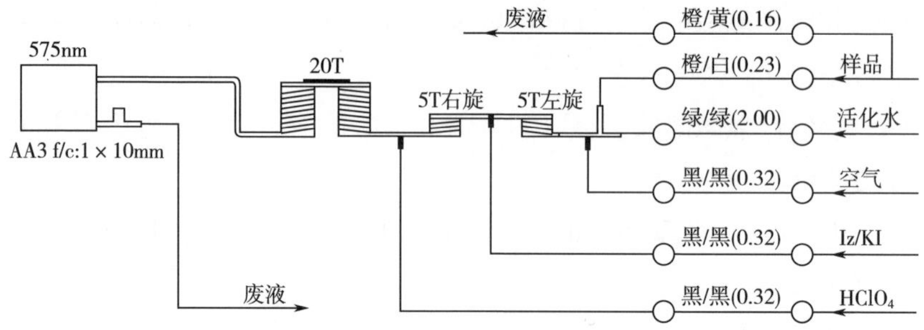

图 3 – 10　淀粉的自动分析仪流程图

上机运行工作标准液和样品液。如果样品液浓度超出工作标准液的浓度范围，则应稀释。

四、结果的计算与表述

1. 淀粉含量的计算

a 表示以干基试样计的淀粉的含量，数值以% 表示，由式（3 – 6）计算：

$$a\% = \frac{c \times v \times 6}{m \times (1 - w)} \times 100 \tag{3-6}$$

式中　c——样品溶液中淀粉的仪器观测值，mg/mL；

v——萃取液的体积，mL；

m——试样的质量，mg；

w——试样水分的质量分数,%。

2. 结果的表述

以两次平行测定结果的平均值作为测定结果，结果精确至 0.01%。两次平行测定结果的相对平均偏差不应大于 10%。

五、影响烟草中淀粉测定的因素

1. 直链淀粉和支链淀粉

烟草中的淀粉由直链淀粉和支链淀粉构成，一般认为二者的比例为 2:8，不同的烟草类型和品种、部位等均会影响二者的比例。直链淀粉遇碘呈蓝色，最大吸收波长为 610nm，支链淀粉遇碘呈紫红色，最大吸收为 550nm。由不同比例的直链淀粉和支链淀粉配制标准溶液，所得溶液的最大吸收波长、标准曲线的斜率均不相同。因此，我们需选择与烟草直链/支链淀粉链长比较接近的标准品，配制适合烟草中淀粉测定的直链淀粉和支链淀粉比例的标准溶液。

以往研究表明，其他植物中的淀粉虽然都有直链淀粉和支链淀粉，但构

成比例、长度均有一定差异，吸光度也有一定差异，只有土豆淀粉和烟草淀粉链长类似，因此适宜选择土豆直链淀粉和支链淀粉，配制标准溶液中直链淀粉与支链淀粉的比例为1∶4。

2. 干扰物质去除方式

由于烟草中有植物色素和醌类等有颜色的干扰物质，因此必须把它们除去或绝大部分除去，从而降低干扰物对淀粉比色测定的影响。

按方法分别选择超声和水浴两种方式进行去色素实验20min，以蒸馏水为空白参比，用分光光度计测定淀粉萃取液的背景吸收，结果见表3－17。结果表明：超声和水浴都可以去除色素干扰，超声效果更好。

表3－17　　去干扰方式

方法	水浴			超声		
吸光度/A_0	0.01801	0.021437	0.021095	0.013793	0.012427	0.012034

3. 超声去色素时间

超声作用去色素：称取6份实验样品，依次超声5min、10min、20min、30min、40min、50min去色素，按实验方法进行分光光度法测定，结果见表3－18。结果表明：超声20min后，样品溶液的背景吸收基本保持不变（样品的背景干扰不能够完全去除），测定样品溶液的淀粉含量保持不变，即选择超声去色素时间为30min。

表3－18　　超声去色素时间的选择

样品/g	时间/min	吸光度/A_0	吸光度/A	淀粉/%	吸光度/（A/A_0）
0.2011	10	0.021425	0.36941	4.27	17
0.2002	20	0.012567	0.37958	4.52	30
0.2002	30	0.013560	0.37815	4.49	28
0.2002	40	0.013567	0.37858	4.49	28
0.2006	50	0.012823	0.38299	4.55	30

4. 淀粉萃取方式

淀粉萃取方式对样品淀粉测定结果有较大影响（图3－11所示），动态萃取效果要有优于静态萃取效果，超声高氯酸萃取烟草中的淀粉效果优于振荡和静置法。

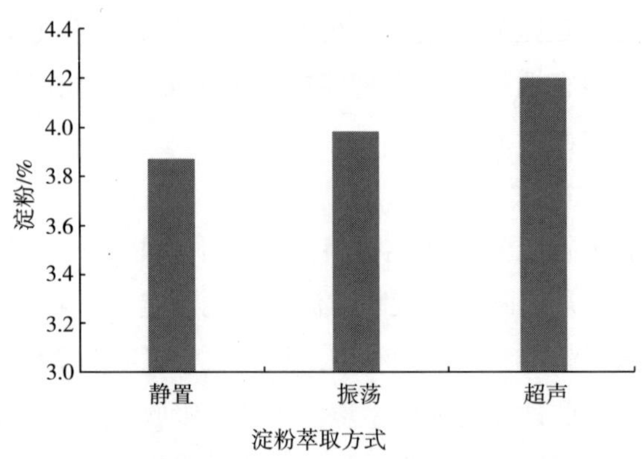

图3-11　淀粉萃取方式对测定结果的影响

5. 超声对淀粉-碘显色特性的影响

取某一浓度的淀粉工作标准液6份，20mL/份，分别超声5min、10min、20min、30min、50min、60min，按实验方法进行分光光度法测定，测得各自溶液的吸光度之间RSD为0.26%，从而表明超声作用对淀粉的碘显色特性的几乎没有影响。

6. 不同方法比较

考察了雷诺公司方法、分光光度法和连续流动法3种分析方法检测结果，如表3-19所示。雷诺方法实验结果偏低，而分光光度法和连续流动法结果高，这是由于雷诺方法采用高氯酸静置萃取淀粉效果差造成的。而分光光度法比连续流动法试验结果略高，这是由于连续流动法无法扣除样品的背景造成的。

表3-19　三种方法比较

方法	淀粉/%	相对偏差/%	平均值/%
雷诺方法	3.85	0	3.85
	3.80	-1.30	
	3.90	1.30	
分光光度法	4.06	-0.25	4.07
	4.03	-0.99	
	4.12	1.24	
连续流动法	4.23	1.04	4.19
	4.18	-0.16	
	4.15	-0.88	

注：雷诺方法采用水浴法去除干扰物质，静置状态下高氯酸提取烟草中的淀粉，其他同实验方法。

第九节　烟草中硝酸盐的测定

硝酸盐是烟草中一类重要的含氮化合物，其含量的多少不但影响烟叶的品质，还直接影响着烟气中氮氧化物和亚硝酸甲酯的含量，是 Hoffman 名单中的一种有害成分。硝酸盐与烟草中的植物碱可形成致癌性的烟草特有亚硝胺。

烟草种植过程中，土壤中硝酸盐含量对烟草中硝酸盐含量影响很大。下部烟叶比上部烟叶硝酸盐含量高；在一片烟叶中，叶尖含量最小，烟梗主叶脉含量最高；白肋烟中硝酸盐含量最高，香料烟次之，烤烟中含量最低。采收和初烤过程，对硝酸盐含量影响不大，而晾晒调制过程中，硝酸盐含量有明显降低。

一、方法概述

目前，关于烟草中硝酸盐含量的分析方法有多种，主要有：催化光度法、离子色谱法、分光光度法等。硝酸盐的连续流动分析采用催化剂将硝酸盐还原为亚硝酸盐后，发生重氮化－偶联反应生成红色偶氮物质。

2000 年，戴亚等用 1% 的醋酸溶液提取烟丝中的硝酸盐，然后用锌粉在一定的 pH 下将硝酸盐还原为亚硝酸盐，亚硝酸盐与对氨基苯磺酸和 α－萘胺发生重氮化－偶联反应，生产红色偶氮物质，在 540nm 下用分光光度计予以测定。2001 年，刘万峰等在弱碱性条件下用热水萃取烟叶样品中的硝酸盐和亚硝酸盐，提取液分为两份，一份直接加入磺胺和萘乙二胺盐酸盐在 538nm 处测定亚硝酸盐含量，一份用金属镉将硝酸盐还原为亚硝酸盐，显色后测量样品中原有的亚硝酸盐和还原生成的亚硝酸盐总量，两者之差计算硝酸盐含量。这些方法缺点是前处理麻烦，显色的红色偶氮物质在强光高温下易分解，因而测定时不能长时间暴露在空气中。2007 年，杨俊等采用在线脱色还原流动注射光度法测定烟草中硝酸盐，前处理简单、分析快速准确，避免了生成的红色偶氮物质长时间在空气中暴露。该方法采用浓度为 1% 的醋酸溶液振荡提取烟叶样品，过滤后用 NH_4Cl－EDTA 溶液定容，然后用流动注射光度法测定，反应原理为串联的活性炭柱和镉柱在线脱色并还原硝酸盐为亚硝酸盐，亚硝酸盐与显色剂对氨基苯磺酸发生重氮化反应，再与 α－萘胺发生偶合反应，生成红色的偶氮物质，在 540nm 处检测得到硝酸盐的含量。

国际标准 ISO 15517：2003《Tobacco—Determination of nitrate content—

continuous – flow analysis method》用水萃取试样，萃取液中的硝酸盐在碱性条件下与硫酸肼 – 硫酸铜溶液反应生成亚硝酸盐。亚硝酸盐与对氨基苯磺酰胺反应生成重氮化合物，在酸性条件下，重氮化合物与 *N* – （1 – 萘基） – 乙二胺二盐酸发生偶合反应生成一种紫红色配合物，其最大吸收波长为 520nm。烟草行业标准 YC/T 296—2009《烟草及烟草制品　硝酸盐的测定 连续流动法》根据该标准起草，仅存在少量技术性差异。本节重点介绍该方法。

二、方法原理

烟草中的硝酸盐在催化剂的作用下被还原为亚硝酸盐，亚硝酸盐与对氨基苯磺酰胺在酸性条件下发生重氮化反应，重氮化产物与芳香胺 *N* – （1 – 萘基） – 乙二胺发生偶合反应，生成呈紫红色的偶氮物质，在波长 520nm 处进行比色检测。

三、材料与方法

除非特殊说明，所有试剂应为分析纯或同等纯度。水应为去离子水或同等纯度的水。

（一）试剂

测定烟草中硝酸盐含量所需要的试剂见表 3 – 20。

表 3 – 20　　测定烟草中硝酸盐含量所需试剂列表

序号	试剂名称	安全分类
1	冰醋酸，CH_3COOH	腐蚀性
2	聚乙氧月桂醚，Brij – 35	—
3	氢氧化钠，NaOH	腐蚀性
4	硫酸铜，$CuSO_4 \cdot 5H_2O$	有毒，刺激性
5	硫酸肼，$H_6N_2O_4S$	有毒，刺激性
6	对氨基苯磺酰胺，$C_6H_8N_2O_2S$	—
7	*N* – （1 – 萘基） – 乙二胺二盐酸，$C_{12}H_{14}N_2 \cdot 2HCl$	高毒
8	硝酸钾，KNO_3	—

1. 试剂配制

（1）Brij – 35 溶液（聚乙氧月桂醚）　称取 250g Brij – 35，加入到 1000mL水中，加热、搅拌直到溶解。

（2）氢氧化钠溶液（NaOH）　称取 8.0g NaOH，溶于 800mL 水中，搅

拌溶解，放置冷却后转移至1000mL容量瓶中用蒸馏水定容。加入1mL Brij－35溶液。

（3）硫酸铜储备液（$CuSO_4 \cdot 5H_2O$）　称取1.20g $CuSO_4 \cdot 5H_2O$，溶于80mL水中，搅拌溶解后转移至100mL容量瓶中用去离子水定容。

（4）对氨基苯磺酰胺（$C_6H_8N_2O_2S$）溶液　移取25mL浓磷酸，加入到约175mL水中，然后加入2.5g对氨基苯磺酰胺和0.125g *N*－（1－萘基）－乙二胺二盐酸（$C_{12}H_{14}N_2 \cdot 2HCl$），搅拌溶解，放置冷却后转移至250mL容量瓶中，用去离子水定容。过滤。储存于棕色瓶中，该溶液每两天配制一次（溶液应近无色，若呈粉红色说明有亚硝酸根干扰，应重新配制）。

（5）硫酸肼－硫酸铜试剂　将适宜硫酸肼溶于800mL水中，搅拌溶解后转移至100mL棕色容量瓶中，加入1.5mL硫酸铜储备液，用去离子水定容。该溶液每月配制一次。

注：安装调试仪器后，或购买新的硫酸肼时要进行硫酸肼溶液最佳浓度的选择，方法见本节附录。

2. 硝酸钾标准溶液（KNO_3）

（1）标准储备液　称取KNO_3 3.3g（精确至0.0001g），溶于800mL水中，搅拌溶解后转移至1000mL棕色容量瓶中，用去离子水定容。此溶液硝酸根离子浓度约2mg/mL。储存于冰箱中，该储备液每月配制一次。

（2）系列工作标准溶液　用储备液配制至少5个标准溶液，其浓度范围应覆盖待测样品的可能浓度范围。例如，每毫升溶液含有10～200μg的硝酸盐离子，计算出每个标准溶液的浓度，储存于冰箱中，该溶液每两周配制一次。工作标准溶液配制所使用溶液应与样品萃取液保持一致。

（二）仪器

常用实验仪器如下。

（1）连续流动分析仪，由进样器、比例泵、渗析器、加热槽、混合圈、比色计（配520nm滤光片）和记录仪组成。

（2）分析天平，感量0.0001g。

（3）振荡器。

（三）实验方法

称取0.25g（精确至0.0001g）烟末，置于50mL具塞锥形瓶中，加入25mL去离子水（或5%醋酸溶液），盖上塞子，室温下在振荡器上振荡萃取

30min。用定性滤纸过滤，弃去前几毫升滤液。收集后续滤液作分析之用。

上机运行工作标准液和样品液（管路图见图 3－12）。如果样品液浓度超出工作标准液的浓度范围，则应稀释。

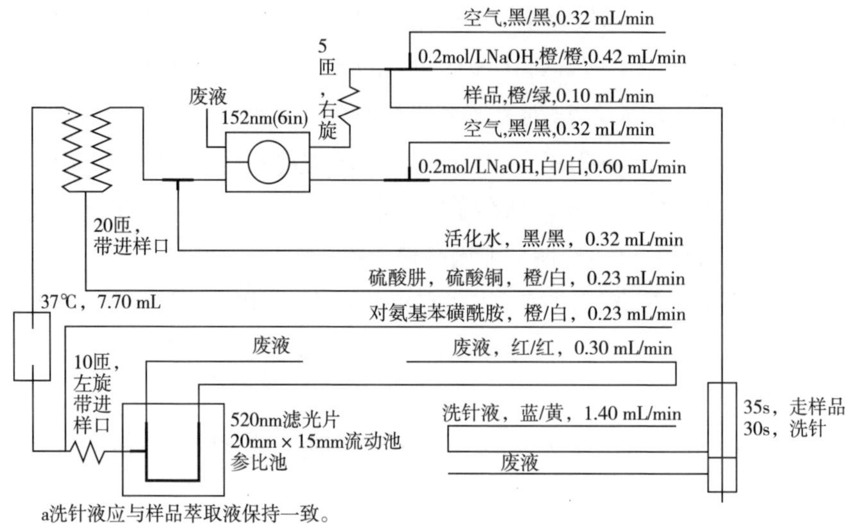

图 3－12　硝酸盐测定管路图

四、结果的计算与表述

1. 硝酸盐计算

a 表示以干重计的硝酸盐含量，数值以% 表示，由式（3－7）得出：

$$a\% = \frac{c \times v}{m \times (1 - w)} \times 100 \tag{3-7}$$

式中　c——样品液硝酸盐的仪器观测值，mg/mL；

v——萃取液体积（通常 25mL），mL；

m——样品质量，mg；

w——样品水的质量分数,% 。

2. 结果的表述

以两次测定的平均值作为测定结果，结果保留 2 位小数。两次平行测定结果绝对值之差不应大于 0. 05% 。

注 1：当用 5% 醋酸作萃取溶剂时，硝酸盐标准溶液亦需用 5% 醋酸溶液配制，进样器清洗液也应使用 5% 醋酸溶液。

注 2：如果本方法与水溶性糖测定的连续流动法同时使用时，可配制混合标准溶液。

附录 硫酸肼溶液最佳浓度的选择

此项工作在安装调试仪器后，或在购买新的硫酸肼试剂时进行。

方法 A：

A. 1 亚硝酸盐标准溶液

A. 1. 1 储备液

称取 0. 900g 亚硝酸钠（$NaNO_2$），溶于 1000mL 水中，每毫升溶液含亚硝酸根离子 0. 6mg。

A. 1. 2 工作溶液

移取 25mL 储备液（A. 1. 1），用水定容至 100mL，每毫升溶液中含亚硝酸根离子 150μg。

A. 2 硫酸肼溶液最佳浓度的选择

A. 2. 1 移取 0. 75mL 硫酸铜储备液，用水定容至 1000mL。

A. 2. 2 称取 0. 5g 硫酸肼，溶于 100mL 水中。

A. 2. 3 移取 1. 0mL、2. 0mL、3. 0mL、……、10. 0mL 硫酸肼溶液分别定容至 25mL。这些溶液浓度为：每 1 000mL 含有 0. 2g，0. 4g，0. 6g，……，2. 0g 硫酸肼。

A. 2. 4 把硫酸肼/硫酸铜试剂线路连接到进样针上，水的线路放入硫酸铜溶液储液瓶。样品的线路放入亚硝酸钠标准工作溶液储液瓶（A. 1. 2）。

A. 2. 5 打开蠕动泵，用正常方式运行试剂。

A. 2. 6 把硫酸肼溶液（A. 2. 3）倒入样品杯中，按浓度由小到大的顺序放到进样器上。

A. 2. 7 当反应颜色到达流动池时，调节记录仪响应至满刻度的 90%；开始进样。

A. 2. 8 当所有硫酸肼溶液进样完毕后，记下由于亚硝酸根离子被还原为氮，而使溶液颜色变浅的硫酸肼溶液的浓度（C1）。

A. 2. 9 配制浓度为 150μg/mL 的硝酸盐溶液，代替亚硝酸盐工作溶液（A. 1. 2）。基线回零后，将硫酸肼溶液重新进样，记录下硝酸盐响应值最大时硫酸肼溶液浓度（C2）。

A. 2. 10 硫酸肼溶液最佳浓度 C，$C2 < C < C1$。

保证硝酸根离子完全还原为亚硝酸根离子，而亚硝酸离子不被还原为氮。

方法 B：

B. 1　配制相同浓度的亚硝酸盐溶液和硝酸盐溶液。

B. 2　同时运行亚硝酸盐溶液和硝酸盐溶液，如果后者的响应值比前者低很多，增加硫酸肼溶液的浓度重新进样，直到两者响应值相等。

第十节　烟草中氨的连续流动法分析

氨是烟草中的天然成分，含量不高，但对烟草的品质有负面的影响。氨在烟草中以 NH_4^+ 形式存在，其主要是在烟叶调制和加工过程中由含氮物质（如硝酸盐、氨基酸等）降解产生，并随着热加工的进行而损失。在烟草的燃吸过程中它被释放出来游离在烟气中，与许多化合物作用，并取代其中的碱，从而改变烟气的吸味特征，浓度过高时会带来强烈的粗糙感和刺激性，使烟草的吸味变差。国外的一些大烟草公司常用氨含量的多少作为衡量制丝工艺优劣的重要指标。

氨及其化合物在烟草制品中还有以下作用：作为香料或香料前体，在烟草处理或燃烧时与其他化合物发生反应，如和糖类等含氧物质反应形成香料，与烹调食品时产生重要香味物质的现象类似；改变烟草的 pH，而烟草的 pH 对卷烟的吸味质量与劲头具有一定的作用；可以作为某些类型的再造烟叶加工助剂等。

一、方法概述

烟草中氨含量的测定方法主要有离子色谱法、气相色谱法、高效液相色谱法和连续流动分析法等，这些方法各有优缺点。比较来说，对于批量样品的单一成分测定，连续流动法的分析原理简单，速度快，成本低，效率更高。

烟草中氨的连续流动分析是根据 Berthelot 反应机理，即氨在碱性条件下与水杨酸和次氯酸反应，产生蓝色化合物靛酚蓝，其最大吸收波长位于 660nm 处，通过检测反应溶液此波长下的吸光度数值，即可求出氨的含量。孔浩辉等针对连续流动分析法测定烟草中氨含量过程中存在的问题，从消除干扰和提高仪器灵敏度入手，实现连续流动仪对烟草中氨含量的准确测定。王芳等通过对连续流动分析法测定烟草中的氨的系列研究试验，建立了分析方法，并起草了烟草行业标准 YC/T 245—2008《烟草及烟草制品 氨的测定

连续流动法》。章平泉等采用二氯异氰尿酸钠代替行业标准中使用的次氯酸钠，建立了一种新的烟草中氨含量的连续流动测定法。二氯异氰尿酸钠在碱性条件下生成的次氯酸根离子与烟草中的氨反应生成氯化铵，该氯化铵与水杨酸钠反应，形成5－氨基水杨酸钠，再经氧化和络合后生成靛蓝色络合物，其最大吸收波长为660nm。

本节重点介绍二氯异氰尿酸钠与烟草中氨反应测定氨的方法。

二、方法原理

烟草样品中的氨在碱性条件下和二氯异氰尿酸钠、水杨酸钠及硝普钠反应，得到的靛蓝色络合物，在660nm处进行吸光度测定。

三、材料与方法

除非特殊说明，所有试剂应为分析纯或同等纯度。水应为蒸馏水或同等纯度的水。

（一）试剂

采用连续流动法分析烟草中氨的含量所需要的试剂见表3－21。

表3－21　　分析烟草中氯的含量所需试剂列表

序号	试剂名称	安全分类
1	冰醋酸，CH_3COOH	腐蚀性
2	聚乙氧月桂醚，Brij－35	—
3	氢氧化钠，NaOH	腐蚀性
4	硫酸铵，$(NH_4)_2SO_4$	—
5	二氯异氰尿酸钠，$C_3Cl_2N_3NaO_3 \cdot 2H_2O$	有害
6	硝普钠（亚硝基铁氰化钠），$Na_2[Fe(CN)_5NO] \cdot 2H_2O$	有毒
7	水杨酸钠，$C_7H_5NaO_3$	有害
8	柠檬酸三钠，$C_6H_5Na_3O_7 \cdot 2H_2O$	—

1. 试剂配制

（1）Brij－35溶液（聚乙氧月桂醚）　称取250g Brij－35，加入到1000mL水中，加热、搅拌直到溶解。

（2）5%醋酸提取液　将50mL冰醋酸加入到600mL的去离子水中，稀释到1000mL，混合均匀。

（3）氢氧化钠溶液　称取20.0g NaOH，溶于700mL水中，搅拌溶解，放置冷却后转移至1000mL容量瓶中用蒸馏水定容。加入1mL Brij－35溶液，均匀混合。每周更换。

（4）缓冲溶液　将40g柠檬酸三钠溶入约600mL去离子水中，转移至1000mL容量瓶中用蒸馏水定容。再加入1mL Brij－35溶液，并混合均匀。每周更换。

（5）水杨酸钠溶液　将40g水杨酸钠溶入约600mL去离子水中，加入1g硝普钠，完全溶解后转移至1000mL容量瓶中用去离子水定容。每周更换。

（6）二氯异氰尿酸钠溶液（DCI）　将22g氢氧化钠溶入约400mL去离子水中，加入3g二氯异氰尿酸钠并完全溶解，完全溶解后转移至1000mL容量瓶中用去离子水定容。每周更换。

2. 硫酸铵标准溶液

（1）储备液（100mg/L NH_3）　溶解0.388g硫酸铵于100mL去离子水中，搅拌溶解后转移至1000mL的容量瓶中，用去离子水定容。

（2）工作标准溶液　用储备液配制至少5个标准溶液，其浓度范围应覆盖待测样品的可能浓度范围，并储存于冰箱中。标准溶液每两周配制一次。

（二）仪器

常用实验仪器如下。

（1）连续流动分析仪，由进样器、比例泵、渗析器、加热槽、混合圈、比色计（配660nm滤光片）和记录仪组成。

（2）分析天平，感量0.0001g。

（3）振荡器。

（三）实验方法

称取0.25g（精确至0.0001g）烟末，置于50mL磨口锥形瓶中，加入25mL去离子水（或5%冰醋酸溶液），盖上塞子，室温下在振荡器上振荡萃取30min。用定性滤纸过滤，弃去前几毫升滤液。收集后续滤液作分析之用。

上机运行工作标准液和样品液（管路图见图3－13）。如样品液浓度超出工作标准液的浓度范围，则应稀释后再测。

四、结果的计算与表述

1. 氨含量计算

a表示以干重计的氨含量，数值以%表示，由式（3－8）得出：

$$a\% = \frac{c \times v}{m \times (1 - w)} \times 100 \tag{3-8}$$

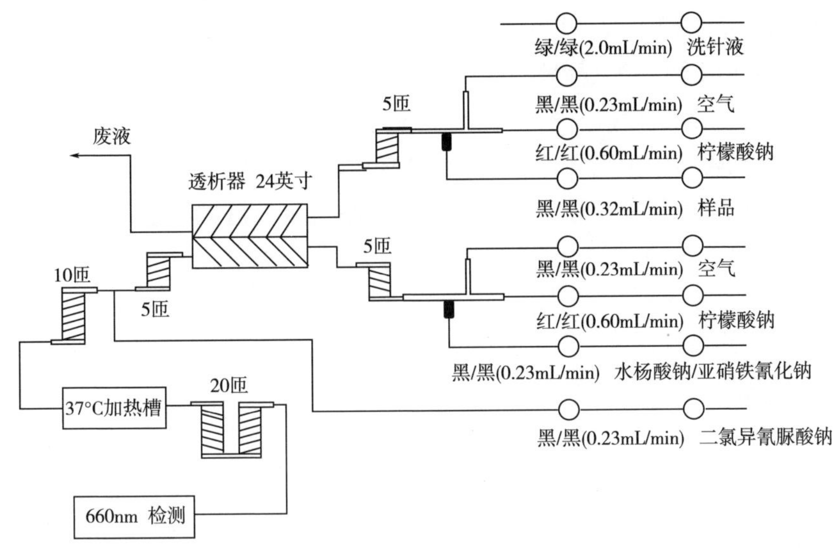

图 3－13 烟草中氨的测定管路图

式中 c——样品液氨的仪器观测值，mg/mL；

v——萃取液体积（通常 25mL），mL；

m——样品质量，mg；

w——样品水分的质量分数,%。

2. 结果的表述

以两次测定的平均值作为测定结果，结果保留 2 位小数。两次平行测定结果绝对值之差不应大于 0.05%。

注：当用 5% 冰醋酸作萃取溶剂时，硫酸铵标准溶液亦需用 5% 冰醋酸溶液配制，进样器清洗液也应使用 5% 冰醋酸溶液。

五、烟草中氨测定的影响因素

1. 有色基团

样品萃取溶液的本底颜色在 660nm 处有吸收，且不同颜色深浅的萃取样品溶液吸光度数值亦不同，会对样品检测结果造成较大干扰，尤其是低含量样品。因此，为消除样品萃取溶液中有色基团的影响，在连续流动管路中采用渗析器渗析处理。经过渗析处理后，样品萃取溶液本底颜色的干扰几乎可以忽略，且样品显色的吸光度峰形也更好。

2. 样品制备液放置时间

随着样品制备液存放时间的增加，溶液中铵离子浓度呈逐渐增加趋势，但在6h 内是基本稳定的（RSD 小于 2%），因此样品处理完成后应进行快速测定，应可能在6h 内完成测定。

3. 二氯异氰尿酸钠

连续流动管路中游离氯的浓度会影响灵敏度和线性，因此要注意试剂二氯异氰尿酸钠有效氯的变化，如果需要，调整二氯异氰尿酸钠的浓度以求达到最佳的结果。

第四章
卷烟烟气成分的连续流动法分析

随着公众对吸烟与健康问题的日益关注，卷烟烟气中释放的有害成分也成为人们关注的焦点问题，有害成分释放量逐渐成为评价卷烟危害性大小的基本参数。目前加拿大等一些国家和地区已经制定了相关法律，要求卷烟生产商提供卷烟烟气中主要有害成分的释放量。

2005 年 8 月 28 日《烟草控制框架公约》在我国正式生效，烟草行业面临“吸烟与健康问题”的压力进一步加强，公约中“烟草成分管制与披露”准则的要求将使各国政府制订出相应的管制法规，更加严格地限制卷烟制品中有害成分（HOFFMANN 分析物）的释放量。因此，研究建立简便快速测定卷烟烟气中有害成分释放量方法成为行业重点。

第一节　卷烟烟气

烟气是不断变化的极其复杂的化学体系，它是各类烟草制品在抽吸过程中，烟草不完全燃烧形成的。抽吸期间，在燃烧着的卷烟或其他制品中的烟草暴露于常温到 950℃的温度下和变化着的氧浓度中，这使烟草中数以千计的化学成分裂解或直接转移进入烟气中，这些成分分布于组成烟气气溶胶的气相和粒相之中，从而形成由数千种化学物质组成的复杂的化学体系。

烟气是由卷烟抽吸过程中两种性质不同的气流（主流和侧流）形成的。根据气流产生的不同可分为两类：主流烟气和侧流烟气。主流烟气是指当吸烟者抽吸卷烟时，从卷烟的嘴端或“烟蒂”端吸出的那部分烟气；侧流烟气是指从烟支的点燃端尤其是两次抽吸之间的引燃期产生的烟气。此外，在抽吸期间经过卷烟纸扩散出来的烟气也属于侧流烟气的范畴。除上述两种烟气形式外，还有另一种烟气形式即环境烟气（Environmental Tobacco Smoke，ETS），ETS 由侧流烟气、呼出的主流烟气以及周围的空气混合而成的，是被环境中空气高度稀释的烟气。

一、烟气的吸烟机测试方法

1. 卷烟烟气的捕集

吸烟者的抽吸行为非常多样化，不同的吸烟者有不同的抽吸习惯，其抽吸体积、频率、持续时间各不相同。要对卷烟烟气有害成分释放量进行测试，就需要建立统一的烟气捕集方法。1936 年 Bradford 最先提出采用抽吸容量为 35mL 的吸烟机测试方法。20 世纪 50 至 60 年代早期，各式各样的吸烟机测试方法发展起来，每种类型都使用一组参数来确定如何抽吸卷烟，但抽吸参数值对烟气量分析结果有很大的影响。

1966 年，FTC 提议了标准化的吸烟机抽吸方法，采用每口抽吸容量 35mL，每口抽吸时间 2s，抽吸间隔时间为 60s。1967 年 FTC 发表说明解释了这套标准化抽吸机制的基本原理。FTC 声明，标准化抽吸方法的目的是使产品能够按照焦油和烟碱量排序。并同时指出采用此方法所取得的数据，并不能给个人或群体的吸烟者提供他们从卷烟中获得焦油和烟碱的精确量。

与此同时，其他国家的标准化组织也开发了相应的吸烟机抽吸方法。大多数都采用每口抽吸容量 35mL，抽吸持续时间 2s，抽吸间隔 60s。但是，这些方法中的其他参数如烟蒂长度、吸烟机的类型、捕集烟气的方式略有差异。

20 世纪 80 年代末期，一系列的标准抽吸方法被广泛地使用，包括 FTC、ISO、CORESTA 方法，以及英国、德国、加拿大、澳大利亚、新西兰和日本的标准化机构采用的方法。1988 年 ISO 建议建立一个标准化的能够被普遍接受的吸烟机抽吸方法，并于 1991 年发布了“ISO 4387 卷烟用常规分析吸烟机测定总粒相物和焦油”。

除美国和日本外，ISO 的标准方法现在被世界各国普遍采用。美国采用的 FTC 方法和日本的标准方法也近似于 ISO 的标准方法。

2. 吸烟机测试烟气的局限性

标准的吸烟机抽吸参数由于不是代表吸烟者的抽吸行为而经常受到来自各方的异议，主要包括以下几点。

①许多有关人类吸烟行为的研究表明，大多吸烟者吸烟时，其抽吸的容量更大，抽吸的频率也更快。

②进行深度抽吸的吸烟者所获得的实际烟气量比采用标准方法测定的结果要大的多。

③对一些吸烟者的观察发现，抽吸低焦油卷烟的消费者，往往改变自己的抽吸方式，如增大抽吸容量等，也就是经常说的“补偿性”抽吸。但是所有的卷烟都是用ISO/FTC方法在同样的参数下进行检测的，因此这种测试结果带给消费者误导性的信息。

④在用ISO/FTC方法检测卷烟时，滤嘴通风区域是完全敞开的。然而，吸烟者常用手指或嘴唇部分地封闭了滤嘴上的通风孔，对通风孔的封闭会导致吸入的烟气量大幅度增加。

3. WHO建议性的烟气测试方法

“世界卫生组织烟草制品管制研究小组”（WHO TobReg）在2004年10月举行的会议上和ISO的代表们（包括TC126成员）进行了讨论。TobReg认为“无论目的是管制还是使用，采用现行的ISO方法来比较不同卷烟品牌之间的烟气释放量，以及吸烟者对其感受量都不是有效的手段。”TobReg要求ISO修改有关卷烟释放量测量的标准。

在2004年11月22～23日举行的ISO/TC126年会上，WHO无烟行动组和TobReg的代表应邀发表了关于对ISO标准方法的观点。ISO/TC126决议成立“卷烟抽吸方法工作组”（WG9）以世界范围内的评估人类的吸烟习惯，研究烟气摄入量和吸烟方法，并向ISO/TC126提供建议。

WG9对过去近50年的相关文献资料进行了梳理与研究，按照抽吸不同ISO焦油量的消费者分组统计得出了几种参数的平均水平（见表4－1）。

表4－1　人类吸烟参数文献数据统计概要

ISO 焦油量	平均 抽吸口数	平均单口抽吸 容量/mL	平均抽吸 间隔/s	平均抽吸 持续时间/s	平均抽吸 总容量/mL
全部数据	13.2	48.3	26.0	2.0	658
≥14mg	12.5	48.1	26.1	1.9	567
8～14mg	12.3	47.8	27.3	1.8	611
3～8mg	14.6	54.7	22.6	2.0	817
＜3mg	15.3	57.2	18.9	1.9	890

WG9对不同吸烟机参数条件的相关文献也进行了研究。据R. J. Reynolds公司1994年8月提供的一份题为“焦油和烟碱检测的FTC吸烟方法”长达63页的报告，报告列出了不同吸烟参数条件下用仪器方法检测所得到的不同

焦油和烟碱含量的详细数据。唯一对焦油和烟碱释放量影响不大的参数是抽吸持续时间。改变抽吸频率和抽吸容量所得到的焦油和烟碱量要比 FTC 方法测定的结果高出 50% 到 150%。以温斯顿卷烟为例，如果采用 R. J. Reynolds 公司所提出的“更实际”的吸烟参数（65mL 的抽吸容量，2s 持续时间，每隔 45s 抽吸一口），焦油量从 FTC 方法的 20.6mg 上升到 35.7mg，万宝路卷烟则从 16.3mg 上升到 30.1mg，分别相对增加了 73% 和 85%。随后，个别国家和地区开始改变 ISO 的标准抽吸条件，对卷烟烟气进行收集测定。目前一些国家和地区所采用的吸烟机制如表 4－2 所示。

表 4－2　目前采用的不同吸烟条件

条件		ISO	FTC	美国马萨诸塞基准研究	加拿大卫生部
每个滤片收集烟支数	直线（ϕ44mm）	5	5	3	3
	转盘（ϕ92mm）	20	20	10	10
抽吸容量/mL		35 ±0.3	35 ±0.5	45 ±0.5	55 ±0.5
抽吸持续时间/s		2 ±0.05	2 ±0.05	2 ±0.05	2 ±0.05
抽吸频率/s		60 ±0.5	60 ±0.5	30 ±0.5	30 ±0.5
通风孔		未封闭	未封闭	50%封闭	100%封闭
调节大气环境	相对湿度/%	60 ±3	60 ±2	60 ±2	60 ±3
	温度/℃	22 ±1	23.9 ±1.1	23.9 ±1.1	22 ±1
	时间/d	≥2 ≤10	≥1 ≤14	≥1 ≤14	≥2 ≤10
测试大气环境	相对湿度/%	60 ±5	60 ±3	60 ±3	60 ±5
	温度/℃	22 ±2	23.9 ±2	23.9 ±2	22 ±2
风速/(mm/s)	直线	200 ±50	充分排出烟气－约 120 mL/min	充分排出烟气－约 120 mL/min	200 ±50
	转盘	200 ±30			200 ±30
烟蒂长度（选择几种长度中最大者）/mm		接装纸 +3 滤嘴 +8 23	接装纸 +3 23	接装纸 +3 23	接装纸 +3 滤嘴 +8 23

WG9 工作组经过近一年的努力，建议 ISO/TC126 在采用吸烟机进行卷烟测试的新标准条款中应包含以下说明。

①没有任何一个吸烟机抽吸方法可以全面反映所有人类的吸烟习惯；

②建议使用不同强度的吸烟机测试方法捕集主流烟气；

③吸烟机的吸烟测试方法有助于在卷烟的设计和管理中表征烟气的释放。但是吸烟机测量向消费者传达的信息会导致他们对卷烟产品之间的摄入量和吸食风险差异方面产生误解；

④吸烟机测量获取的烟气释放数据可作为评估产品危害性的参量，但它们无意也无效于对人类摄入量和吸食风险的评估。用吸烟机测量表述卷烟产品之间摄入量和风险的差异是对 ISO 标准的错误引用。

同时，WG9 工作组向 ISO/TC126 提出了可替代性的卷烟吸烟机抽吸方法（见表 4 – 3）。

表 4 – 3　WG9 工作组提议的抽吸方法

方案	抽吸容量/mL	抽吸频率/s	抽吸持续时间/s	通风孔覆盖率/%
1	60	30	2	50
2	55	30	2	100

其中方案 2（即加拿大深度抽吸方案）与 WHO 烟草制品管制研究小组（TobReg）2004 年的提议相似，只是在烟蒂长度上的定义不一致。

目前，我国卷烟烟气吸烟机测试方法主要采用 ISO 标准测试方法。

二、烟气捕集方法

（一）主流烟气捕集方法

卷烟烟气气溶胶由粒相物和气相物两部分构成，粒相物包括固体颗粒物和液相颗粒物，气相物包括直接由烟叶中挥发进入烟气的物质、烟叶燃烧后产生的气态物、水蒸气及来自空气的一些气体。目前主流烟气的捕集方法主要有：剑桥滤片法、静电捕集法、冷阱捕集法、碰撞捕集法、固体吸附法和溶剂吸收法。

1. 剑桥滤片法

剑桥滤片（Cambridge filter）是用有机黏合剂（聚丙烯酸酯）固定起来的玻璃纤维滤片。在标准抽吸条件下，剑桥滤片能保留 99.7% 的烟碱，且能够有效捕集主流烟气气溶胶的总粒相物（Total Particulate Matter，TPM）。剑桥滤片法是卷烟烟气粒相物中化学成分分析的基础。

2. 静电捕集法

静电捕集器是由一个中心的正电极围以圆柱形的负电极（静电捕集管）组成，电压可高达25kV的正极产生一个电场，带电荷的烟气气溶胶穿过该电场，带正电荷的微粒被收集在负极上。静电捕集器捕集分析时背景低、仪器结构紧凑，所以目前大多数研究用来捕集主流烟气粒相物。如：卷烟烟气中重金属元素的测定就是采用静电捕集法。

3. 冷阱捕集法

冷阱是在冷却的表面上以凝结方式捕集气体的阱，它几乎不改变烟气气溶胶的成分而使其沉积，并且在收集过程中很少有副反应发生，但是必须首先将样品基体中的水蒸气去除，以防止阻塞捕集器，这限制了冷阱在实际分析中的应用。常用制冷剂有含冰盐水、干冰、液氮、乙二醇等。在卷烟烟气成分分析中冷阱捕集法和溶液吸收法同时应用效果佳。

4. 碰撞捕集法

碰撞捕集器是根据喷射撞击原理工作的，烟气气溶胶高速通过微孔，撞击在距离很近的一块平板上，其优点是可以有效地分离烟气的气相物和粒相物，缺点是有造成堵塞的倾向，操作时必须精确的控制流量和压力口。

5. 固体吸附法

固体吸附法是利用多孔性的固体吸附剂将卷烟烟气中的一种或数种组分吸附于表面，再用适宜的溶剂、加热或吹气等方法将预测组分解吸，达到分离和富集的目的。如：卷烟烟气中挥发性、半挥发性成分的测定就是采用XAD-2吸附管捕集气溶胶。此外，该方法也常用于降低烟气某种或某类有害成分释放。

6. 溶剂吸收法

溶剂吸收法是采集卷烟烟气气溶胶中挥发半挥发性成分的常用方法，采样时，将装有吸收液的吸收瓶串联入吸烟机的抽吸单元中，捕集结束后，倒出吸收液进行测定，根据测得结果及采样体积计算空气中污染物的浓度。溶液吸收法的吸收效率主要决定于吸收速度和样气与吸收液的接触面积。要想提高吸收速度，必须根据被吸收污染物的性质选择效能好的吸收液。常用的吸收液有水溶液和有机溶剂等。如：卷烟主流烟气中氰化氢的气相部分就是采用0.1mol/L的氢氧化钠溶液吸收。

（二）侧流烟气捕集方法

卷烟侧流烟气同样由气相物和粒相物构成，最为常用的捕集方法为鱼尾

罩＋剑桥滤片法以及鱼尾罩＋剑桥滤片＋溶液捕集法等。

鱼尾罩是专门为侧流烟气成分的常规分析研制的，抽吸卷烟过程中，鱼尾罩的底部罩于烟支的正上方，鱼尾罩的顶部连接装有剑桥滤片的捕集器，捕集器再与抽吸单元连接完好，见图4－1。串联鱼尾罩＋剑桥滤片能够实现对侧流烟气进行捕集，可以捕集到超过99.5%的粒相物。若需要捕集烟气气溶胶的气相成分，往往需要再串联一个吸收瓶。

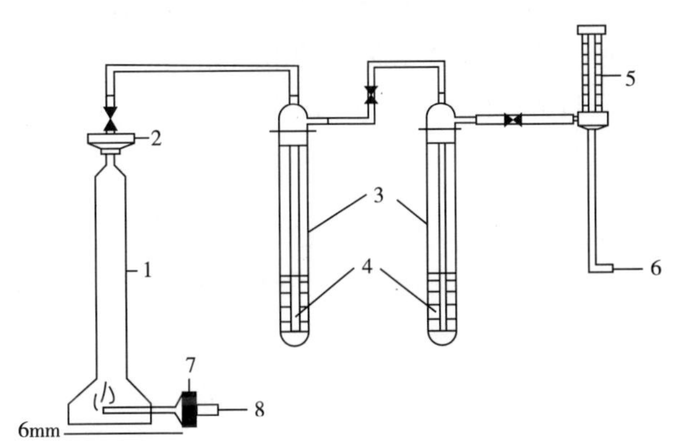

图4－1　常用卷烟侧流烟气捕集法示意图

1—鱼尾罩　2—侧流烟气捕集器（剑桥滤片）　3—前置和后置（气体）吸收瓶　4—吸收液　5—气体流量计　6—（连接）泵　7—主流烟气捕集器（剑桥滤片）　8—主流烟气

第二节　卷烟主流烟气中氰化氢释放量的分析

氰化氢（HCN），相对分子质量27.03，沸点25.6℃，熔点－13.4℃，为无色或淡蓝色液体或气体，味微苦，具有杏仁样气味，易溶于水、乙醇，微溶于乙醚，其水溶液呈弱酸性，离解常数为4.9×10^{-10}。

HCN是重要的环境污染物之一，氢氰酸可进入人体内后离解为氢氰酸根离子（CN^-），CN^-可抑制42种酶的活性，能与氧化型细胞色素氧化酶中的三价铁结合，阻断了氧化过程中三价铁的电子传递，组织细胞不能利用氧，使呼吸链中断形成内窒、昏迷、呼吸停止，严重的于数分钟内死亡。CN^-可经呼吸道、消化道，甚至完整的皮肤进入人体。卷烟烟气中的氢氰酸主要来自烟草中的蛋白质、氨基酸、硝酸盐和含氮化合物在燃吸过程中的氧化分解产物，特别是甘氨酸、脯氨酸及氨基二羧酸的热解。

Hoffmann 指出，卷烟烟气中氢氰酸是最具纤毛毒性的物质，被列入了烟气 44 种有害化学成分的“霍夫曼清单”。因此，准确测定卷烟烟气中的氢氰酸对于评价卷烟安全性有重要意义，并为采用技术降低其含量提供必要的数据支持。

一、概述

氰化物的控制与检测一直受到高度重视。卷烟主流烟气和侧流烟气也含有氰化物，卷烟烟气中氰主要以氢氰酸的形式存在，主要由氨基酸及相关化合物在 700～1000℃裂解产生。烟气中氢氰酸的产生见图 4－2。

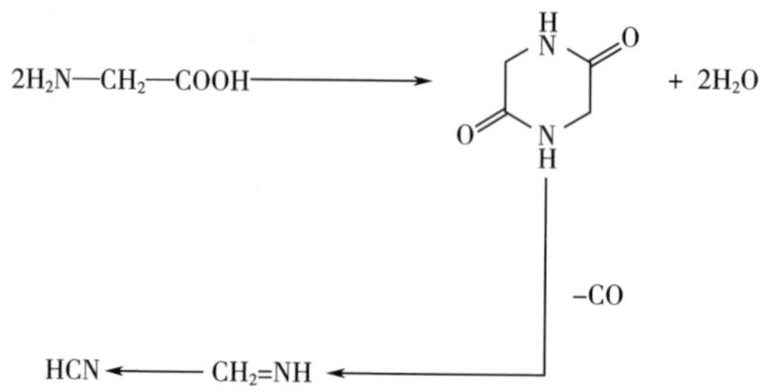

$2H_2N—CH_2—COOH$ → (2,5-哌嗪二酮) + $2H_2O$ —(−CO)→ $CH_2{=}NH$ → HCN

图 4－2　烟气中氢氰酸的产生

表 4－4 中的数据显示了国外市场部分卷烟 HCN 的释放情况。数据表明，不同品牌 HCN 含量的变化范围较大。近年来，各国卷烟 HCN 释放量均呈下降的趋势，最小值下降的趋势更为明显。Hoffmann 记录了美国市场 HCN 释放量变化，1960 年的均值为 410μg/支，至 1980 年降至 200μg/支。1983 年，Jenkins 对美国卷烟市场进行广泛调查，认为 HCN 的含量均值为 181μg/支。1983 年，Griest 对美国 32 个品牌进行检测，HCN 释放量 7～562μg/支。1997 年对加拿大市场上的卷烟中 HCN 含量的检测结果为 53～550μg/支。尽管不同文献公布的数据难以相互支持，但 HCN 释放量降低的趋势是明显的。该变化被认为与卷烟设计技术的进步有关，如填有活性炭及硅胶的咀棒能有效截留卷烟烟气的 HCN，能达 50% 的效率。

HCN 的环境限量为 $11mg/m^3$（美国），相当于在 8h 内抽吸 160 根含量为 200μg 的卷烟所能达到的量。

表 4-4　　卷烟主流烟气中 HCN 释放水平

卷烟	释放量/(μg/支)	调查时间/年
U. S. Brands	13 ~ 40（μg/puff）（微克/抽吸口数）	1970
	140 ~ 340	1972
	130 ~ 200	1980
	75 ~ 162	1980
	25 ~ 380	1980
	4 ~ 269	1983
	137	1999
Yugoslav Cigarettes	73 ~ 340	1970
	280 ~ 580	1973
	132 ~ 196	1980
Canadian brands	4 ~ 270	1980
	2 ~ 233	1990
Japanese cigarettes	56	1983
U. K. cigarettes	254 ~ 286	1975/1976
German cigarettes	150 ~ 350	1969
U. S. and French cigarettes	180 ~ 500	1977
U. S. cigarettes	300	1965
various cigarettes	300 ~ 400	1968
Flue cured tobaccos	150 ~ 220	1970

HCN 的连续流动分析方法，主要是基于吸光光度法分析的。光度法是最常用的氰化氢的检测方法，其中应用较为广泛的是基于康尼显色反应（戊烯二醛反应）的一类方法，反应原理见图 4-3。在微酸性介质中，氰根与氯胺 T 或溴氧化物反应生成 CNCl 或 CNBr，然后与含吡啶基团的化合物反应使吡啶环裂开产生戊烯二醛，戊烯二醛与芳胺或其他含氮的有机试剂反应生成亚甲基染料，然后进行光度分析。最初将联苯胺和吡啶一起用作显色试剂，但因联苯胺致癌，吡啶有恶臭，分别以巴比妥酸和吡唑啉酮、异烟酸取代。CNCl 与异烟酸反应并立刻水解，使环开裂生成 3-羧基戊烯二醛，再与吡唑啉酮缩

合生成蓝色物质。异烟酸－吡唑啉酮法准确灵敏，使用试剂无害，回收率高，但异烟酸－吡唑啉酮法在显色时间和试剂稳定性方面不如异烟酸－巴比妥酸法。因此，异烟酸－巴比妥酸法成为环境中检测水中氰化物的 ISO 最新标准方法。

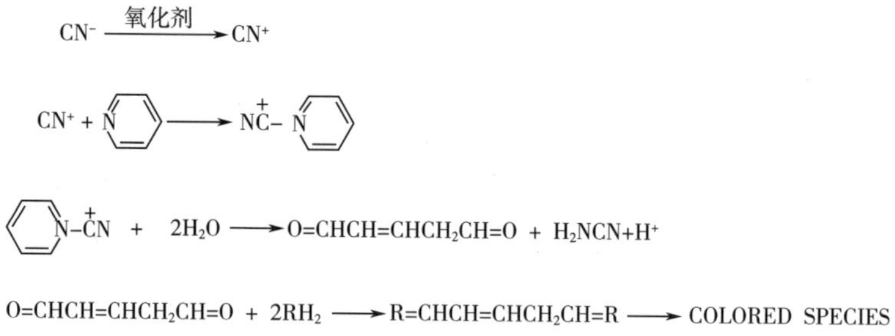

$$CN^- \xrightarrow{\text{氧化剂}} CN^+$$

$$CN^+ + N \longrightarrow N\overset{+}{C}-N$$

$$N-\overset{+}{C}N + 2H_2O \longrightarrow O{=}CHCH{=}CHCH_2CH{=}O + H_2NCN + H^+$$

$$O{=}CHCH{=}CHCH_2CH{=}O + 2RH_2 \longrightarrow R{=}CHCH{=}CHCH_2CH{=}R \longrightarrow \text{COLORED SPECIES}$$

图 4－3　Konig 反应原理

HCN 不稳定，在检测取样时，只有在 pH 大于 12 时，才能保存 24h。氰化物的水溶液在放置时，会逐渐分解生成甲酸盐及氨。在大气中，夏天约 10min，冬天约 1h，会在紫外线作用下氧化成氰酸，进而分解成氨和二氧化碳。

由于卷烟烟气成分复杂，HCN 又容易被氧化降解，如何准确测定卷烟主流烟气中的 HCN 含量一直都是富有挑战的工作。早在 1858 年，Vogel 就对烟草烟气中的 HCN 进行了检测。Mattina 用标准硝酸银溶液电位滴定法滴定了卷烟烟气中的氰和硫，研究发现氰和硫的滴定终点很接近，分别滴定有困难，且费时。Brunnemann 采用气相色谱法检测，将 HCN 和氯胺 T 反应，得到氯化氰，通过气相色谱分离，由电子捕获检测器检测，该方法操作复杂，费时，不适于常规检测。Koller 用傅立叶变换红外（FT-IR）检测每口烟气气相中的 HCN 含量，离子选择性电极和气质联用方法也有应用。Forrest 应用调谐二极管激光（TDL）仪检测主流烟气中的 HCN，具有检测快速的优点，可以进行在线检测。Parrish 用 TDL 方法检测主流烟气和侧流烟气中 HCN 含量时发现侧流烟气中 HCN 全部分布于气相部分，而且含量比主流烟气中高。采用吡啶－吡唑啉酮显色体系，基于光度分析的连续流动法测定卷烟主流烟气中 HCN，是被加拿大卫生部等机构认可的标准方法。

表4-5为多种方法检测 Kentucky 1R4F 卷烟主流烟气中 HCN 含量的结果。

表4-5　不同检测方法检测 Kentucky 1R4F 卷烟主流烟气中 HCN 的结果对比

文献作者	方法	1R4F 检测结果/（μg/支）	相对标准偏差/%	检测日期/年
Parrish，M. E.	实时 TDL 光谱	97	13	1990
Parrish，M. E.	红外光谱法	101	14.50	1996
Battelle；Mcveety，B. D.	在线红外	98	9.90	1998
Philip Morris	连续流动	115	10.60	1998
Lorillard	连续流动	329.8（45mL）	9.10	1999
Philip Morris USA	顶空-气相	105	7.30	2001
Inbifo	顶空-气相	109	7.10	2001
Ji-Zhou Dong	GC-MS	76	9.70	2001

2006年，杜文等系统研究了吡啶-吡唑啉酮显色反应体系和异烟酸-巴比妥酸显色反应体系的差异，研究表明异烟酸-巴比妥酸显色反应体系更适合卷烟主流烟气中 HCN 的快速测定，并建立了基于异烟酸-巴比妥酸反应体系的卷烟烟气中氰化氢释放量的连续流动分析法。基于该方法，2008年烟草行业发布标准 YC/T 253—2008《卷烟 主流烟气中氰化氢的测定 连续流动法》。

二、方法原理

在微酸性条件下，CN^- 与氯胺T作用生成氯化氰（CNCl），氯化氰与异烟酸反应，经水解生成戊烯二醛，再与1，3-二甲基巴比妥酸反应生成蓝色化合物，在600nm 处进行吸光度检测。

三、材料与方法

（一）试剂

除非特殊说明，所有试剂应为分析纯或同等纯度。水应为蒸馏水或同等纯度的水。分析卷烟主流烟气中氰化氢释放量所需要的试剂见表4-6。

表 4-6　　分析主流烟气中氰化氢释放量所需试剂列表

序号	试剂名称	安全分类
1	聚乙氧月桂醚，Brij-35	—
2	氢氧化钠，NaOH	腐蚀性
3	吡啶，C_5H_5N	刺激性
4	吡唑啉酮，$C_3H_2N_2O$	—
5	氯胺T，$C_7H_7ClNNaO_2S \cdot 3(H_2O)$	刺激性
6	邻苯二甲酸氢钾，$C_8H_5KO_4$	有毒
7	异烟酸，$C_6H_5NO_2$	—
8	1，3-二甲基巴比妥酸，$C_6H_8N_2O_3$	有毒
9	氰化钾，KCN	剧毒

1. 试剂配制

（1）Brij-35 溶液（聚乙氧月桂醚）　将 250g Brij-35 加入到 1000mL 水中，加热搅拌直至溶解。

（2）1.0mol/L 盐酸溶液　在通风橱中，将 84mL 浓盐酸缓慢加入到 500mL 水中，搅拌均匀冷却后转移至 1000mL 容量瓶中，加入 0.5mL Brij-35 溶液，用水定容至刻度。

（3）1.0mol/L 氢氧化钠溶液：称取 40g 氢氧化钠，用 500mL 水搅拌溶解，冷却后转移至 1000mL 容量瓶中，用水定容至刻度。

（4）邻苯二甲酸氢钾缓冲溶液　称取约 2.3g 氢氧化钠、20.5g 邻苯二甲酸氢钾，用 600mL 水搅拌溶解，转移至 1000mL 容量瓶中，用水稀释至约 975mL。用 1.0mol/L 盐酸溶液或 1.0mol/L 氢氧化钠溶液调 pH 至 5.3。加入 0.50mL 的 Brij-35 溶液，用水定容至刻度。

（5）显色试剂（异烟酸-1，3-二甲基巴比妥酸溶液）　称取约 7.0g 氢氧化钠、16.8g 1，3-二甲基巴比妥酸和 13.6g 异烟酸，用 500mL 水强力搅拌溶解，冷却后转移至 1000mL 容量瓶中，用水稀释至约 975mL。用 1.0mol/L 盐酸溶液或 1.0mol/L 氢氧化钠溶液调 pH 至 5.3。加入 0.50mL 的 Brij-35 溶液，用水定容至刻度。过滤后备用。该溶液在 2～5℃ 条件下，有效期为 3 个月。

（6）氯胺 T 溶液　称取约 2.0g 氯胺 T，用 300mL 水搅拌溶解，转移至 500mL 容量瓶中，用水稀释至刻度。该溶液在 2～5℃ 条件下，有效期为 3

个月。

（7）0.1mol/L 氢氧化钠溶液　称取约 4.0g 氢氧化钠，用 500mL 水搅拌溶解，冷却后转移至 1000mL 容量瓶中，用水定容至刻度。

（8）0.1mol/L 氢氧化钠清洗溶液　称取约 4.0g 氢氧化钠，用 500mL 水搅拌溶解，冷却后转移至 1000mL 容量瓶中，加入约 1.0mL 的 Brij－35 溶液，用水定容至刻度。

2. 标准溶液

（1）标准储备溶液　称取 0.25g KCN 于烧杯中，精确至 0.0001g，用 50mL 的 0.1mol/L 氢氧化钠溶解后转入 100mL 容量瓶中，用 0.1mol/L 的氢氧化钠溶液定容至刻度，混合均匀，用棕色瓶保存，储存于冰箱中。此溶液应用在碱性条件下，以试银灵作为指示剂用硝酸银进行标定。此溶液也可以从中国计量科学研究院购买［GBW（E）080115 水中氰成分分析标准物质］。此溶液应每月制备一次。

（2）系列工作标准溶液　由储备液用 0.1mol/L 的氢氧化钠制备至少 5 个工作标准液，其浓度范围应覆盖预计检测到的样品含量。工作标准液应存储于冰箱中（2～5℃）。每两天配制一次。

（二）仪器

常用实验仪器如下。

（1）连续流动分析仪，由取样器、比例泵、渗析器、加热槽、混合圈、比色计（配 600nm 滤光片）和记录仪组成。

（2）SM450 型直线吸烟机。

（3）分析天平，感量 0.0001g。

（4）振荡器。

（5）精密 pH 计。

（三）实验方法

按 YC/T 29—1996 标准条件抽吸 5 支卷烟后，取出截留主流烟气的剑桥滤片，放入 125mL 锥型瓶中，加入 50mL 0.1mol/L NaOH 溶液，常温下振荡 30min。用装有过滤头 5mL 一次性针筒抽取滤液，装入样品瓶内进行连续流动分析。用盛有 30mL 0.1mol/L NaOH 溶液的吸收瓶捕集 5 支卷烟主流烟气气相中的 HCN，吸毕，用 0.1mol/L NaOH 溶液淋洗吸收瓶与主流烟气接触的部分，合并捕集液及淋洗液，用 0.1mol/L NaOH 溶液定容至 50mL，取约 2mL 装入样品瓶内进行连续流动分析。连续流动分析仪管路设计图见图4-4。连续流动分析仪参数如下，检测波长：600nm，进样速率：40个/h，进样/清洗比：1:1，样品出峰时间：8min，反应温度：室温≥15℃。

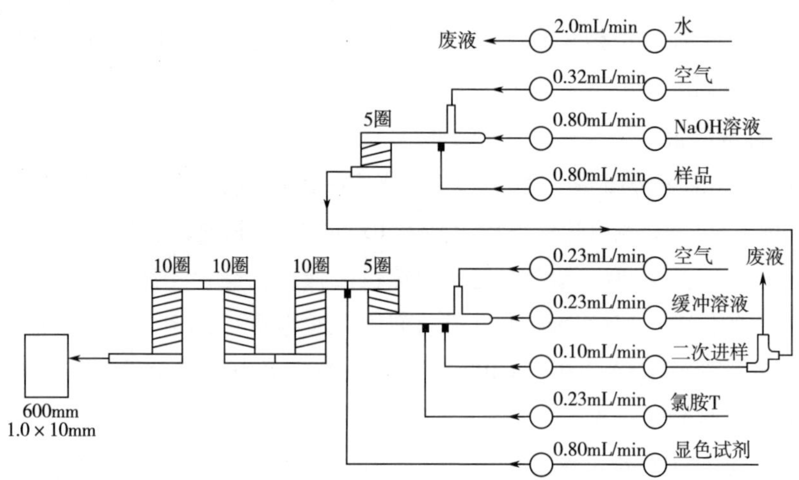

图4-4　HCN检测连续流动分析仪管路设计图

四、结果的计算与表述

（1）卷烟主流烟气粒相物中的氰化氢按式（4-1）计算：

$$y_1 = 1.038 \times c_1 \times V_1/n \tag{4-1}$$

式中　y_1——卷烟主流烟气粒相物中的氰化氢，μg/支；

1.038——由氰离子换算成氰化氢的系数；

c_1——样品溶液中氰离子的检测浓度，μg/mL；

V_1——滤片萃取液的体积，mL；

n——抽吸烟支的数目，支。

（2）卷烟主流烟气气相中的氰化氢（氢氧化钠溶液捕集的部分）按式（4-2）计算：

$$y_2 = 1.038 \times c_2 \times V_2/n \tag{4-2}$$

式中　y_2——卷烟主流烟气气相中的氰化氢，μg/支；

1.038——由氰离子换算成氰化氢的系数；

c_2——样品溶液中氰离子的检测浓度，μg/mL；

V_2——滤片萃取液的体积，mL；

n——抽吸烟支的数目，支。

（3）卷烟主流烟气氰化氢释放量按式（4-3）计算：

$$y = y_1 + y_2 \tag{4-3}$$

式中　y——卷烟主流烟气氰化氢释放量，μg/支。

以两次测定的平均值作为测定结果，精确至1μg/支。两次平行测定结果之间的相对偏差不应大于10.0%。

五、影响卷烟主流烟气中氰化氢测定的因素

1. 反应温度的影响

连续流动分析是建立在平衡体系的基础之上，异烟酸-1，3-二甲基巴比妥酸体系与HCN的显色温度和显色时间是决定显色体系在一定波长下能否达到最大吸收的关键。图4-5为在600nm处不同反应温度下反应时间与吸光度曲线，当温度≥15℃时，所有显色都能在反应8min达到最大吸收，因此在室温高于15℃时，反应温度对显色反应体系无影响。

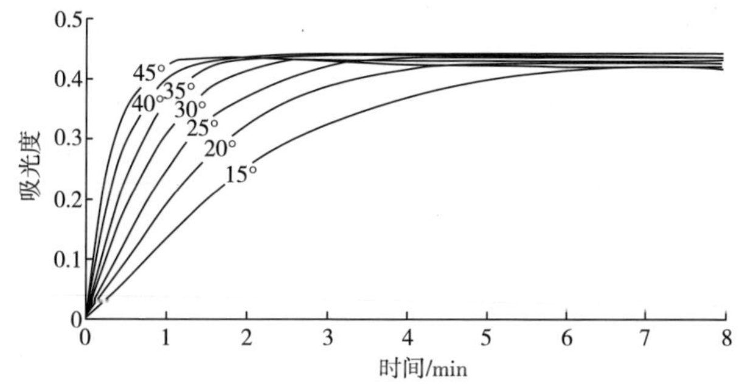

图4-5　不同反应温度下反应时间-吸收曲线

2. 缓冲溶液pH的影响

异烟酸-1，3-二甲基巴比妥酸与HCN反应体系的pH对其吸光度也有较大的影响，图4-6为异烟酸-巴比妥酸显色体系中吸光度随缓冲溶液pH的变化曲线。由图可知，在缓冲溶液pH 4.6~6.8范围内，反应体系的吸光度随着其缓冲溶液pH的增大先逐渐增大，在5.3时达到最大，而后又逐渐降低，表明反应缓冲溶液pH的控制尤为关键。因此，每次配置缓冲溶液需用精密pH计调节缓冲溶液pH为5.3。

3. 阴阳离子的影响

采用浓度为6.37mg/L（以CN^-计）的标准溶液，加入各种浓度的阴阳离

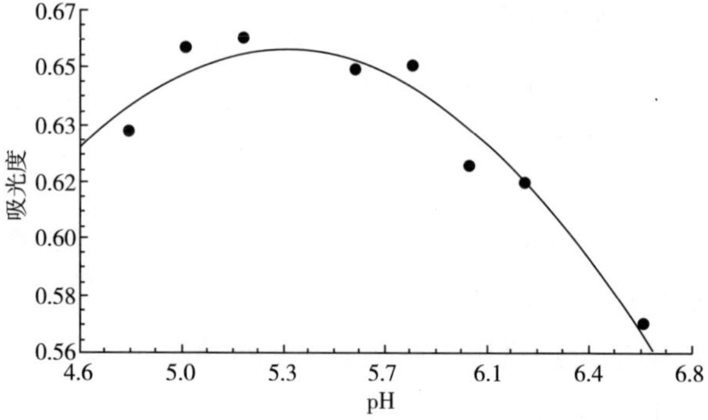

图 4－6 异烟酸－巴比妥酸显色体系中吸光度随缓冲溶液 pH 的变化曲线

子进行干扰实验，结果如表 4－7 所示，其中 SCN^- 对检测结果有较明显的正干扰，Br^-、I^-、S^{2-} 有较明显的负干扰。某些阳离子可能与 CN^- 发生络合反应而对检测产生干扰，结果如表 4－8 所示。除 Co^{2+}、Ni^{2+}、Ag^+、Hg^{2+} 等金属离子有较大干扰外，该显色反应抗阳离子干扰的能力较强。卷烟烟气中金属离子含量一般为 ng 或亚 μg 级，远低于此干扰浓度，一般不会引起干扰。

表 4－7 阴离子对 6.37mg/L CN^- 标准溶液的显色反应的影响

加入阴离子/(10^{-5} mol/L)	HCN 检测值/(mg/L)/回收率/%		
	2	20	200
SCN^- (NH_4SCN)	6.65 / 104	9.17 / 144	17.91 / 281
$[Fe(CN)_6]^{3-}$ ($K_3[Fe(CN)_6]$)	6.10 / 96	6.20 / 97	4.90 / 77
$[Fe(CN)_6]^{2-}$ ($K_4[Fe(CN)_6]$)	6.36 / 100	6.49 / 102	6.51 / 102
S^{2-} ($Na_2S \cdot 9H_2O$)	6.41 / 101	6.16 / 97	5.03 / 79
NO_2^- ($NaNO_2$)	6.44 / 101	6.51 / 102	6.42 / 101
CO_3^{2-} (Na_2CO_3)	6.41 / 101	6.54 / 103	6.42 / 101
NO_3^- ($NaNO_3$)	6.37 / 100	6.51 / 102	6.65 / 104
SO_3^{2-} (Na_2SO_3)	6.34 / 100	6.55 / 103	6.27 / 98
SO_4^{2-} (Na_2SO_4)	6.46 / 101	6.51 / 102	6.42 / 101
CH_3COO^- ($NaAc \cdot 3H_2O$)	6.46 / 101	6.51 / 102	6.42 / 101
F^- (NaF)	6.44 / 101	6.52 / 102	6.44 / 101
Cl^- (NaCl)	6.26 / 98	6.51 / 102	6.38 / 100
Br^- (NaBr)	6.05 / 95	3.34 / 52	0.13 / 2
I^- (KI)	5.78 / 91	0.59 / 9	0.08 / 1

表 4-8　　阳离子对 6.37mg/L CN^- 标准溶液的显色反应的影响

加入阳离子/(10^{-5} mol/L)	HCN 检测值/(mg/L)/回收率/%		
	2	20	200
K^+ (KNO_3)	6.37/100	6.55/103	6.66/105
NH_4^+ (NH_4NO_3)	6.30/99	6.50/102	6.24/98
Fe^{3+} ($Fe^2(SO_4)_3$)	6.49/102	6.36/100	0.14/2
Mg^{2+} ($MgSO_4 \cdot 7H_2O$)	6.46/101	6.54/103	6.54/103
Ca^{2+} [$Ca(NO_3)_2 \cdot 4H_2O$]	6.47/102	6.53/103	6.46/101
Cu^{2+} [$Cu(NO_3)_2 \cdot 3H_2O$]	6.05/95	4.81/76	3.21/50
Zn^{2+} ($ZnSO_4.7H_2O$)	6.40/100	6.42/101	6.21/97
Cd^{2+} ($3CdSO_4.8H_2O$)	6.41/101	5.72/90	0.15/2
Pb^{2+} [$Pb(NO_3)_2$]	6.22/98	6.51/102	6.34/100
Al^{3+} ($AlCl_3.6H_2O$)	6.36/100	6.52/102	6.45/101
Co^{2+} [$Co(NO_3)_2.6H_2O$]	4.91/77	0.12/2	0.10/2
Ag^+ ($AgNO_3$)	6.11/96	2.12/33	1.18/19
Ba^{2+} ($BaCl_2 \cdot 2H_2O$)	6.40/100	6.19/97	3.87/61
Ni^{2+} [$Ni(NO_3)_2 \cdot 6H_2O$]	4.27/67	1.67/26	0.85/13
Hg^{2+} [$Hg(NO_3)_2 \cdot H_2O$]	5.72/90	0.15/2	

4. 样品制备液存放时间

样品制备液在室温下存放 36h 期间，HCN 检测结果随存放时间变化曲线如图 4-7 所示。由图可知 6h 后检测结果明显下降，因此样品制备液应在 6h 内完成检测。

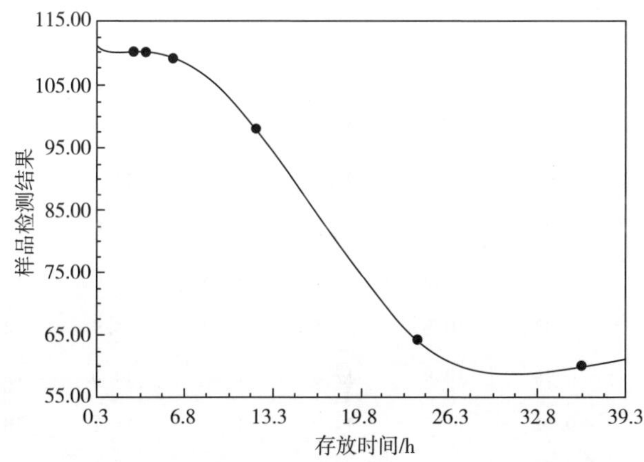

图 4-7　存放时间与样品制备液 HCN 检测结果变化曲线

六、部分国产卷烟烟气中 HCN 释放量

考察了50个牌号市售卷烟的主流烟气 HCN 释放量，结果见表4-9。其中烤烟型卷烟平均主流烟气 HCN 释放量93.8μg/支、混合型卷烟平均主流烟气 HCN 释放量63.6μg/支，烤烟型卷烟单位焦油 HCN 释放量平均值为6.22μg/mg，混合型平均值为7.56μg/mg。

表4-9　　50个牌号卷烟主流烟气中 HCN 含量的检测结果

样品编号	HCN 含量/（μg/支）	支重/g	吸阻/Pa	TPM/mg	烟碱/（mg/支）	TAR/（mg/支）	CO/（mg/支）	口数/Puff
1	104	0.97	1127	19.9	1.26	16.4	14.1	8.4
2	99	0.95	911	15.5	1.10	13.0	11.4	8.6
3	126	0.91	1156	18.0	1.12	14.9	14.2	8.1
4	90	0.89	1049	15.1	1.08	12.2	12.9	7.6
5	147	0.9	1088	20.2	1.24	16.3	16.4	7.9
6	120	0.94	1078	19.3	1.42	15.7	14.1	8.2
7	113	0.92	1088	18.4	1.35	15.2	13.8	7.5
8	112	0.93	1098	18.3	1.16	15.5	15.2	7.7
9	103	0.94	990	23.0	1.38	18.5	15.1	8.2
10	90	0.92	921	17.0	1.17	14.2	13.3	8.5
11	89	0.87	843	21.2	1.36	17.1	14.3	8.6
12	91	0.91	1000	22.9	1.35	19.0	15.4	8.6
13	85	0.98	1029	22.4	1.44	18.4	14.3	9.7
14	80	0.97	1049	20.5	1.41	16.7	13.3	9.4
15	86	0.95	892	17.6	1.34	14.5	12.8	8.8
16	103	0.95	1029	22.6	1.56	18.1	13.6	9.6
17	98	0.95	1137	20.9	1.42	17.1	15.7	8.5
18	94	0.85	1039	11.8	0.84	9.5	10.9	6.1
19	103	0.93	1049	21.5	1.38	17.1	15.2	7.7
20	79	0.93	1078	18.5	1.30	14.9	12.7	7.9
21	80	0.96	1039	17.0	1.18	14.0	12.8	7.8
22	82	0.94	1117	19.0	1.18	15.2	13.6	8
23	87	0.94	1107	19.1	1.34	15.7	13.2	8.3

续表

样品编号	HCN 含量/（μg/支）	支重/g	吸阻/Pa	TPM/mg	烟碱/（mg/支）	TAR/（mg/支）	CO/（mg/支）	口数/Puff
24	133	0.93	1068	23.6	1.46	19.3	16.1	9.1
25	100	0.91	1009	20.0	1.33	16.3	14.4	8.1
26	82	0.95	1019	14.7	1.06	12.3	12.3	8.2
27	77	0.98	1068	21.9	1.41	16.8	15.9	8.5
28	83	0.93	1000	12.7	0.92	10.6	9.9	7.8
29	97	0.97	1009	18.2	1.40	14.6	14.5	9.8
30	75	0.97	970	12.0	0.82	9.7	9.5	7.5
31	75	0.94	1009	15.7	0.99	12.9	13.5	8
32	77	0.94	902	18.3	1.09	15.3	13.8	8.6
33	68	0.93	862	15.5	1.01	13.0	12.9	8.7
34	90	0.94	951	19.0	1.20	16.1	15.6	7.9
35	84	0.93	960	18.7	1.24	15.3	14.3	8.3
36	102	0.93	1127	18.9	1.26	15.5	13.5	9.2
37	104	0.93	1058	20.2	1.22	16.5	14.4	8
38	87	0.96	980	18.4	1.41	15.1	13.6	8.9
39	85	0.97	1049	18.0	1.20	14.8	14.1	7.4
40	62	0.93	911	10.5	0.78	8.5	8.5	7
41	26	0.9	892	5.2	0.47	4.1	5.4	7.2
42	74	0.91	1078	10.6	0.94	8.5	9.6	7.9
43	81	0.91	951	13.1	1.14	10.5	10.2	8.4
44	73	0.92	1127	16.1	0.92	13.4	11.5	7.2
45	85	0.91	1068	19.6	1.25	15.9	13.5	8.2
46	90	0.95	1098	20.2	1.28	16.5	14.1	8.2
47	90	0.94	1107	19.4	1.23	16.2	15	7.9
48	123	0.92	1303	21.2	1.28	16.9	15.2	8.4
49	85	0.98	951	15.5	0.93	13.0	12.9	8.7
50	71	0.89	1147	13.5	0.89	11.2	13.2	7.1

七、卷烟主流烟气中 HCN 释放量与其他指标关系

卷烟主流烟气中的 HCN 释放量与卷烟主流烟气一氧化碳（CO）、总粒相物、焦油和烟碱释放量有较明显的相关性（见图 4－8～图 4－11），而与卷烟烟支吸阻和主流烟气水分释放量的相关性弱（见图 4－12 和图 4－13）。

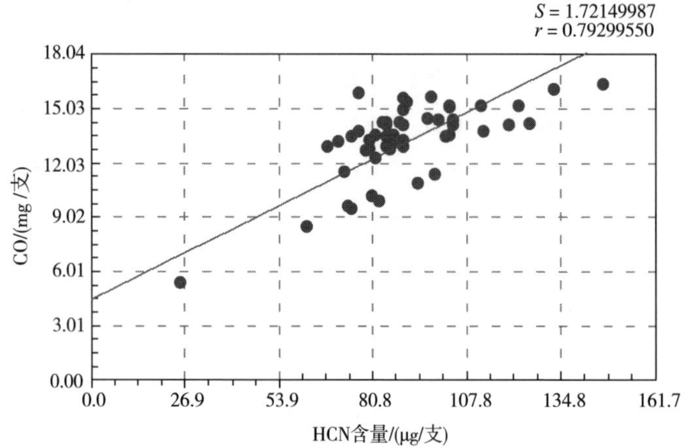

图 4－8　主流烟气 HCN 释放量与主流烟气 CO 释放量的相关性

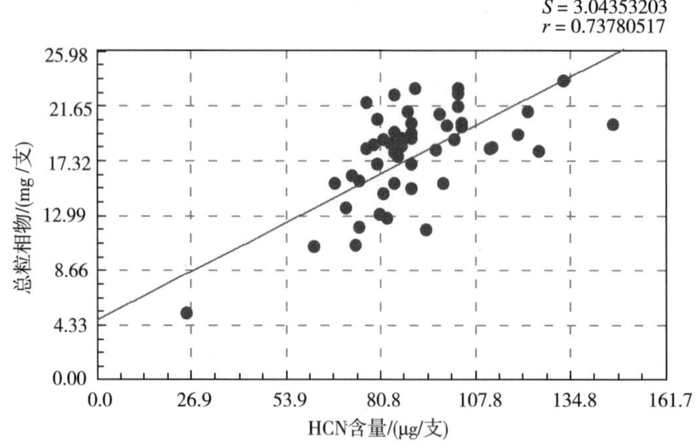

图 4－9　主流烟气 HCN 释放量与主流烟气总粒相物释放量的相关性

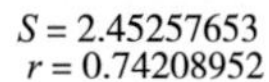

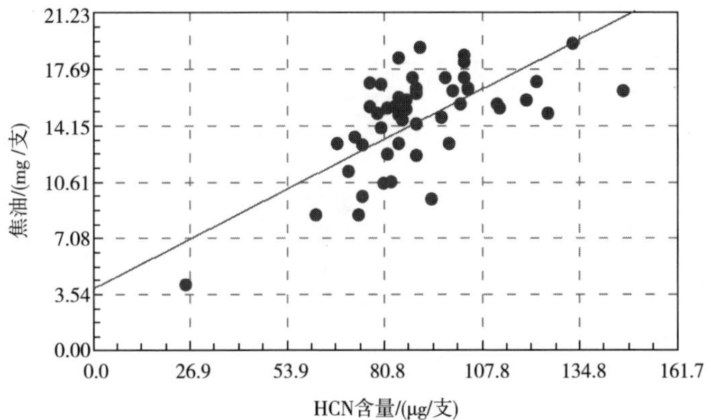

图 4－10　主流烟气 HCN 释放量与主流烟气焦油释放量的相关性

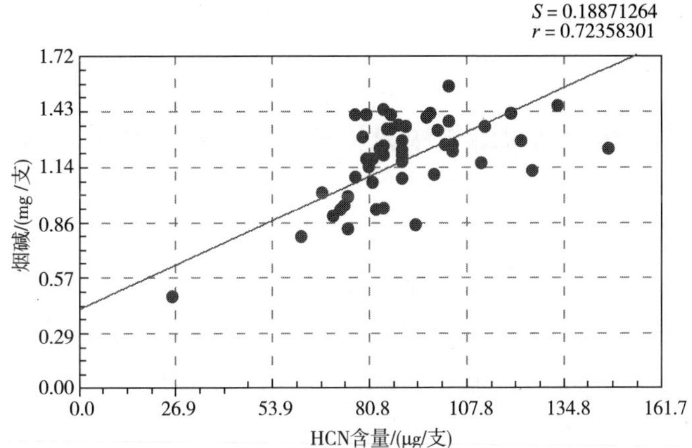

图 4－11　主流烟气 HCN 释放量与主流烟气烟碱释放量的相关性

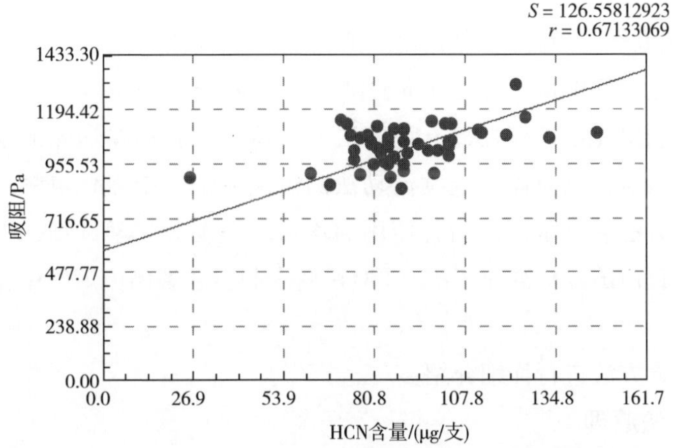

图 4－12　主流烟气 HCN 释放量与卷烟烟支吸阻的相关性

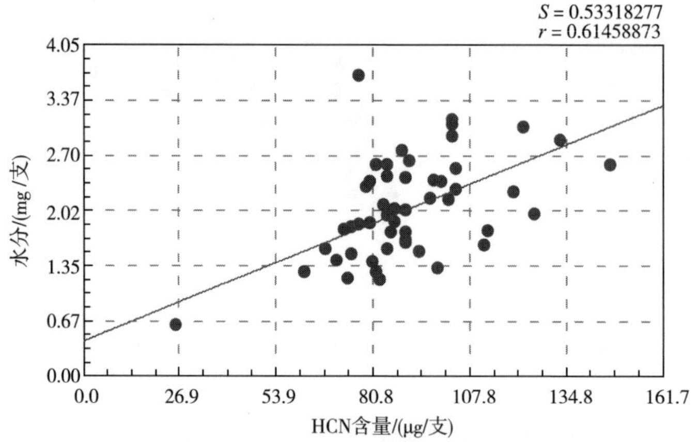

图 4－13　主流烟气 HCN 释放量与主流烟气水分释放量的相关性

第三节　卷烟侧流烟气中氰化氢释放量的连续流动法分析

一、概述

关于氰化氢的危害上节已有详细讲述，卷烟侧流烟气中氰化氢的释放量比主流烟气的略高，其释放于环境形成环境烟气，同样能够带来健康风险。1999 年加拿大卫生部制定了卷烟侧流烟气中氰化氢的测定方法（Determination of Hydrogen Cyanide in Sidestream Tobacco Smoke，No. T－205），该方法采用鱼尾罩收集卷烟侧流烟气、吡啶－吡唑啉酮显色反应体系连续流动法测定侧流烟气中氰化氢释放量。2008 年曹继红等结合加拿大 No. T－205 方法和 YC/T 253—2008《卷烟 主流烟气中氰化氢的测定》连续流动法，建立中国烟草总公司卷烟侧流烟气中氰化氢的标准检测方法 YC/T 350—2010《卷烟 侧流烟气中氰化氢的测定 连续流动法》，该方法采用鱼尾罩收集卷烟侧流烟气、异烟酸－巴比妥酸显色反应体系连续流动法测定侧流烟气中氰化氢释放量，不仅提高了分析方法的灵敏度，而且使用的均为环境友好化学试剂，得到行业广泛应用。而目前国际标准化组织（ISO）尚未制定卷烟侧流烟气中氰化氢的检测标准方法。

本节对该方法进行详细介绍。

二、方法原理

采用鱼尾罩和氢氧化钠溶液收集卷烟侧流烟气中的氰化氢，用异烟酸—

1，3－二甲基巴比妥酸显色体系在连续流动分析仪上检测氰化氢，其反应单元发生的显色反应为：在微酸性条件下，主流烟气中的氰离子与氯胺T作用生成氯化氰，氯化氰与异烟酸反应，经水解生成戊烯二醛类化合物，再与1，3－二甲基巴比妥酸反应生成蓝色化合物，在600nm处进行吸光度检测。

三、材料与方法

（一）试剂

除非特殊说明，所有试剂应为分析纯或同等纯度。水应为蒸馏水或同等纯度的水。采用连续流动法分析卷烟侧流烟气中HCN释放量时，所需试剂见表4－10。

表4－10　分析侧流烟气中HCN释放量所需试剂列表

序号	试剂名称	安全分类
1	聚乙氧月桂醚，Brij－35	—
2	氢氧化钠，NaOH	腐蚀性
3	吡啶，C_5H_5N	刺激性
4	吡唑啉酮，$C_3H_2N_2O$	—
5	氯胺T，$C_7H_7ClNNaO_2S \cdot 3(H_2O)$	刺激性
6	邻苯二甲酸氢钾，$C_8H_5KO_4$	有毒
7	异烟酸，$C_6H_5NO_2$	—
8	1，3－二甲基巴比妥酸，$C_6H_8N_2O_3$	有毒
9	氰化钾，KCN	剧毒

试剂配制和标准溶液配制方法与第四节 卷烟主流烟气中氰化氢释放量的分析中的配制方法相同。

（二）仪器

常用实验仪器如下。

（1）连续流动分析仪，由取样器、比例泵、渗析器、加热槽、混合圈、比色计（配600nm滤光片）和记录仪组成。

（2）SM450型侧流吸烟机。

（3）分析天平，感量0.000 1g。

（4）振荡器。

（5）精密pH计。

（三）实验方法

1. 侧流烟气捕集

卷烟侧流烟气粒相部分中的氰化氢由剑桥滤片捕集，气相部分中的氰化氢由串接于剑桥滤片之后的2个80mL气体吸收瓶捕集，2个吸收瓶中各装有35mL氢氧化钠溶液，校准侧流空气流速为3L/min。捕集装置见图4－14。

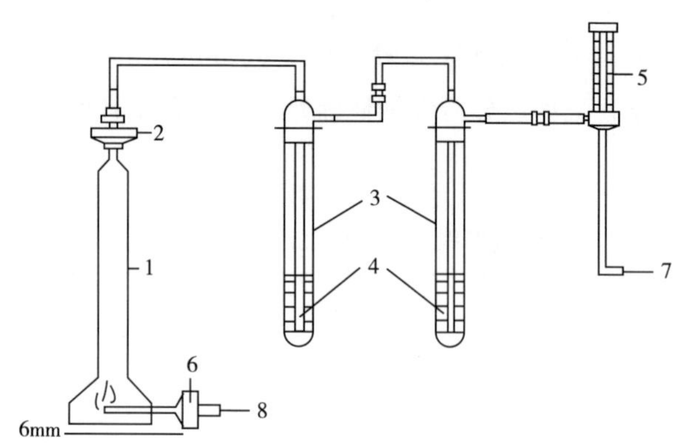

图4－14　单个孔道卷烟侧流烟气中氰化氢的捕集装置示意图

1—鱼尾罩　2—侧流烟气捕集器（剑桥滤片）　3—气体吸收瓶　4—氢氧化钠吸收液
5—气体流量计　6—主流烟气捕集器（剑桥滤片）　7—（连接）泵　8—主流烟气

2. 粒相物处理

抽吸卷烟后，取出剑桥滤片，放入100mL锥型瓶中，准确加入25.0mL氢氧化钠溶液，常温下浸泡振荡30min，0.45μm水系滤膜过滤后待测。

3. 气相物处理

鱼尾罩内壁用30mL氢氧化钠溶液淋洗至150mL容量瓶中。将2个吸收瓶中的吸收液转移至150mL容量瓶中，分别用5～8mL氢氧化钠溶液淋洗吸收瓶与侧流烟气接触的部分，每个吸收瓶洗涤2～3次，淋洗液一同并入150mL容量瓶中，用氢氧化钠溶液定容至刻度，摇匀，待测。样品处理完后应立即上机分析，时间间隔不应超过6h。

4. 样品测定

样品在连续流动仪上经过在线稀释后二次进样分析，一种典型的连续流动分析仪配置方案见图4－15。分析标准工作溶液系列和样品溶液，由600nm处检测器响应值（峰高）采用外标法定量。进样速率30个/h，分析与清洗时间比1:1。

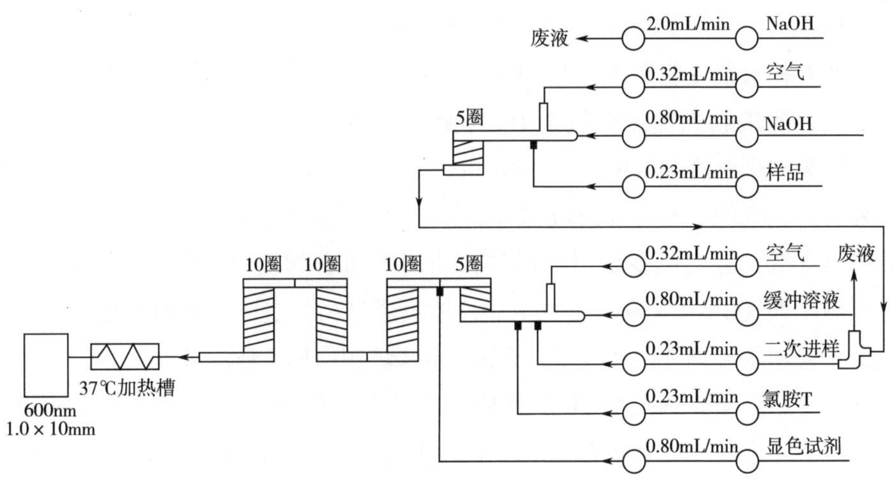

图 4-15 连续流动分析仪管路设计图

四、结果的计算与表达

（1）卷烟侧流烟气粒相物中的氰化氢按式（4-4）计算得出。

$$y_1 = \frac{1.038 \times C_1 \times V_1}{n} \tag{4-4}$$

式中 y_1——卷烟侧流烟气粒相物中的氰化氢，μg/支；

1.038——由氰离子换算成氰化氢的系数；

C_1——样品溶液中氰离子的检测浓度，μg/mL；

V_1——滤片萃取液的体积，mL；

n——抽吸烟支数，支。

（2）卷烟侧流烟气气相中的氰化氢按式（4-5）计算得出。

$$y_2 = \frac{1.038 \times C_2 \times V_2}{n} \tag{4-5}$$

式中 y_2——卷烟侧流烟气气相中的氰化氢，μg/支；

1.038——由氰离子换算成氰化氢的系数；

C_2——样品溶液中氰离子的检测浓度，μg/mL；

V_2——定容体积，mL；

n——抽吸烟支数，支。

（3）卷烟侧流烟气氰化氢释放量按式（4-6）计算得出。

$$y = y_1 + y_2 \tag{4-6}$$

式中 y——卷烟侧流烟气氰化氢释放量，μg/支。

以两次测定的平均值作为测定结果，精确至0.1μg/支。两次平行测定结果之间的相对偏差应不大于10.0%。

五、影响卷烟侧流烟气中HCN测定的因素

影响卷烟侧流烟气中HCN测定的因素主要包括：抽吸容量、异烟酸－巴比妥酸显色剂的pH、样品存放时间等。抽吸容量参数应按照标准进行设定，抽吸容量低，易造成卷烟引燃增加，从而增加卷烟侧流烟气的释放量增加，造成侧流烟气中HCN释放量也增加；抽吸容量高，造成卷烟抽吸增加，从而减少了卷烟侧流烟气的释放量，造成侧流烟气中HCN释放量也减少，因此要准确测定卷烟侧流烟气中HCN释放量应按照卷烟抽吸标准要求设定抽吸参数。至于异烟酸－巴比妥酸显色剂的pH、样品存放时间对侧流烟气中HCN测定结果的影响，上节已经给予明确阐述，本节不再重复。

六、卷烟侧流烟气中HCN释放量与主流烟气中HCN释放量的关系

通过测定市售21种国内外卷烟（烤烟型卷烟12种、混合型卷烟9种）主流、侧流烟气中HCN释放量（结果见表4－11），考察了侧流烟气中HCN释放量与主流烟气中HCN释放量的关系，结果见图4－16。由图可知卷烟侧流烟气中HCN释放量高于主流烟气中HCN释放量，且两者具有一定正相关关系。

表4－11　侧流烟气中HCN释放量与主流烟气中HCN释放量的关系

样品编号	盒标焦油/(mg/支)	烟碱/(mg/支)	HCN释放量/(μg/支)		侧流/主流
			主流	侧流	
1	8	0.7	54.5	70.6	1.30
2	11	1.0	70.0	81.4	1.16
3	11	0.8	68.5	85.7	1.25
4	13	0.8	104.8	118.8	1.13
5	15	0.8	115.9	131.7	1.14
6	12	1.1	72.0	79.8	1.11
7	13	1.1	88.3	97.5	1.10
8	14	1.2	102.1	118.8	1.16
9	15	1.3	125.3	148.7	1.19
10	8	0.8	53.9	86.0	1.60
11	15	1.2	118.2	134.4	1.14
12	11	1.0	58.6	69.2	1.18
13	3	0.3	65.5	111.3	1.70

续表

样品编号	盒标焦油/（mg/支）	烟碱/（mg/支）	HCN 释放量/（μg/支）		侧流/主流
			主流	侧流	
14	5	0.5	76.3	98.8	1.29
15	8	0.8	83.7	127.1	1.52
16	10	1.0	104.1	135.7	1.30
17	12	1.2	128.9	148.5	1.15
18	7	0.7	61.0	86.9	1.42
19	15	1.2	100.2	139.0	1.39
20	8	0.6	85.2	117.8	1.38
21	12	1.0	112.5	124	1.10

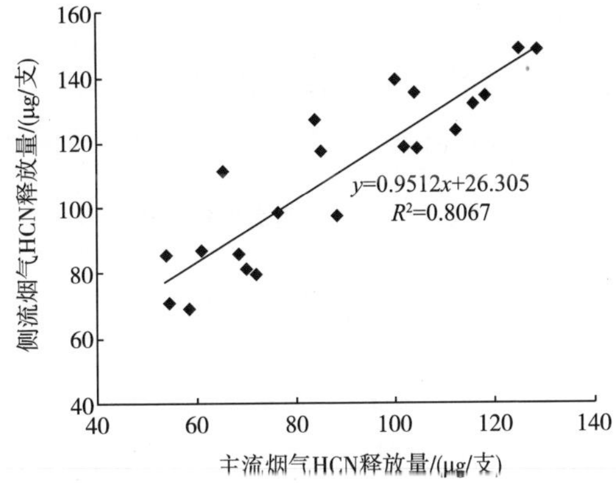

图 4-16 侧流烟气中 HCN 释放量与主流烟气中 HCN 释放量的关系

第四节 滤嘴中氰化氢截留量的连续流动法分析

一、概述

由前两节已知，卷烟主流烟气和侧流烟气中均含有少量的 HCN，Hoffmann 和加拿大卫生部将其列入卷烟烟气有害成分的名单，我国将其列为卷烟主流烟气 7 种代表性烟气有害成分之一。随着吸烟者烟气实际感受量的准确评估受到越来越多的关注，现研究者采用滤嘴评估法来评估吸烟者烟气实际感受量，即通过分析卷烟滤嘴中有害成分释放量来评价其卷烟烟气中释放量，从而能够较为准确地评估吸烟者对烟气有害成分的摄入量。

目前行业广泛采用连续流动法测定卷烟主流烟气和侧流烟气中 HCN 释放量，卷烟滤嘴所用接装纸往往经过印刷，给样品检测带来干扰，因此卷烟滤嘴中 HCN 截留量一般采用 SPE 净化 - 连续流动分析法快速测定，对卷烟滤嘴评估、科学设计卷烟滤嘴及探索采用滤嘴降低卷烟烟气中 HCN 释放量等工作具有重要意义。

二、方法原理

用氢氧化钠溶液萃取滤嘴中的氰化氢，萃取液用固相萃取活性炭 SPE 小柱净化；在微酸性条件下，净化液中的 CN^- 与氯胺 T 作用生成氯化氰 CNCl，氯化氰与异烟酸反应，经水解生成戊烯二醛，再与 1，3 - 二甲基巴比妥酸反应生成蓝色化合物，在 600nm 处进行吸光度检测。

三、材料与方法

（一）试剂

除非特殊说明，所有试剂应为分析纯或同等纯度。水应为蒸馏水或同等纯度的水。采用连续流动法分析滤嘴中氰化氢截留量时，所需试剂见表 4 - 12。

表 4 - 12　　分析滤嘴中 HCN 截留量所需试剂列表

序号	试剂名称	安全分类
1	聚乙氧月桂醚，Brij - 35	—
2	氢氧化钠，NaOH	腐蚀性
3	吡啶，C_5H_5N	刺激性
4	吡唑啉酮，$C_3H_2N_2O$	—
5	氯胺 T，$C_7H_7ClNNaO_2S \cdot 3(H_2O)$	刺激性
6	邻苯二甲酸氢钾，$C_8H_5KO_4$	有毒
7	异烟酸，$C_6H_5NO_2$	—
8	1，3 - 二甲基巴比妥酸，$C_6H_8N_2O_3$	有毒
9	氰化钾，KCN	剧毒

1. 试剂配制

试剂配制方法与第四节 卷烟主流烟气中氰化氢释放量的分析中的配制方法相同。

2. 标准溶液

（1）标准储备溶液　氰离子标准溶液（50mg/L，中国计量科学研究院），GBW（E）080115《水中氰成分分析标准物质》。

（2）系列工作标准溶液　分别移取不同体积的氰离子标准溶液，用

0.1mol/L 的氢氧化钠作为稀释溶液，制备浓度为 0mg/L、0.25mg/L、0.50mg/L、1.0mg/L、2.0mg/L 和 3.0mg/L 工作标准液。

（二）仪器

常用实验仪器如下。

（1）连续流动分析仪，由取样器、比例泵、渗析器、加热槽、混合圈、比色计（配 600nm 滤光片）和记录仪组成。

（2）直线型吸烟机（SM450，英国 CERULEAN 公司）。

（3）分析天平，感量 0.0001g。

（4）调速振荡器。

（5）精密 pH 计。

（6）活性炭 SPE 小柱（250mg，6mL）。

（三）实验方法

1. 卷烟抽吸

卷烟抽吸是指将卷烟样品置于（22 ±1）℃，相对湿度为（60 ±5）% 的环境中平衡 48h，按平均质量 ±0.02g/支和平均吸阻 ±49 Pa/支分选，然后按照 YC/T 29—1996 标准抽吸方法抽吸 4 支卷烟样品，收集抽吸后的试验卷烟滤嘴（应去除滤嘴前端的烟丝和未包裹丝束的接装纸）。

2. 样品分析

将 4 个抽吸后的滤嘴沿纵向切开，去除滤嘴前端烟丝后，放入 50mL 的磨口三角瓶中，准确加入 25mL 0.1mol/L 的氢氧化钠溶液，振荡萃取 30min，再取 5mL 萃取液用固相萃取活性炭 SPE 小柱净化后（500mg，6mL），得到样品制备液，然后采用连续流动分析仪进行测定（管路图如图 4 -17）。样品应在 6h 内进行分析。

四、结果的计算与表达

卷烟滤嘴中的氰化氢按式（4 -7）计算得出。

$$y_1 = \frac{1.038 \times C_1 \times V_1}{5} \tag{4-7}$$

式中　y_1——卷烟滤嘴中的氰化氢，μg/个；

1.038——由氰离子换算成氰化氢的系数；

C_1——样品溶液中氰离子的检测浓度，μg/mL；

V_1——滤嘴萃取液的体积，mL；

5——滤嘴个数，个。

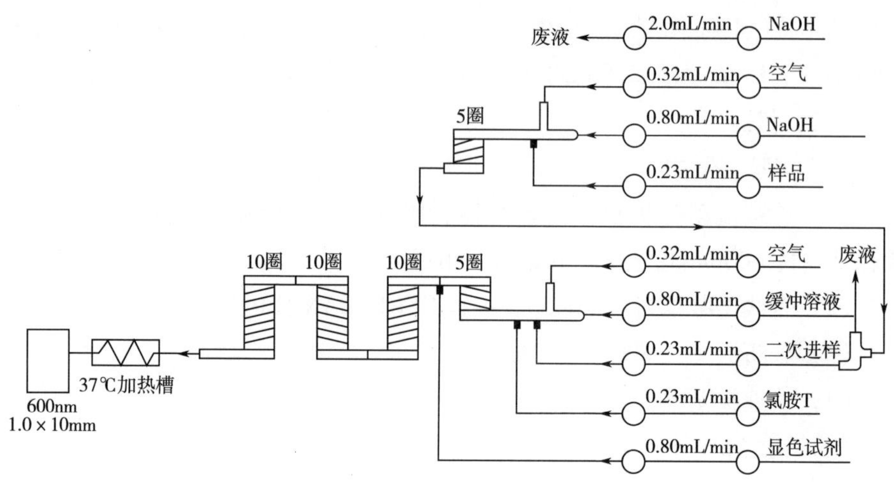

图 4－17　管路设计图

以两次测定的平均值作为测定结果，精确至 0.1μg/支。两次平行测定结果之间的相对偏差应不大于 10.0%。

五、影响滤嘴中氰化氢测定的因素

1. 氢氧化钠浓度

随着滤嘴萃取溶液浓度的增加，卷烟滤嘴中 HCN 截留量测定结果逐渐增加（图 4－18 所示），在 0.1mol/L 时达最大值，然后不再发生显著变化。低浓度氢氧化钠溶液不能完全萃取滤嘴中的氰化氢。

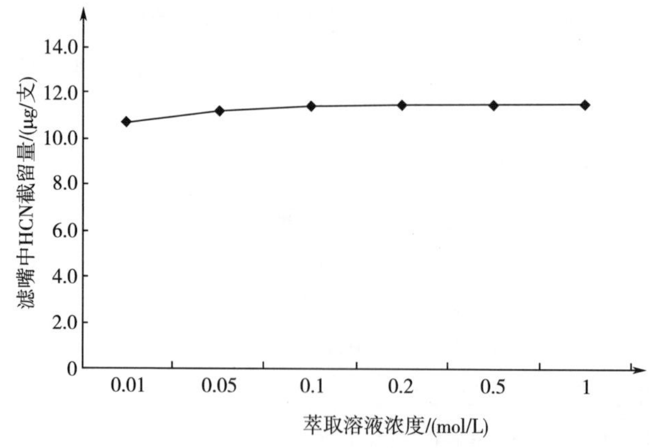

图 4－18　样品萃取溶液浓度影响

2. 萃取溶液净化处理

用氢氧化钠溶液萃取卷烟滤嘴，可将滤嘴中接装纸上的着色剂萃取下来，直接影响比色法测定，必须对萃取溶液进行净化处理。研究表明活性炭小柱对萃取溶液有良好的净化效果（回收率可达99%以上），且活性炭对氰化氢的测定无影响。活性炭 SPE 小柱很容易将样品过滤至澄清状态，对样品 HCN 测定结果没有影响，且经活性炭 SPE 小柱未产生体积效应，如表 4－13 所示。

表 4－13　　活性炭 SPE 小柱过滤的体积效应

过滤前/μg	过滤后/μg	相对偏差/%
1.25	1.20	－4.0
5.00	5.12	2.4
10.0	9.90	－1.0

3. 三乙酸甘油酯对卷烟滤嘴中 HCN 截流量的影响

通常情况下卷烟滤嘴中三乙酸甘油酯含量约为8%，在滤嘴萃取过程中，卷烟滤嘴中三乙酸甘油酯随 CN^- 进入萃取液，可能会影响 HCN 的测定。实验将不同量的三乙酸甘油酯添加到 4.0mg/L HCN 标准溶液中，然后采用连续流动法测定。随着三乙酸甘油酯添加量的增加，HCN 的测定结果没有发生显著变化。结果表明三乙酸甘油酯对卷烟滤嘴 HCN 截流量的测定无影响，如图 4－19所示。

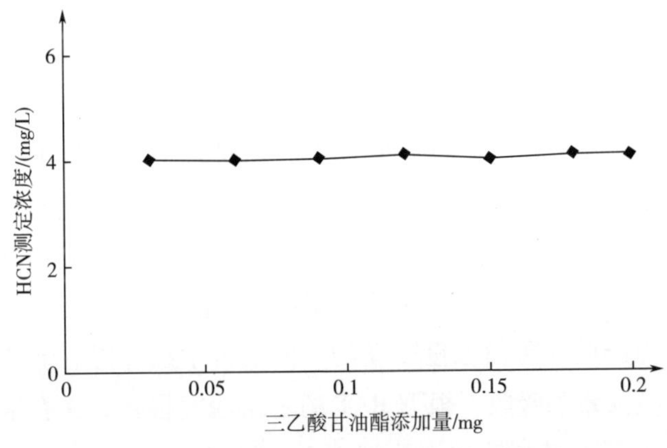

图 4－19　三乙酸甘油酯对卷烟滤嘴中 HCN 截流量的影响

六、滤嘴类型对氰化氢截留量的影响

烟草行业常用滤嘴主要包括：醋纤滤嘴、活性炭滤嘴、丙纤滤嘴、纸滤嘴，通过加标试验，结果见表4－14，加标回收率在96.7%～105%之间，表明方法对4种常用卷烟滤嘴中HCN截留量的测定具有较好的回收率，说明方法可用于常用滤嘴中氰化氢截留量的准确测定。

表4－14　滤嘴类型中HCN截留量测定影响

加标量/(μg/支)	醋纤滤嘴	活性炭滤嘴	丙纤滤嘴	纸滤嘴
0	/	/	/	/
10	96.7	98.5	102	99.4
30	102	99.2	105	97.8
60	103	99.1	99.3	103

第五节　卷烟主流烟气中氨释放量的连续流动法分析

烟气中的氨是44种Hoffman有害成分名单中的一种，中国的卷烟安全性评价指标中也有氨。卷烟主流烟气中的氨，主要来源于烟草中的氨基酸、蛋白质、硝酸盐及铵盐等含氮化合物。卷烟粒相和气相中均有氨，粒相中氨含量占总量超过80%。游离氨能碱化烟气，增加烟气中非质子化尼古丁的浓度，使尼古丁更易被吸收，从而增加了烟草致瘾性和全球使用量。主流烟气中，尼古丁分布于气、粒两相，气相中的尼古丁完全以游离烟碱的形式存在，粒相中以质子化和游离态两种形式存在，其比例根据粒相物的pH不同，Hoffmann等研究表明：pH在5.8时，尼古丁主要以单质子化和双质子化形式存在，而随着pH进一步升高，游离尼古丁的相对含量逐渐增加，在pH＝7.8时，烟气中大约30%尼古丁为游离态。Sloan和Morie实验证明烟气中游离氨的总量与pH（5.2～7.4）呈明显正相关。氨对尼古丁生物利用度的增加作用主要通过：（1）增大气、粒两相中游离烟碱的比例；（2）增大气相中烟碱的分布比例，从而造成一种由浓度驱动的，使尼古丁在口腔、上呼吸道上皮细胞中更快速、更大量的吸收。根据BAT的一份研究报告，在卷烟里使用氨的添加剂可使尼古丁的最高输送率达到45%。此外，氨会污染室内环境空气，环境中低含量的氨气（10μg/m^3）会引起上呼吸道敏感的人群咽喉有刺激感、呼吸急促，高含量的氨气（750mg/m^3）甚至可能引发慢性阻塞性肺病。因此

准确测定卷烟烟气中的氨对于评价卷烟安全性有重要意义。

一、方法概述

针对卷烟主流烟气中氨的检测，国外烟草公司和机构进行了大量的研究工作，包括菲莫、雷诺、BAT、UK、Arista、加拿大卫生部等，建立了较成熟的分析方法，各种方法均可以测定主流烟气气、粒两相中氨的总量，方法差异在于前处理条件不同，如捕集液种类、体积，捕集阱的设计，抽吸支数，萃取时间，捕集液的转移过程等；氨的分析均采用阳离子交换色谱，外标法定量，但标准曲线的拟合方程存在差异。

烟草行业最为常用的方法为离子色谱法和连续流动法。而连续流动法运行成本低、检测速度快、一次处理样品量大等。杜光尧等利用在碱性条件下，被亚硝基铁氰化钠催化的铵（NH_4^+）与次氯酸盐和碱性苯酚溶液三者之间反应所生成的蓝色络合物（靛酚蓝，最大吸收波长660nm），在AA3型连续流动分析仪上建立了流动分析测定卷烟主流烟气中氨的方法。舒俊生等用稀盐酸溶液捕集主流烟气气相物；以剑桥滤片捕集烟气总粒相物，并用稀盐酸溶液萃取。用石墨化炭黑固相萃取柱对样品进行净化处理，利用样品溶液中的铵在亚硝基铁氰化钠催化下，在碱性缓冲溶液中与水杨酸和二氯异氰尿酸钠反应，反应生成物在660nm处进行吸光度测定，并换算得出卷烟主流烟气中氨的含量。该节重点介绍后者。本节为该方法的主要研究内容。

二、方法原理

采用稀盐酸溶液捕集主流烟气气相物，以剑桥滤片捕集烟气总粒相物，并用稀盐酸溶液萃取。分别定量移取气相吸收液和粒相萃取液，合并后稀释定容，经石墨化炭黑固相萃取柱净化。样品溶液中的铵，在碱性缓冲溶液中与水杨酸和二氯异氰尿酸钠反应，反应催化剂为亚硝基铁氰化钠，反应生成物在660nm处进行吸光度测定，并换算得出卷烟主流烟气中氨的释放量。

三、材料与方法

除非特殊说明，所有试剂应为分析纯或同等纯度。水应为蒸馏水或同等纯度的水。

（一）试剂

采用连续流动法分析卷烟主流烟气中氨的含量时，所需试剂见表4－15。

表 4－15　　分析主流烟气氨含量所需试剂列表

序号	试剂名称	安全分类
1	冰醋酸，CH_3COOH	腐蚀性
2	聚乙氧月桂醚，Brij－35	—
3	氢氧化钠，NaOH	腐蚀性
4	盐酸，HCl	腐蚀性
5	硫酸铵，$(NH_4)_2SO_4$	—
6	二氯异氰尿酸钠，$C_3Cl_2N_3NaO_3 \cdot 2H_2O$	有害
7	硝普钠（亚硝基铁氰化钠），$Na_2[Fe(CN)_5NO] \cdot 2H_2O$	有毒
8	水杨酸钠，$C_7H_5NaO_3$	有害
9	柠檬酸三钠，$C_6H_5Na_3O_7 \cdot 2H_2O$	—

1. 试剂配制

（1）Brij－35 溶液（聚乙氧月桂醚）　称取 250g Brij－35，加入到 1000mL水中，加热、搅拌直到溶解。

（2）0.01mol/L 盐酸吸收液　称取约 1.01g 36%～38% 的盐酸，溶于 1000mL水中，搅拌溶解，每次实验前应重新配制。

（3）缓冲溶液　将 40g 柠檬酸钠于烧杯中，加入约 600mL 水中，搅拌溶解后转移至 1000mL 容量瓶中用水定容。再加入 1mL Brij－35 溶液，并混合均匀。每周更换。

（4）水杨酸钠溶液　将 40g 水杨酸钠及 1g 硝普钠溶入约 600mL 水中，搅拌完全溶解后转移至 1000mL 容量瓶中，用水定容至刻度。每周更换。

（5）二氯异氰尿酸钠溶液（DCI）　称取 22g 氢氧化钠溶入约 600mL 去离子水中，加入 3g 二氯异氰尿酸钠并完全溶解，完全溶解后转移至 1000mL 容量瓶中用水定容。每周更换。

2. 标准溶液配制

（1）NH_4^+标准溶液［100μg/mL（以氮计），中国计量科学研究院］

（2）工作标准溶液　用吸收液稀释 NH_4^+标准溶液，于容量瓶中定容，摇匀。制备至少 5 个标准溶液，其浓度应覆盖预计样品溶液中检测到的 NH_4^+含量。标准系列溶液应现配现用。适宜的标准系列溶液浓度见表 4－16。

表 4-16　系列工作标准溶液　单位：mg/L

标准溶液	1	2	3	4	5
NH_3	0.1821	0.3643	0.6071	0.9714	1.4571
NH_4^+	0.1929	0.3857	0.6429	1.0286	1.5429

（二）仪器

常用实验仪器如下。

（1）连续流动分析仪，由进样器、比例泵、渗析器、加热槽、混合圈、比色计（配 660nm 滤光片）和记录仪组成，管路图见图 4-20。

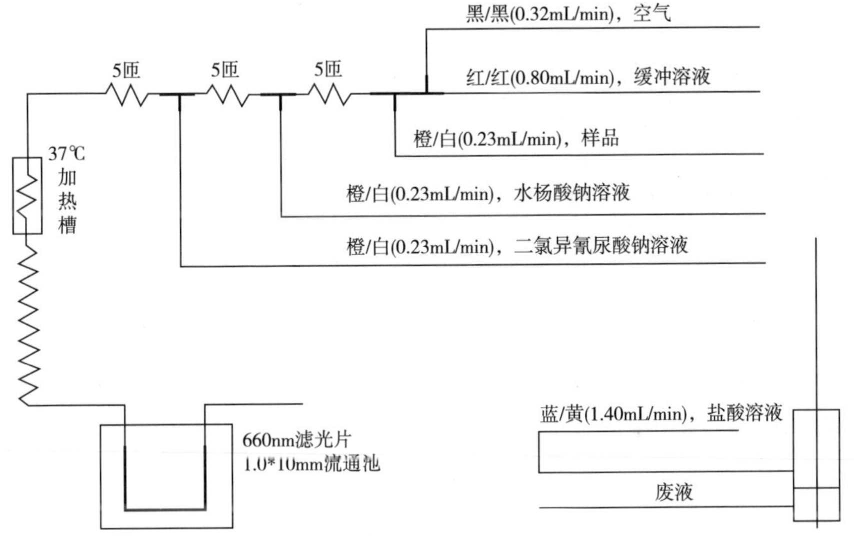

图 4-20　主流烟气中氨释放量测定管路设计图

（2）SM450 直线型吸烟机/SM450 转盘式吸烟机。

（3）分析天平，感量 0.0001g。

（4）振荡器。

（5）捕集阱（见烟气捕集图 4-21）。

（6）石墨化炭黑固相萃取柱（250mg，6mL），使用前采用 5mL 吸收液活化。

（三）实验方法

（1）主流烟气捕集　按照图 4-21 进行卷烟主流烟气气相物和粒相物捕集。

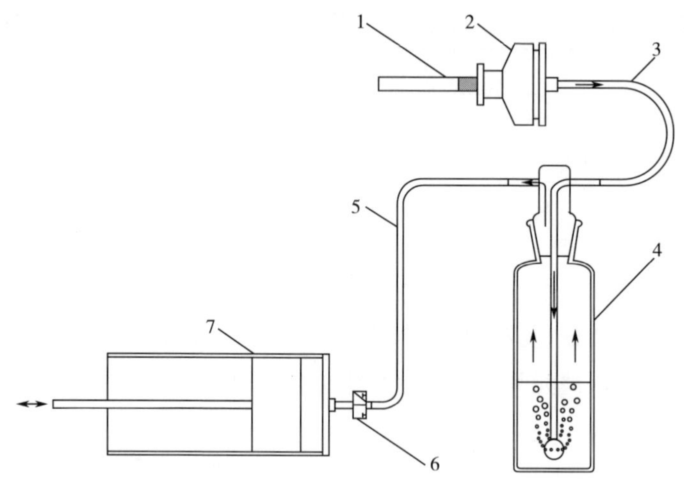

图 4-21　主流烟气捕集示意图

1—烟支　2—捕集器　3、5—连接管路　4—捕集阱　6—2 位 3 通阀　7—抽吸单元

（2）气相吸收液的制备　直线型吸烟机：捕集阱内准确加入 20mL 吸收液，抽吸后制得主流烟气气相吸收液。

转盘式吸烟机：捕集阱内准确加入 50mL 吸收液，抽吸后制得主流烟气气相吸收液。

（3）粒相萃取液的制备　对于 44mm 剑桥滤片，卷烟抽吸完成后，把捕集有粒相成分的滤片及擦拭捕集器的 1/4 滤片一起放入 100mL 萃取瓶中。准确加入 20mL 吸收液后，震荡萃取 40min。

对于 92mm 滤片，卷烟抽吸完成后，把捕集有粒相成分的滤片及擦拭捕集器的 1/4 滤片（44mm）一起放入 250mL 萃取瓶中。准确加入 50mL 吸收液后，震荡萃取 40min。

（4）分析样品制备　对于由直线型吸烟机得到的主流烟气气相吸收液和粒相萃取液，各定量移取 4mL，合并置入 10mL 容量瓶中；使用吸收液定容；摇匀后，使用石墨化炭黑固相萃取柱过滤（流速：5mL/min），弃去前 2 ~ 3mL 滤液，后续滤液置于样品杯中，即得到待测样品。

对于由转盘式吸烟机得到的主流烟气气相吸收液和粒相萃取液，各定量移取 5mL，合并置入 25mL 容量瓶中；使用吸收液定容；摇匀后，使用石墨化炭黑固相萃取柱过滤（流速：5mL/min），弃去前 2 ~ 3mL 滤液，后续滤液置于样品杯中，即得到待测样品。

（5）样品溶液测定　按照方法设计的管路要求，对待测样品溶液中 NH_4^+ 进行连续流动法测定，应在 12h 内完成样品检测。

四、结果计算与表述

卷烟主流烟气中氨的释放量按照式（4－8）计算的得出。

$$X = \frac{c \times V \times k \times 17.03}{n \times 14.01} \tag{4-8}$$

式中　X——样品中氨释放量，μg/支；

c——样品中铵的连续流动法测定的浓度，μg/mL；

V——样品定容体积，mL；

k——换算系数，使用转盘式吸烟机时为 10，使用直线型吸烟机时为 5；

17.03——氨的分子质量；

n——抽吸卷烟烟支数量，支；

14.01——N 的相对分子质量。

取两个平行样品的算术平均值为检测结果，结果精确到 0.01μg/支。平行测定结果之间的相对平均偏差应不大于 10%。

五、影响卷烟主流烟气中氨测定的因素

1. 常见阴阳离子影响

卷烟烟气释放有多种阴阳离子，常见的阳离子包括：铜离子、铁离子、钡离子、镁离子、钙离子、铅离子、钠离子、钾离子、汞离子等，阴离子包括：硫酸根、硝酸根、氯离子、溴离子、亚硫酸根、醋酸根、铁氰根、硫氰根、碳酸根。将这些离子进行标准溶液添加实验，结果见表 4－17。从测定结果的回收率来看，常见的阴阳离子不影响主流烟气中氨的测定。

表 4－17　不同阴阳离子干扰试验结果

盐类物质	标样浓度/(mg/L)	检测值/(mg/L)	回收率/%
硫酸铜	0.971	0.934	96.15
硝酸铁	0.971	0.915	94.19
氯化钡	0.971	0.956	98.41
硝酸镁	0.971	0.963	99.14
氯化钙	0.971	0.973	100.16
硝酸铅	0.971	0.960	98.83

续表

盐类物质	标样浓度/(mg/L)	检测值/(mg/L)	回收率/%
溴化钠	0.971	0.951	97.90
硝酸钾	0.971	0.968	99.65
硫酸钠	0.971	1.005	103.46
亚硫酸钠	0.971	0.943	97.08
乙酸钠	0.971	0.945	97.28
铁氰化钠	0.971	1.006	103.56
氯化钠	0.971	0.972	100.06
硫氰酸汞	0.971	0.991	102.02
碳酸钠	0.971	0.978	100.68

2. 常见胺类物质影响

卷烟主流烟气释放有多种有机胺，常见的有：脂肪族胺类（一甲胺、二甲胺、三甲胺、一乙胺、乙二胺等）、醇胺类（一乙醇胺、3－丙醇胺等）、酰胺类（甲酰胺、乙酰胺、丙烯酰胺等）、脂环胺类（环己胺、三亚乙基二胺等）及芳香胺类（苯胺等）等。将这些化合物进行标准溶液添加实验，结果见表4－18。从测定结果的回收率来看，主流烟气中常见的有机胺类化合物不影响主流烟气中氨的测定。

表4－18　　不同种类胺类物质干扰试验结果

胺类物质	标样浓度/(mg/L)	检测值/(mg/L)	回收率/%
甲胺	0.971	0.964	99.24
二甲胺	0.971	0.951	97.90
三甲胺	0.971	1.004	103.36
乙胺	0.971	0.962	99.03
乙二胺	0.971	0.953	98.11
乙醇胺	0.971	0.992	102.12
丙醇胺	0.971	0.970	99.86
甲酰胺	0.971	0.950	97.80
乙酰胺	0.971	0.969	99.75
丙烯酰胺	0.971	0.979	100.78

续表

胺类物质	标样浓度/(mg/L)	检测值/(mg/L)	回收率/%
环己胺	0.971	1.000	102.94
三亚乙基二胺	0.971	0.974	100.27
苯胺	0.971	1.015	104.49

3. 样品基质影响

为考察样品基质的影响，对卷烟样品溶液直接检测和过石墨化炭黑柱后检测进行了回收率实验：准备两份同一卷烟样品溶液，分别定量加入标准溶液，一份直接定容后检测，一份经固相萃取柱过滤后检测。结果见表 4－19。

表 4－19　两种处理方法回收率实验结果

样品名称	直接检测结果/(mg/L)	回收率/%	过石墨化炭黑柱检测结果/(mg/L)	回收率/%
样品溶液原始浓度/（mg/L）	1.051		0.841	
加入 0.182mg/L 氨标准溶液	1.163	61.50	1.012	93.90
加入 0.486mg/L 氨标准溶液	1.458	83.80	1.335	101.71
加入 0.971mg/L 氨标准溶液	2.007	98.41	1.826	101.40

由表 4－19 可得，卷烟样品不经固相萃取柱净化直接检测，标准样品的回收率低，尤其是低标样品（回收率为 61.50%）由此可知，样品基质对卷烟样品中氨的测定有影响，需进行石墨化炭黑柱净化。

4. 制备样品存放时间影响

样品制备完成后，考察了样品制备液随时间变化规律，结果见图 4－22。结果表明：卷烟主流烟气中的氨受环境及样品本身物质影响，随着放置时间的增加，样品制备液中氨的浓度也逐渐增加，而且放置时间越长，增加值也越大。制备液在存放 12h 后，氨的浓度变化约增加 4.38%，表明样品制备溶液应在 12h 内检测完成，尽可能缩短样品制备时间。

由图 4－22 与图 4－23 比较可得，事先定容好的样品稳定性比测定前现制备的样品稳定性略差，因此，卷烟抽吸完成后，事先制备样品对于样品的稳定性没有改善。

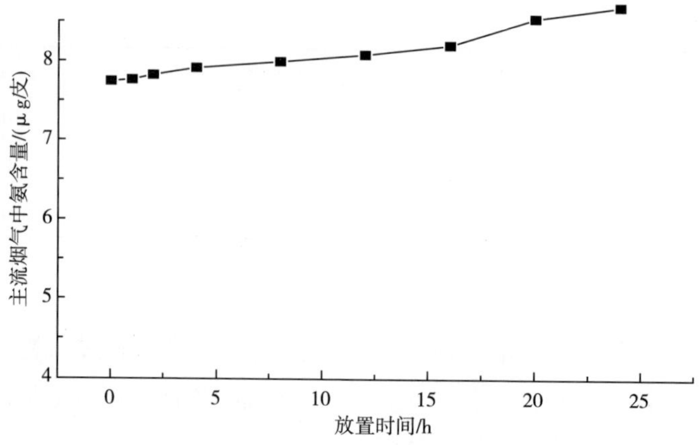

图 4-22　卷烟主流烟气中的氨稳定性实验

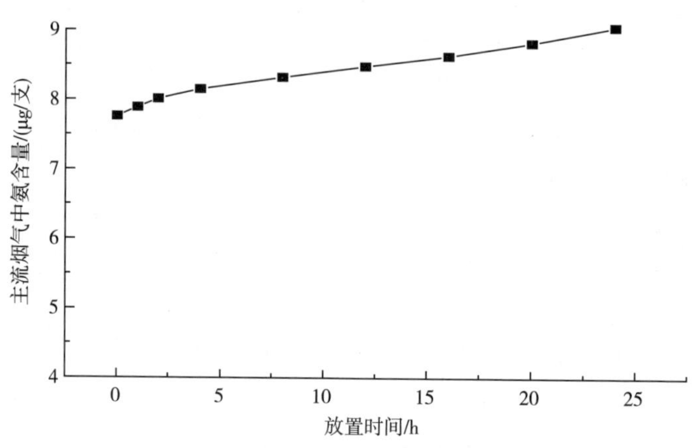

图 4-23　预先定容样品中氨的稳定性

第六节　卷烟侧流烟气中氨释放量的连续流动法分析

据相关文献报道，卷烟侧流烟气中的氨释放量为主流烟气中的 40 ~ 170 倍、甚至高达上千倍，可达到 10mg/支，已被列入加拿大卫生部烟气检测名单。世界卫生组织（WHO）烟草制品管制研究小组的研究报告，把氨作为分析烟草制品和释放物（包括主流和侧流烟气）的最基本检测物质。加拿大、英属哥伦比亚政府等国甚至已立法要求卷烟制造商报告市面上所销售卷烟主、侧流有害成分的报告清单。氨作为我国卷烟主流烟气中 7 种代表性有害成分

之一，已成为各卷烟工业企业控制的代表性成分，分析卷烟侧流烟气中氨释放量具有重要意义。

一、方法概述

关于卷烟侧流烟气中氨的测定加拿大卫生部给出了检测方法，该方法采用鱼尾罩 + 玻璃纤维滤片 + 吸收液捕集卷烟侧流烟气中的氨，然后用离子色谱法进行氨的测定。王洪波等结合行业现行卷烟主流烟气中氨的测定方法，建立了连续流动法测定卷烟侧流烟气中氨释放量的方法，即采用鱼尾罩 + 玻璃纤维滤片 + 吸收液捕集卷烟侧流烟气中的氨，然后用连续流动法进行氨的测定。本节为该方法的主要研究内容。

二、方法原理

卷烟侧流烟气中的氨用玻璃纤维滤片、鱼尾罩和稀盐酸吸收液捕集，玻璃纤维滤片用稀盐酸溶液萃取，鱼尾罩上的氨用稀盐酸淋洗，将鱼尾罩淋洗液和稀盐酸吸收液合并定容；分别移取一定量的滤片萃取液和定容液，经稀释定容后用石墨化炭黑固相萃取柱净化。在碱性条件下，样品溶液中的铵在亚硝基铁氰化钠催化作用下与水杨酸和二氯异氰尿酸钠反应，反应生成一种蓝色络合物，然后在660nm处进行连续流动法测定，并换算得出卷烟侧流烟气中氨的含量。

三、材料与方法

（一）试剂

除非特殊说明，所有试剂应为分析纯或同等纯度。水应为蒸馏水或同等纯度的水。采用连续流动法分析卷烟侧流烟气中氨的含量，所需试剂见表4－20。

表4－20　分析侧流烟气中氨所需试剂列表

序号	试剂名称	安全分类
1	聚乙氧月桂醚，Brij－35	—
2	浓盐酸，HCl	腐蚀性
3	浓硫酸，H_2SO_4	腐蚀性
4	氢氧化钠，NaOH	腐蚀性
5	氯胺T，$C_7H_7ClNNaO_2S$	有毒
6	硫酸铵，$(NH_4)_2SO_4$	—
7	二氯异氰尿酸钠，$C_3Cl_2N_3NaO_3 \cdot 2H_2O$	有害

续表

序号	试剂名称	安全分类
8	硝普钠（亚硝基铁氰化钠），$Na_2[Fe(CN)_5NO] \cdot 2H_2O$	有毒
9	水杨酸钠，$C_7H_5NaO_3$	有害
10	柠檬酸三钠，$C_6H_5Na_3O_7 \cdot 2H_2O$	—

试剂配制和标准溶液配制方法与第五节 卷烟主流烟气中氨释放量的连续流动法分析中的配制方法相同。

（二）仪器

常用实验仪器如下。

（1）连续流动分析仪，由进样器、比例泵、渗析器、加热槽、混合圈、比色计（配 660nm 滤光片）和记录仪组成。

（2）$LM5^+$ 五孔道侧流吸烟机（德国 Borgwaldt－KC 公司）。

（3）分析天平，感量 0.0001g。

（4）HY－5A 回旋式振荡器。

（5）捕集阱（见图 4－25）。

（6）石墨化炭黑固相萃取柱（规格：250mg/6mL 和 500mg/6mL），使用前采用 5mL 吸收液活化。

（7）大肚吸收瓶（见图 4－24）。

（三）实验方法

1. 侧流烟气的捕集

试样制备：按照 GB/T 5606.1—2004《卷烟 第一部分：抽样》抽取样品，参照 GB/T 16447—2004《烟草及烟草制品 调节和测试的大气环境》的方法将卷烟在温度（22 ±1）℃、相对湿度（60 ±3）% 条件下平衡 48h，然后按照质量（平均值 ±0.02）g 和吸阻（平均值 ±50）Pa 进行烟支分选。

烟气捕集装置：侧流烟气捕集装置示意图见图 4－25。用玻璃纤维滤片捕集侧流烟气的粒相物，用鱼尾罩和吸收瓶捕集侧流烟气的气相物，其中吸收瓶盛有 40mL 的吸收液。

2. 卷烟抽吸

参照 GB/T 19609—2004《卷烟 用常规分析用吸烟机测定 总粒相物和焦

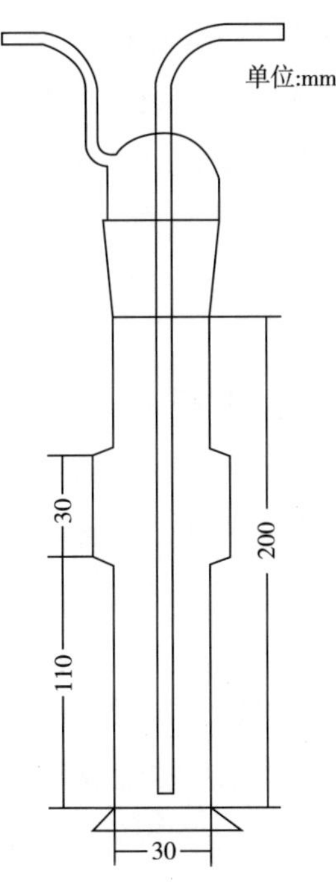

图 4－24　大肚吸收瓶

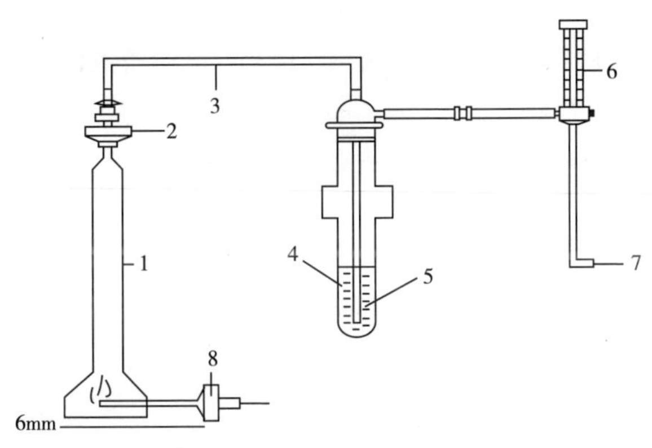

图 4－25　侧流烟气中氨的捕集装置连接图

1—鱼尾罩　2—侧流烟气捕集器（玻璃纤维滤片）　3—连接软管　4—大肚吸收瓶
5—0. 01mol/L 盐酸溶液　6—气体流量计　7—（连接）泵
8—主流烟气捕集器（玻璃纤维滤片）

油》的方法，设置吸烟机主流抽吸容量为 35mL ± 0. 3mL，参照 YC/T 185—2004《卷烟 侧流烟气中焦油和烟碱的测定》的方法，设置吸烟机侧流抽吸泵抽吸速率为 3L/min（ ±0. 1L/min），试验前对所使用试验装置进行气密性检测。待装置调试合格后，随即进行卷烟抽吸，单个孔道抽吸两支卷烟，卷烟抽吸结束后，去除烟蒂，保持泵继续抽吸至少30s，取出鱼尾罩、侧流烟气捕集器和吸收瓶，随即对各部分捕集物进行处理。

空白样品试验：取同样卷烟，不点燃，每支进行对应平均口数空吸，然后按照上述条件进行处理，得到实验室空白样品。

3. 烟气捕集物处理

粒相物处理：抽吸完卷烟后，取出玻璃纤维滤片，将捕集器内壁用四分之一滤片（44mm）擦拭捕集器，一起置于50mL萃取瓶中，加入25mL 0.01mol/L盐酸溶液，振荡萃取40min（振荡器频率设为160r/min），即得到卷烟侧流烟气粒相物制备液。

气相物（鱼尾罩+吸收瓶）处理：鱼尾罩内壁用80mL浓度为0.01mol/L盐酸溶液分8次淋洗至250mL容量瓶中；然后，将吸收瓶中吸收液转移至容量瓶中，用20mL吸收液洗涤吸收瓶与侧流烟气接触部分，洗涤3次；再用吸收液定容至刻度，摇匀，静置2min，即得到卷烟侧流烟气气相物制备液。

4. 待测液的制备

分别移取粒相物制备液和气相物制备液0.5mL和5mL于25mL容量瓶中，用0.01mol/L盐酸溶液定容至刻度，摇匀，得到样品制备液；取5mL样品制备液于预处理的活性炭SPE柱上，以2mL/min流速进行样品净化处理，收集净化液，得到样品待测溶液；此溶液用连续流动法进行氨含量测定，管路图见图4-26。

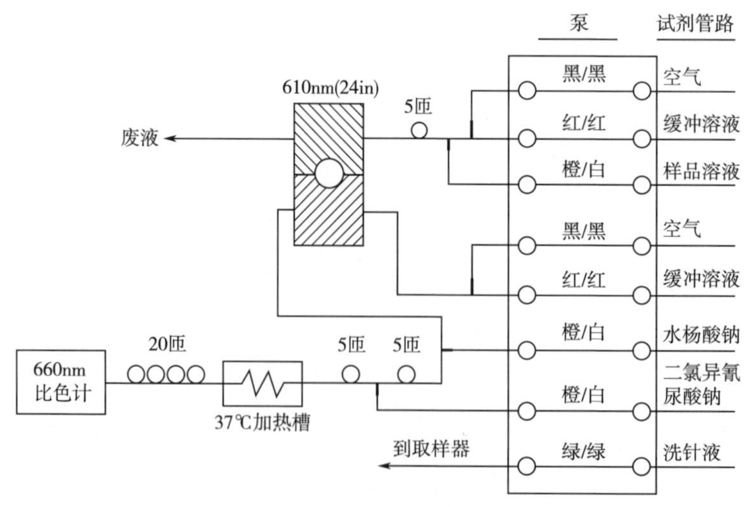

图4-26　卷烟侧流烟气中氨的测定管路图

注：活性炭 SPE 柱的预处理：先用 5mL 甲醇淋洗活性炭柱，然后用 5mL 蒸馏水冲洗 1 次，然后再加入 5mL 0.01mol/L 盐酸溶液淋洗 1 次，将残留液吹干备用。

四、结果计算与表述

卷烟侧流烟气中氨的释放量按照式（4－9）计算得出。

$$X = \frac{c \times V \times k \times 17.03}{n \times 14.01} \tag{4-9}$$

式中　X——样品中氨的释放量，μg/支；

c——样品中 NH_4^+ 以连续流动法测定的浓度，μg/mL；

V——样品定容体积，mL；

k——换算系数，使用转盘式吸烟机时为 10，使用直线型吸烟机时为 5；

17.03——氨的相对分子质量；

n——抽吸卷烟烟支数量，支；

14.01——氮的相对原子质量。

取两个平行样品的算术平均值为检测结果，结果精确到 0.01μg/支。平行测定结果之间的相对平均偏差应不大于 10%。

五、影响侧流烟气中氨测定的因素

1. 侧流烟气捕集装置

卷烟侧流烟气中氨释放量是主流烟气中氨释放量的几百倍，而且氨在气相中释放量也极高，采用鱼尾罩＋剑桥滤片＋吸收液进行侧流烟气中氨的捕集是适宜的。加拿大方法鱼尾罩＋剑桥滤片＋2 个串联盛有 20mL 0.01mol/L 盐酸溶液的吸收瓶来捕集卷烟侧流烟气中的氨，每个吸收瓶都需要清洗，方法较为繁琐。研究表明，1 个盛有 40mL 0.01mol/L 盐酸溶液的 120mL 吸收瓶可以完全捕集卷烟侧流烟气中的氨，且串联一个盛有 10mL 吸收液的吸收瓶中氨的捕集量仅为总量的 0.5% 左右（表 4－21 所示）。为防止吸收液进入吸烟机，采用大肚吸收瓶为捕集装置（详见图 4－24）。

表 4－21　吸收液捕集效率

样品	项目	吸收体积/mL	氨释放量/(mg/支)	捕集效率/%
烤烟型卷烟	吸收瓶 1	20	2.34	94.0
	吸收瓶 2	20	0.138	5.54

续表

样品	项目	吸收体积/mL	氨释放量/(mg/支)	捕集效率/%
烤烟型卷烟	吸收瓶 3	10	0.011	0.44
	吸收瓶 1	40	2.57	99.5
	吸收瓶 2	10	0.014	0.54
	吸收瓶 3	10	0	0
混合型卷烟	吸收瓶 1	20	4.29	94.8
	吸收瓶 2	20	0.222	4.91
	吸收瓶 3	10	0.012	0.27
	吸收瓶 1	40	4.52	99.6
	吸收瓶 2	10	0.018	0.40
	吸收瓶 3	10	0	0

2. 鱼尾罩淋洗

由于鱼尾罩接触面积大，且形状不规则，使得鱼尾罩上捕集的氨不易洗脱，只能通过多次淋洗方法进行洗脱，实验采用每次 10mL 0.01mol/L 盐酸溶液淋洗鱼尾罩，分 10 次进行淋洗。考察了淋洗次数对淋洗效果的影响，结果如图 4－27 所示。淋洗鱼尾罩 8 次后，淋洗液中铵离子基本无检出，表明用 80mL 0.01mol/L 盐酸溶液淋洗鱼尾罩 8 次，可完全将鱼尾罩上附着的 NH_4^+ 洗脱掉。

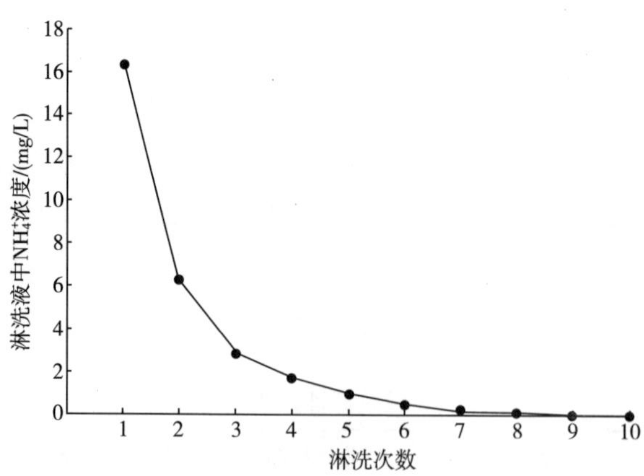

图 4－27　淋洗次数对鱼尾罩上 NH_4^+ 淋洗效果的影响

3. 样品净化

卷烟主流烟气气相捕集液和粒相萃取液中含有大量色素及活性物质等，对连续流动法测定样品溶液中的氨有影响，往往造成检测结果偏高，回收率低。因此，必须对样品进行净化处理。YQ/T 16—2012 中采用石墨化炭黑固相萃取柱对样品溶液进行净化处理，可较好地去除样品中的干扰物质。实验考察了不同 SPE 柱石墨化炭黑用量、净化后样品溶液的背景吸收，及石墨化炭黑 SPE 柱（500mg，6mL）对 NH_4^+ 的吸附作用的影响等研究。

（1）石墨化炭黑用量对样品净化效果的影响

实验考察了 SPE 柱石墨化炭黑用量分别为 0.25g、0.5g、1g 和 2g 时对样品溶液的净化效果，结果见表 4－22、图 4－28。从表 4－22、图 4－28 中可以看出，使用石墨化炭黑用量 0.5g 的 SPE 柱可以很好地净化样品溶液，方法可选择石墨化炭黑 SPE 柱（500mg/6mL）净化样品制备溶液。

表 4－22　　石墨化炭黑用量的影响

卷烟样品	SPE 柱石墨化炭黑用量/g				
	0	0.25	0.5	1.0	2.0
烤烟型	3.26	2.95	2.86	2.83	2.85
混合型	2.58	2.04	1.88	1.90	1.85

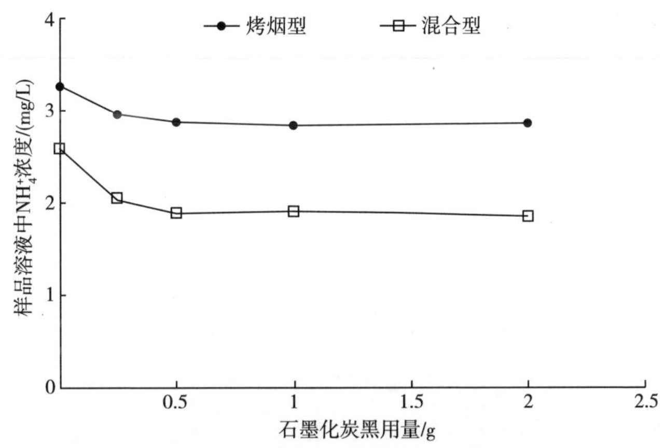

图 4－28　石墨化炭黑用量对样品溶液净化效果的影响

（2）背景吸收的影响

由于样品溶液制备完成后存在一定颜色，采用分光光度计比较了样品溶液经两种活性炭 SPE 柱（500mg/6mL 和 250mg/6mL）净化前后吸光度变化，结果见表 4 - 23。

表 4 - 23　　样品净化效果比较（*n* =3）

样品类型	样品溶液吸光度		
	净化前	SPE 净化/(250mg/6mL)	SPE 净化/(500mg/6mL)
烤烟型	0.0042	0.0016	0.0004
混合型	0.0083	0.0023	0.0003

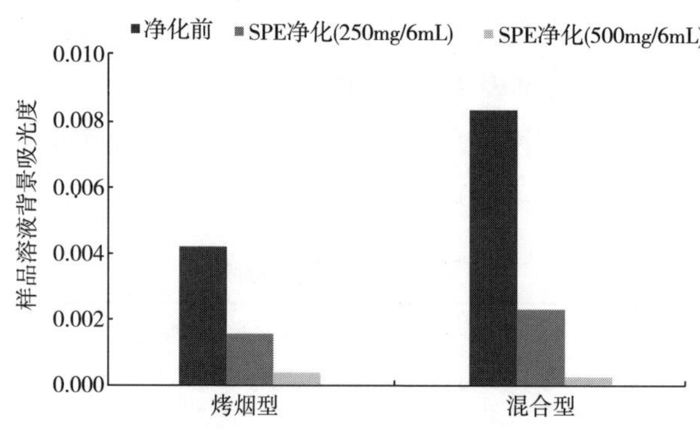

图 4 - 29　样品净化效果比较

从图 4 - 29 可以看出，样品溶液经活性炭 SPE 柱（500mg/6mL）净化后，在 660nm 下吸光度接近于 0，表明采用活性炭 SPE 净化（500mg/6mL）方法可以消除样品溶液中的干扰物质，从而提高样品检测准确性。

（3）石墨化炭黑 SPE 柱对 NH_4^+ 测定的影响

考察石墨化炭黑 SPE 柱（500mg/6mL）对 NH_4^+ 吸附性能的影响，结果见表 4 - 24。

表 4 - 24　　石墨化炭黑 SPE 柱对 NH_4^+ 吸附性能的影响

NH_4^+ 浓度/（mg/L）	过 SPE 柱后 NH_4^+ 浓度/(mg/L)	回收率/%
0.50	0.491	98.2
2.0	2.006	100.3
5.0	4.980	99.6
10.0	10.02	100.2

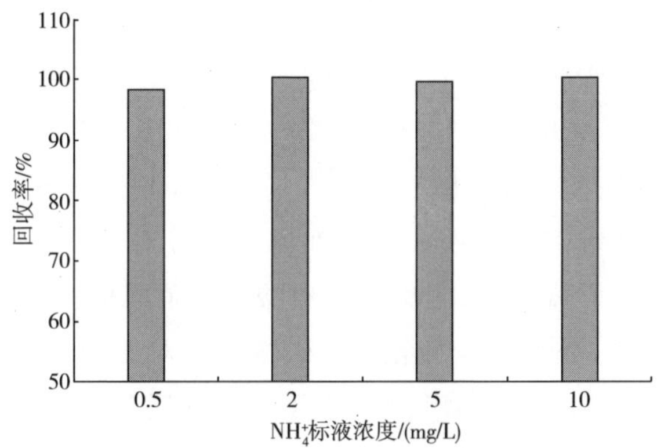

图 4－30　石墨化炭黑 SPE 柱对 NH_4^+ 吸附性能的影响

从图 4－30 可以看出，不同浓度的 NH_4^+ 标准溶液经石墨化炭黑 SPE 柱净化后，NH_4^+ 的回收率均超过 95%，表明石墨化炭黑 SPE 柱对 NH_4^+ 几乎无吸附作用，可以采用石墨化炭黑 SPE 柱净化样品溶液。

（4）石墨化炭黑 SPE 柱对氨测定的影响

考察石墨化炭黑 SPE 柱对烤烟型卷烟和混合型卷烟的净化效果，结果见表 4－25。

表 4－25　　两种处理方法回收率实验结果

卷烟类型	加标量/(mg/L)	直接检测/(mg/L)	回收率/%	炭黑柱净化/(mg/L)	回收率/%
烤烟型	0	3.26	/	2.86	/
	0.5	3.62	72.1	3.34	96.2
	2.0	4.95	84.5	4.85	99.3
	5.0	7.93	93.4	7.92	101.1
混合型	0	2.58	/	1.88	/
	0.5	2.92	68.5	2.35	94.4
	2.0	4.19	80.4	3.89	100.3
	5.0	7.26	93.5	6.97	101.8

从表 4－25 可以看出，采用石墨化炭黑 SPE 柱可以很好地净化侧流烟气氨的样品溶液，且不影响样品溶液中 NH_4^+ 的测定。

因此，方法选择石墨化炭黑 SPE 柱（500mg/6mL）能够显著降低侧流烟气样品溶液的背景吸光度，且不影响氨的测定结果。

4. 样品干扰

考察0.3mg/L脂肪族胺类（一甲胺、二甲胺、三甲胺、一乙胺、乙二胺等）、醇胺类（一乙醇胺、3－丙醇胺等）、酰胺类（甲酰胺、乙酰胺、丙烯酰胺等）、脂环胺类（环己胺、三亚乙基二胺等）及芳香胺类（苯胺等）等，以及阳离子（铜离子、铁离子、钡离子、镁离子、钙离子、铅离子、钠离子、钾离子、汞离子）、阴离子（硫酸根、硝酸根、氯离子、溴离子、亚硫酸根、醋酸根、铁氰根、硫氰根、碳酸根）对氨的测定干扰。研究结果表明上述物质对氨的测定无干扰。由于侧流烟气与主流烟气化学成分具有相似性，但化学物质含量差异较大，因此，本方法选择含量较高的脂肪族胺类和酰胺类（甲酰胺、乙酰胺、丙烯酰胺等）进行实验，将1.0mg/L的干扰物质加入到5.0mg/L标准溶液中，按照实验方法进行氨检测，结果见表4－26。

表4－26 干扰试验结果

胺类物质	标样浓度/(mg/L)	测定值/(mg/L)	回收率/%
甲胺	5.0	4.864	97.3
二甲胺	5.0	4.936	98.7
三甲胺	5.0	4.896	97.9
乙胺	5.0	4.965	99.3
乙二胺	5.0	5.053	101
甲酰胺	5.0	5.015	100
乙酰胺	5.0	4.909	98.2
丙烯酰胺	5.0	4.919	98.4

从表4－26可以看出，卷烟侧流烟气中的脂肪族胺类和酰胺类对实验方法测定侧流烟气中的氨几乎没有影响。

5. 样品制备液稳定性

连续流动法测定烟草中的氨和主流烟气中的氨均规定了样品制备液尽可能在6h内完成测定，表明存放时间影响样品制备液中氨浓度的测定。因此，实验也考察了室温下存放时间对样品制备液中氨浓度的测定影响，结果见表4－27。

表 4-27　　样品制备液稳定性

存放时间/h	NH_4^+ 浓度/(mg/L)	存放时间/h	NH_4^+ 浓度/(mg/L)
0	4.13	4	4.23
1	4.21	6	4.38
2	4.16	12	4.86
3	4.19	24	4.96

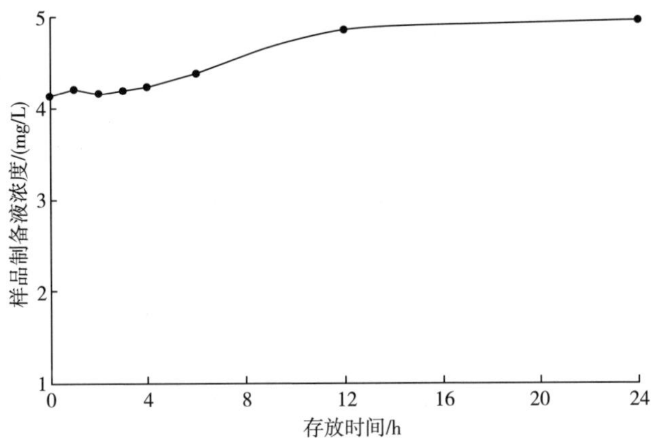

图 4-31　存放时间对 NH_4^+ 浓度测定的影响

从图 4-31 可以看出，随着样品制备液存放时间的增加，制备液中 NH_4^+ 浓度呈逐渐增加趋势，表明样品处理完成后应进行快速测定，但在 6h 内是基本稳定的（相对标准偏差小于 2%），表明样品制备液在室温下应可能在 6h 内完成测定。

六、代表性样品分析

选择国内代表性卷烟样品进行了主流烟气和侧流烟气氨释放量的测定，初步比较了主流烟气和侧流烟气氨释放量的关系，结果见表 4-28。

表 4-28　　代表性卷烟样品主流烟气和侧流烟气中氨释放量比较

样品编号	氨释放量		侧流/主流
	主流烟气/(μg/支)	侧流烟气/(mg/支)	
1	3.94	5.04	1279
2	6.99	3.56	509
3	7.80	3.28	420

续表

样品编号	氨释放量		侧流/主流
	主流烟气/(μg/支)	侧流烟气/(mg/支)	
4	6.02	3.35	556
5	6.16	4.48	728
6	9.26	6.78	732
7	10.03	5.89	587
8	6.90	5.40	782
9	4.83	2.97	615
10	6.50	4.21	648
11	5.37	3.64	679

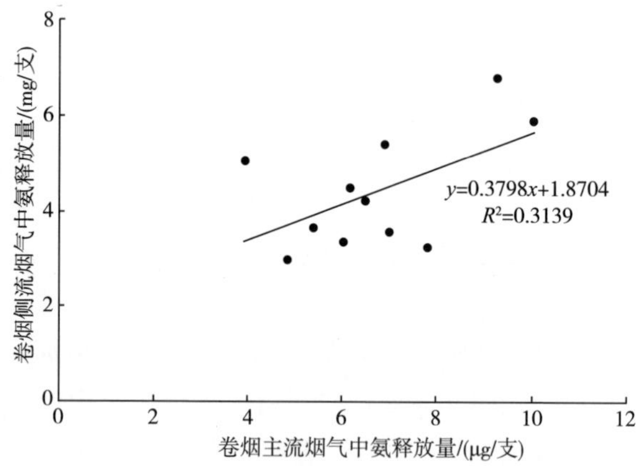

图4－32　主流烟气与侧流烟气中氨释放量关系

从表4－28可以看出，代表性卷烟样品侧流烟气中氨释放量是主流烟气中氨释放量的几百倍。从图4－32可以看出，卷烟侧流烟气中氨释放量与主流烟气中氨释放量无关，这主要是因为为降低主流烟气中有害成分释放量，普遍应用滤嘴通风技术稀释卷烟主流烟气，使得卷烟燃烧产物通过侧流烟气释放。

第五章 烟用材料成分的连续流动分析

烟用材料是卷烟产品的重要组成部分。按照烟用材料安全性影响的重要程度，《德国烟草法令》把烟用材料分为参与卷烟燃烧类和与口腔、烟支直接/间接接触类 3 种，参与燃烧的烟用材料较非燃烧材料控制严格。欧盟（EC）No 1935/2004 法规“关于拟与食品接触的材料和制品”对食品包装材料物质的许可，分为直接接触食品类和非直接接触食品类 2 种，直接接触食品的材料管控严于非直接接触食品的材料。我国烟草行业根据烟用材料安全性的风险类别，将烟用材料分为参与燃烧类、与口腔或烟支直接接触类及与烟支间接接触类三种。

基于烟用材料参与燃烧、直接/间接与口腔或烟支接触等特性，对相应材料（如卷烟纸、成型纸、接装纸、胶黏剂等）的产品质量安全提出了更高要求，对部分成分提出限量要求，从而确保消费者健康安全。本章重点介绍了连续流动法测定卷烟纸、纸制品和胶黏剂中有关成分研究进展内容。

第一节 卷烟纸中钾、钠和钙的测定

一、概述

卷烟纸是构成卷烟烟支的重要组成部分，参与卷烟的燃烧，对调节卷烟烟气具有重要作用。卷烟纸主要由木浆/麻浆、碳酸钙填料、助燃剂、助留剂等构成，其质量主要评价指标为定量和透气度，卷烟纸定量为 24 ~ 36g/cm^2，透气度为 0 ~ 70CU。由于卷烟纸直接参与卷烟燃烧，其内在特性影响烟气释放。所以，卷烟纸的内在特性指标如助燃剂含量、碳酸钙结晶体、木浆构成比例等成为行业的热点。

碳酸钙作为卷烟纸填料，可影响卷烟纸的透气度；而柠檬酸钾和柠檬酸钠是卷烟纸的主要添加剂，钾（K）和钠（Na）是评定卷烟纸燃烧性能的主要品质指标。因此，快速测定卷烟纸中 K，Na 和钙（Ca）含量，对控制卷烟纸品质具有重要意义。目前，K、Na 和 Ca 含量的测定方法主要包括火焰光度法、离子色谱法、原子吸收法和电感耦合等离子体质谱（ICP－MS）法等，但是这些方法往往需要消化样品，样品前处理操作繁琐，检测速度慢、效率低。而连续流动分析仪具有测定快速准确、自动化程度高等优势，王洪波等借助火焰原子吸收分光光度计检测的快速性、干扰少等优点，研究开发了采用硝酸溶液超声提取卷烟纸中的 K、Na 和 Ca，然后连续流动法进行快速测定的简便方法。本节重点介绍该连续流动分析法。

二、方法原理

采用硝酸溶液超声提取卷烟纸中的 K、Na 和 Ca，用带有火焰原子吸收分光光度计的连续流动仪进行测定。

三、材料与方法

（一）试剂

（1）HNO_3（65%，优质纯）。

（2）H_2O_2（35%，优质纯）。

（3）K，Na 和 Ca 标准溶液 1000mg/L。

（二）仪器

（1）AA3 自动分析仪（配有 Flame Photometer 410 火焰光度计，德国 Seal 公司）。

（2）ICP－MS（7500a 型，美国 Agilent 公司）。

（3）分析天平，感量 0.0001g。

（4）KQ－700DB 超声波发生器（昆山超声仪器公司）。

（三）实验方法

称取 0.4g 卷烟纸样品于 G3 烧结玻璃漏斗中，加入 20mL 10% HNO_3溶液，放入超声波振荡器（超声功率 400W）中提取 30min，用 G3 烧结玻璃漏斗过滤，滤液用连续流动分析仪进行 K 和 Na 的测定；取滤液 1mL，用 10% HNO_3 溶液定容至 10mL，用连续流动分析仪测定 Ca。

四、结果的计算与表达

卷烟纸中 K，Na 和 Ca 的含量按式（5－1）计算得出。

$$y = \frac{(C_1 - C_0) \times V \times 100}{m} \quad (5-1)$$

式中　y——卷烟纸中 K 或 Na 或 Ca 的含量，%；

C_1——测定得到样品溶液中 K 或 Na 或 Ca 的浓度，mg/L；

C_0——测定得到样品空白溶液中 K 或 Na 或 Ca 的浓度，mg/L；

V——萃取溶液体积，L；

m——称取卷烟纸的质量，mg。

以两次测定的平均值作为测定结果，精确至 0.01%，两次平行测定结果之间的相对偏差应不大于 5.0%。

五、影响卷烟纸中 K、Na 和 Ca 测定的因素

1. 样品萃取方式

测定卷烟纸中元素的样品前处理方法主要有干法和湿法两种，干法就是将样品先灰化后酸溶解灰分，而湿法包括湿法消解和浸取法两种，浸取法简单、快捷。由于卷烟纸中 K、Na 和 Ca（以 $CaCO_3$形式存在）是可酸溶解的，因此，选择浸取法处理样品。分别选择振荡提取 30min、超声提取 30min 和微波消解法处理卷烟纸样品，然后测定 K、Na 和 Ca 含量。以微波消解的测定结果为 1，进行归一化处理，结果如图 5－1 所示。图中表明：超声提取和微波消解都可以用于提取卷烟纸中 K、Na 和 Ca，但超声浸取法简单、快速，实验选择超声浸取法处理样品。振荡浸提法不能够完全萃取卷烟纸样品中的 K、Na 和 Ca。

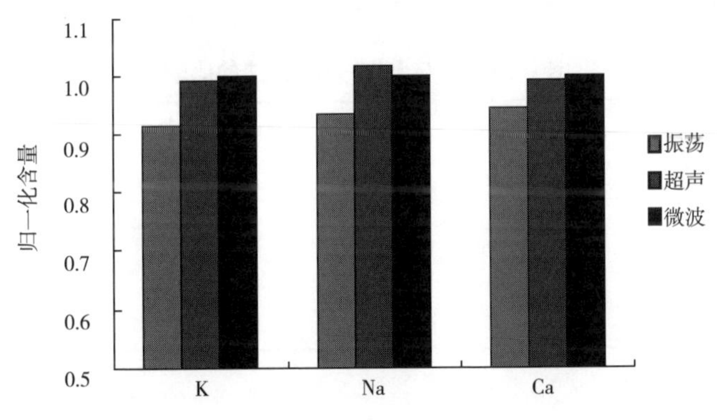

图 5－1　卷烟纸样品前处理方法选择

2. 硝酸提取液浓度

提取液酸度影响火焰光度法测定 K、Na 和 Ca 的准确度。实验比较了不同浓度硝酸溶液的超声提取效果。以 20%（体积分数）硝酸溶液萃取的测定结果为 1，进行归一化处理，结果如图 5－2 所示。由图可知，当硝酸液浓度达 10% 后，再增加提取溶液浓度，卷烟纸中的 K、Na 和 Ca 测定结果没有明显变

化，硝酸溶液酸度影响卷烟纸中 K、Na 和 Ca 的测定。

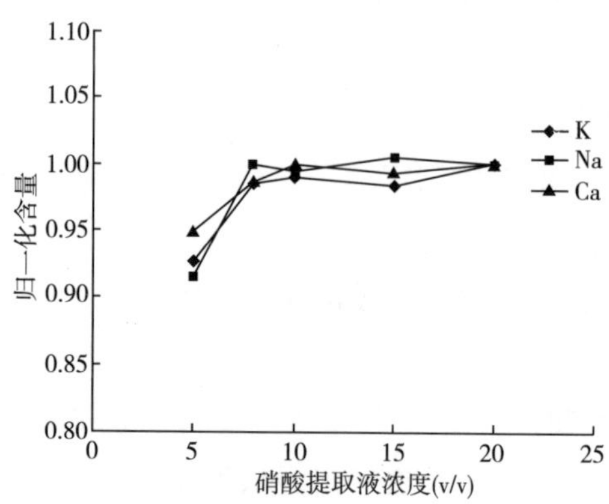

图 5－2　硝酸提取液浓度的选择

六、方法比较

连续流动法与 ICP－MS 方法比较，ICP－MS 法采用（5mL 浓 HNO_3 + 2mL H_2O_2）微波消解后定容，然后进行 ICP－MS 测定，结果如表 5－1 所示。表中数据表明两种方法没有差异，连续流动法与 ICP－MS 方法相比具有样品前处理操作简便快速、检测成本低等优点。

表 5－1　　连续流动法与 ICP－MS 方法的比较

组分含量/%	样品 1		样品 2	
	连续流动法	ICP－MS	连续流动法	ICP－MS
K	0.32	0.33	0.55	0.57
Na	0.20	0.21	0.36	0.35
Ca	13.1	13.3	13.5	13.6

第二节　纸质品中六价铬的测定

纸质品被广泛应用于烟草制品中，由于纸质包装材料中一些化学物质与卷烟接触会不同程度的迁移到卷烟中，因此控制烟草制品纸质包装材料中外源性污染物的引入非常重要。六价铬是纸质包装材料中重要的外源性重金属污染物，可致癌，对环境有持久危险性，其有两个主要来源，一是造纸用的

植物纤维在生长过程中从自然界吸收而来；二是再生纸、印刷油墨及碳酸钙填料等残留。这些重金属材料都会对人们的健康带来危害。因此，世界各国越来越密切关注六价铬的危害。欧盟包装和包装废物指令明确对六价铬进行限制，而美国国家环境保护局（EPA）将其确定为17种高度危险的毒性物质之一。各国都采取措施，更加严格控制水、电子电气、皮革制品、包装印刷品中六价铬的残留量。

一、方法概述

铬元素在自然界主要以三价铬Cr（Ⅲ）和六价铬Cr（Ⅵ）的形式存在。铬的毒性与其存在形态有关，Cr（Ⅲ）是人体代谢必需的微量元素，经口急性毒性 LD_{50} = 1870mg/kg；而Cr（Ⅵ）在人体中吸收率高、易穿透细胞膜，具有遗传毒性和致癌作用，经口急性毒性 LD_{50} = 190mg/kg，具有吸入致癌作用：IUR（吸入单位危险）=12mg/m^3。通常人们所说重金属铬的危害是指六价铬对人体的危害。

目前国内外有关Cr（Ⅵ）的分析方法主要有分光光度法（包括连续流动法和流动注射分析法），其他检测方法有：化学发光法、原子光谱法、原子吸收法、极谱法、中子活化法和同位素稀释质谱法、以及离子色谱法，高效液相（HPLC）与电感耦合等离子体原子发射光谱法（ICP－AES）或电感耦合等离子体质谱法（ICP－MS）联用同时分析样品中Cr（Ⅲ）和Cr（Ⅵ）。由于分光光度法具有选择性强、操作简便等优点，目前已成为国内外普遍采用的六价铬标准方法。分光光度法测定Cr（Ⅵ）的标准方法如下。

1. GB 7467—1987《水质六价铬的测定分光光度法》

2. GB/T 15555.4—1995《固体废物六价铬的测定分光光度法》

3. GB/T 19940—2005《粉状铬鞣剂六价铬离子的测定分光光度法》

4. GB 22807—2008《皮革和毛皮化学试验六价铬含量的测定》

5. QB 2930.2—2008《油墨中某些有害元素的限量及其测定方法第2部分：铅、汞、镉、六价铬》

6. SN 0704—1997《出口皮革手套中铬（Ⅵ）的检验方法分光光度法》

7. GB/T 17593.3—2006《纺织品重金属的测定第3部分六价铬分光光度法》

8. GB/T 26125—2011《电子电气产品六种限用物质（铅、汞、镉、六价铬、多溴联苯和多溴二苯醚）的测定》

9. QC/T 942—2013《汽车材料中六价铬的检测方法》

10. SN/T 2210—2008《保健食品中六价铬的测定离子色谱 - 电感耦合等离子体质谱法》

11. EPA 7196A—1992《Determination of Chromium（Ⅵ）in domestic and industry wastes》

12. ISO 11083—1994《Determination of Chromium（Ⅵ）in Water》

13. ISO 3613—1996《Metallic and other inorganic coatings - Chromate conversion coatings on zinc，cadmium，aluminium - zinc alloys and zincaluminium alloys》

14. EPA 3060A—1996《Determination of Chromium（Ⅵ）in soils，sludges，sediments，and similar waste materials》

15. ISO 17075—2007《Determination of Chromium（Ⅵ）in Leather》

16. IEC 62321—2008《Electrotechnical products - Determination of levels of six regulated substances（lead，mercury，cadmium，hexavalent chromium，polybrominated biphenyls，polybrominateddiphenyl ethers)》

17. ISO 23913—2006《Water quality - Determination of Chromium（Ⅵ）- Method using flow analysis（FIA and CFA）and spectrometric detection》

表5 - 2标准分析方法表明：六价铬样品前处理萃取溶液采用碱性溶液，但溶液pH差异较大，有弱碱性溶液，也有强碱性溶液，根据被检测样品的特性选择适宜的六价铬萃取溶液，检测方法为分光光度法、离子色谱法、流动注射法及离子色谱与ICP - MS联用法。其中分光光度法使用最为广泛，尤其是自动化程度较高的ISO 23913—2006《连续流动 - 分光光度法、流动注射法》，此外ISO 17075—2007测定皮革中六价铬时，采用反相SPE柱对样品进行净化。因此，应用流动注射法和流动分析法，常常需要进行样品净化处理，以消除样品基质中有色物质干扰，样品前处理方法的优化成为连续流动分析技术测定六价铬的关键。本节重点介绍用磷酸盐缓冲溶液萃取纸质品中的Cr（Ⅵ）后，用连续流动分析法分析的研究方法。

表5 - 2　标准方法适用范围及萃取溶液

标准方法	适用范围	萃取液或处理溶液	检测仪器	备注
GB 7467	地表水和工业废水	加入氢氧化钠，调节pH = 8	分光光度计	

续表

标准方法	适用范围	萃取液或处理溶液	检测仪器	备注
EPA 7199	地表水和工业污水	用缓冲液调节 pH 至 9～9.5	离子色谱仪	
EPA 7196A	EP/TCLP 的特征提取物和地下水，生活及工业废弃物	无规定	分光光度计	
GB 15555.4	固体废物浸出液	浸出液用氢氧化钠调节 pH = 8	分光光度计	
GB/T 19940	皮革鞣制剂	磷酸盐缓冲液 pH = 7.5～8.5	分光光度计	
GB 17593.3	纺织材料及其产品	模拟酸性汗液 pH = 5.5	分光光度计	
GB 22807	皮革和皮毛	磷酸盐缓冲液 pH = 8.0	分光光度计	反相 SPE 柱净化
SN 0704	出口皮革制品			
ISO 17075	皮革和皮毛			
QB 2930.2	油墨产品及油墨印刷制品		分光光度计	
SN 2210	降糖奶粉、营养冲剂、保健饮品	Na_2CO_3 和 NaOH 碱性浸提液	IC－ICP－MS	
征求意见稿	汽车材料		分光光度计	
GB/T 26125	电子电气产品		分光光度计	
ISO 23913	水质	加入氢氧化钠，调节 pH = 8	连续流动－分光光度法、流动注射法	

二、方法原理

用 pH ＝8.0 的磷酸盐缓冲溶液萃取样品中六价铬 Cr（Ⅵ），用固相萃取除去萃取溶液中影响检测的物质；在酸性条件下，Cr（Ⅵ）与 1，5－二苯基碳酰二肼反应生成一种紫红色的 1，5－二苯卡巴腙和 Cr（Ⅲ）络合物，用分光光度计在 540nm 处定量分析。

$$Cr^{6+} + O{=}C\begin{matrix} \diagup NH{-}NH{-}C_6H_5 \\ \diagdown NH{-}NH{-}C_6H_5 \end{matrix} \longrightarrow Cr^{3+} + O{=}C\begin{matrix} \diagup NH{-}NH{-}C_6H_5 \\ \diagdown N{=}N{-}C_6H_5 \end{matrix}$$

紫红色络合物

三、材料与方法

（一）试剂

所有试剂应为分析纯或同等纯度。水为去离子水（电阻率≥18.2MΩ·cm）。所用试剂见表5－3。

表5－3　　测定卷烟纸中钾、钠、钙所需试剂列表

序号	试剂名称	安全分类
1	硫酸，H_2SO_4	腐蚀性
2	磷酸，H_3PO_4	腐蚀性
3	磷酸二氢钾，KH_2PO_4	—
4	1，5－二苯碳酰二肼，$C_{13}H_{14}N_4O$	有毒
5	乙酸，$C_2H_4O_2$	刺激性
6	异丙醇，C_3H_8O	微毒

1. 试剂配制

（1）磷酸二氢钾溶液（pH＝8.0，0.1mol/L）　称取22.8g三水合磷酸氢二钾溶解于1000mL水中，用磷酸调节pH至8.0±0.1。再用氩气或氮气脱气。

（2）硫酸和磷酸混合液　分别移取60mL硫酸和20mL磷酸慢慢倾倒于700mL水中，同时要不断地搅拌，冷却后转移至1000mL容量瓶中，用水定容至刻度。

（3）1，5－二苯碳酰二肼显色剂溶液　称取0.4g 1，5－二苯碳酰二肼溶解于200mL异丙醇中，加入1滴乙酸，然后用水转移至1000mL容量瓶中，用水定容。

2. 标准溶液配制

（1）Cr（Ⅵ）标准储备液（100mg/L，中国计量科学研究院）。

（2）系列标准工作溶液。

由上述标准储备液制备至少5个工作标准液，其浓度范围应覆盖预计检测到的样品含量。

（二）仪器

（1）连续流动分析仪，由进样器、比例泵、混合圈、比色计（配540nm

滤光片）和记录仪组成。

（2）分析天平，感量0.0001g。

（3）分光光度计。

（4）活性炭固相萃取柱（规格：500mg/6mL）。

（三）实验方法

准确称取1.0g试样（精确至0.001g），置于100mL具塞三角瓶中，准确加入50mL磷酸氢二钾溶液（pH=8.0），振荡萃取30min，定性滤纸过滤；滤液经微膜过滤或固相SPE柱净化处理后，以水为参比溶液，用分光光度计测定样品萃取溶液背景吸光度；移取6mL样品萃取溶液于预处理的SPE小柱上，待样品完全流出后，再加入3mL磷酸氢二钾溶液淋洗一次，流出液和淋洗液收集于10mL容量瓶中，用磷酸氢二钾溶液定容至刻度，摇匀，得到样品制备溶液，然后用图5-3所示连续流动分析仪管路进行六价铬的测定。

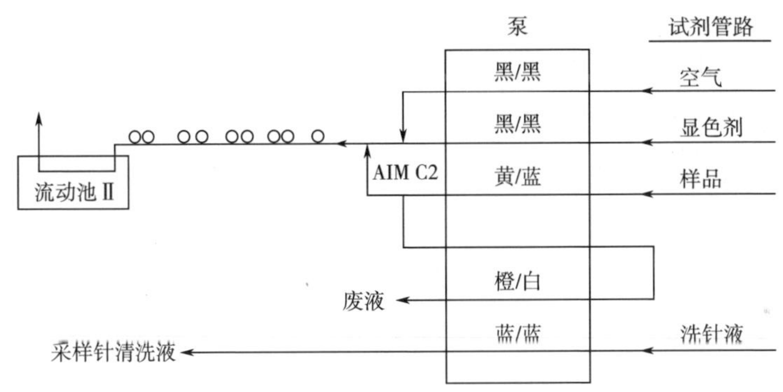

图5-3　六价铬检测的连续流动分析仪管路系统

注：管路系统中设计C2型三通，目的是排除样品进样管路进样时带进的小气泡，给样品分析带来不稳定。

依据连续流动分析仪测定待测溶液中六价铬浓度，进行计算得到纸张样品中六价铬的残留量。

四、影响六价铬测定的因素

1. 萃取溶剂pH影响背景吸收

通常情况下，六价铬在pH大于7.0时以铬酸根形式稳定存在。考察不同pH萃取溶液对样品背景吸光度的影响，如图5-4所示。从图5-4可以看出，随着萃取溶液pH的增加，样品溶液的背景吸光度不断增加。由于连续流

动法不能扣除样品的背景吸收，所以萃取溶液的 pH 影响六价铬的连续流动法测定。方法选择 pH =8.0 的磷酸氢二钾溶液作为萃取溶剂。

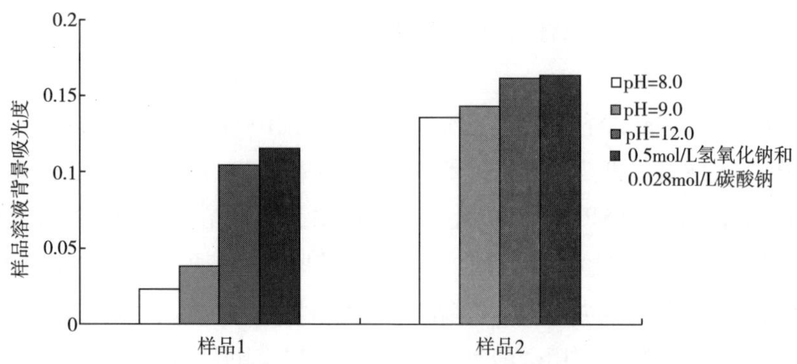

图 5 -4　萃取溶液对样品背景吸收的影响

注：样品 1 的背景吸光度放大 100 倍。

2. 样品净化方式

由于连续流动法不能扣除样品背景，样品溶液的背景吸光度影响测定结果。因此需对样品进行净化。研究发现 0. 45m 水相微膜、0. 22μm 水相微膜、活性炭 SPE 柱和聚酰胺 SPE 柱等 4 种样品净化方法均能降低样品背景吸光度，如图 5 -5 所示。由图中可知，聚酰胺 SPE 柱对样品溶液净化效果最佳。

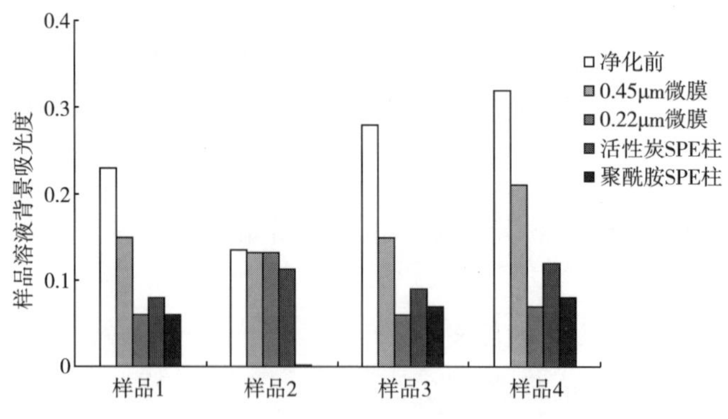

图 5 -5　样品净化方式选择

注：样品 1、3 和 4 的背景吸光度放大 100 倍。

3. 萃取时间

随着萃取时间的增加，样品溶液的背景吸光度（如图5－6所示）呈逐渐增加趋势，而六价铬检测结果在萃取30min后不再发生变化，因此方法选择30min作为最佳样品萃取时间。

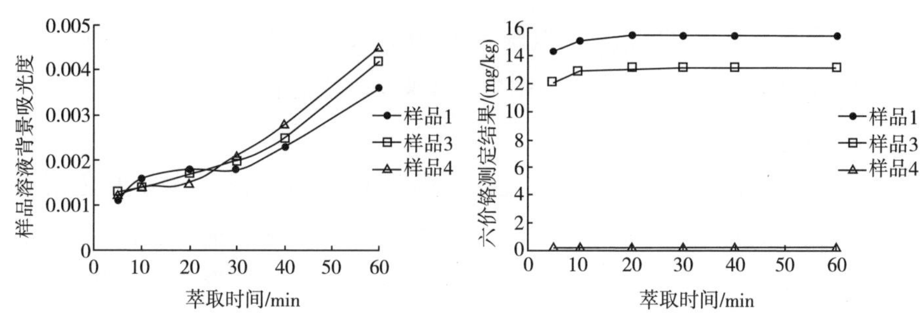

图5－6　萃取时间选择

五、六价铬与总铬残留量关系

采用连续流动法测定了部分样品中六价铬的残留量，同时采用微波消解—ICP－MS法测定了样品中的总铬，分析了六价铬与总铬残留量的线性关系（图5－7）。由图5－7可知，六价铬与总铬残量线性相关系数 $R^2=0.0389$，表明六价铬与总铬残留量无线性相关关系。

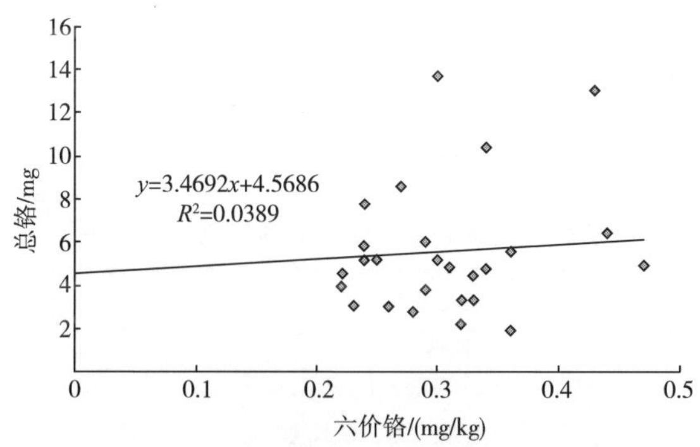

图5－7　部分样品中六价铬与总铬残留量关系

第三节　烟用水基胶中甲醛残留量的分析

烟用水基胶是卷烟产品生产不可缺少的重要组成部分，主要用于卷烟烟支的搭口处、卷烟接嘴处、滤棒中线处、条盒和小盒包装处的黏合。甲醛是烟用水基胶中重要的安全卫生指标，其限量为20mg/kg。因此，研究和检测烟用水基胶中甲醛的残留量，对于有效控制烟用水基胶产品质量安全具有重要意义。

一、方法概述

甲醛的分析方法主要有分光光度法、流动注射分析法和高效液相色谱法。高效液相色谱法测定甲醛，不仅需要衍生化，还需耗用大量的有机试剂。分光光度法利用甲醛在碱性溶液中与间苯三酚反应生成一种橙色化合物，其吸收峰位于474nm 波长处。不过由于间苯三酚与甲醛反应生成的有色物质褪色很快，用普通分光光度法测定的准确性不可靠，而连续流动化学分析仪可测定在线反应产物的浓度，有效地解决了此问题。为此，殷延齐等建立了一种连续流动分析法测定烟用水基胶中甲醛含量的方法。本节主要介绍该方法。

二、方法原理

烟用水基胶试样经水稀释混匀，经高速离心后，样品溶液中的甲醛与间苯三酚与甲醛反应生成一种橙色化合物，最大吸收波长为474nm，然后进行连续流动法测定样品溶液中的甲醛。

三、材料与方法

（一）试剂

所有试剂应为分析纯或同等纯度。水为超纯水（电阻率≥18.2MΩ·cm）。分析烟用水基胶中甲醛残留量所需试剂见表5-4。

表5-4　　分析烟用水基胶中甲醛残留量所需试剂列表

序号	试剂名称	安全分类
1	氢氧化钠，NaOH	腐蚀性
2	硫酸，H_2SO_4	腐蚀性
3	间苯三酚，$C_6H_6O_3$	有毒
4	甲醛，HCHO	有毒

1. 试剂配制

（1）0.4mol/L 氢氧化钠溶液　将16g 氢氧化钠加入到约600mL 水中，搅

拌溶解，放置冷却后转移至 1000mL 容量瓶中用超纯水定容。加入 0.5mL Brij－35，混合均匀。

（2）1mol/L 硫酸溶液　移取 54.3mL 浓硫酸，缓慢加入约 800mL 水中，同时不断搅拌，均匀冷却后转移至 1000mL 容量瓶中，用超纯水定容。

（3）2g/L 间苯三酚溶液　将 2g 间苯三酚加入到约 500mL 水中，搅拌溶解后转移至 1000mL 容量瓶中用超纯水定容。

2. 标准溶液配制

（1）储备液　移取 2.8mL 甲醛溶液至 1000mL 容量瓶中，加入 0.5mL 1mol/L 硫酸溶液，用水稀释至刻度，用碘量法标定。将该标准溶液稀释 10 倍作为储备液。

（2）工作标准液　由储备液用超纯水制备至少 5 个工作标准液，其浓度范围应覆盖预计检测到的样品含量。工作标准液应储存于冰箱中。每两周配制一次。

（二）仪器

（1）连续流动分析仪，由取样器、比例泵、渗析器、加热槽、混合圈、比色计（配 474nm 滤光片）和记录仪组成。

（2）分析天平，感量 0.0001g。

（3）振荡器。

（4）高速离心机。

（三）实验方法

称取 0.5g 烟用水基胶试样（精确至 0.1mg）于 50mL 具塞三角瓶中，加入 25mL 水，置于振荡器上振荡萃取 15min。准确移取 5mL 萃取液于离心管中，于 20℃下离心 20min，转速为 12000r/min。静置 10min，取上层清液用连续流动分析仪进行测定，检测波长为 474nm，进样时间为 30s。甲醛测定的流程图见图 5－8。检测在室温下进行，不需加热。

四、结果的计算与表述

1. 烟用水基胶中甲醛残留量的计算

卷烟用水基胶中甲醛残留量按式（5－2）计算：

$$a = \frac{C \times V}{m} \tag{5-2}$$

式中　a——待测样品甲醛残留量，mg/g。

C——待测样品溶液测定浓度，mg/mL；

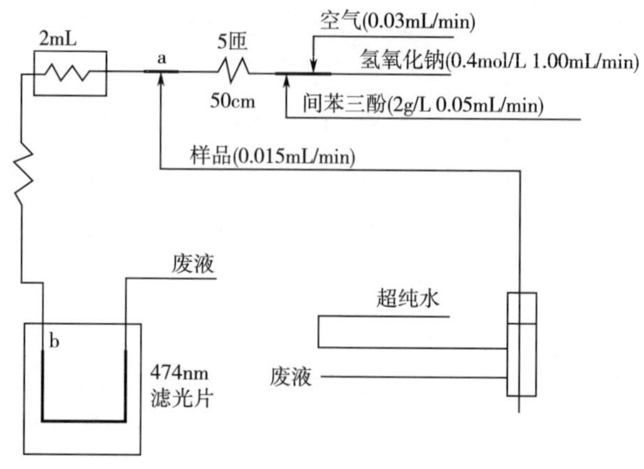

图 5-8　甲醛测定的流程图

V——待测样品溶液定容体积，mL；

m——样品称样量，g。

2. 结果的表述

以两次平行测定结果的平均值作为测定结果，结果精确至 0.01mg/g。

五、连续流动法测定甲醛的影响因素

（一）最佳检测波长

最佳检测波长是指以试剂空白为参比，采用经典方法将甲醛储备溶液、氢氧化钠溶液和间苯三酚溶液依次加入比色管中（体积比为 1:10:10），对生成物进行波长扫描。结果见图 5-9。由图表明，有色物质在 474nm 波长处有最大吸收。

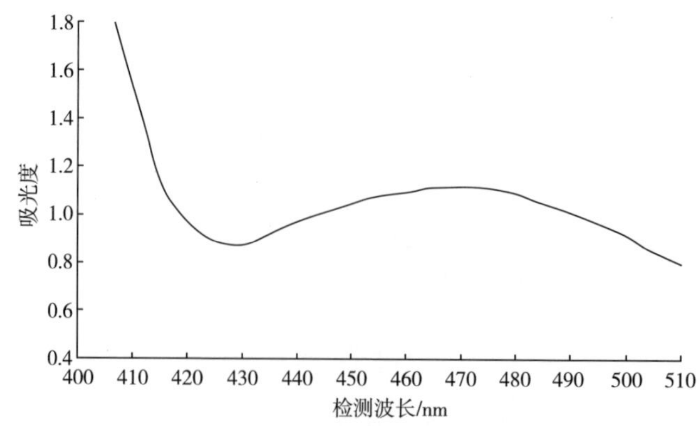

图 5-9　反应产物的全扫描图

（二）反应时间

对反应时间扫描结果显示，反应约 35s 时，反应生成的有色物浓度最大，稳定时间约为 15s，然后开始衰退，如图 5－10 所示。由此可知，反应最佳检测时间 35s 到 50s 之间。因此，设计反应管路时，从进样到检测器样品的流动时间也应在 35s 到 50s 之间，设计一个 10 匝混合圈即可实现最佳显色反应。

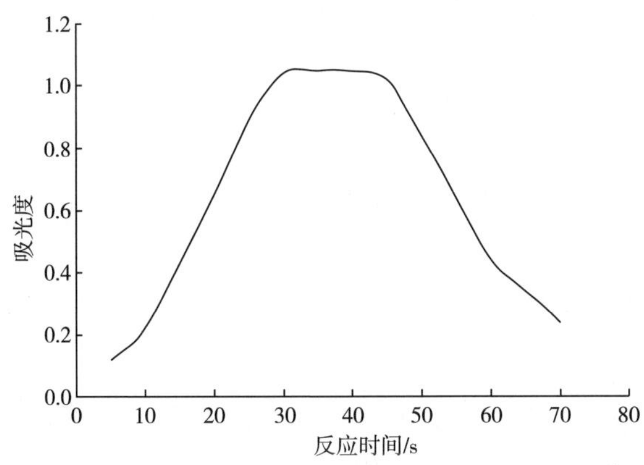

图 5－10　反应时间的影响

（三）反应模块

为得到载流流速、显色剂流速及反应管管长的最佳数据，采用单因素法进行优化，实验结果如表 5－5 所示，表明载流与显色剂的流速分别为 1.20mL/min 和 1.00mL/min，反应管长（ab 间的距离）为 130cm 时吸光度最大。

表 5－5　　流速与反应管长的单因素优化实验结果

载流流速/（mL/min）	吸光度	显色剂流速/（mL/min）	吸光度	反应管长/cm	吸光度
0.8	0.74	0.6	0.78	100	0.81
1.0	0.85	0.8	0.90	120	0.92
1.2	1.00	1.0	1.05	130	1.04
1.4	1.04	1.2	1.00	140	1.02

（四）检测条件

1. 氢氧化钠溶液和显色剂溶液浓度

氢氧化钠溶液和显色剂浓度的影响见表 5－6。由表可知，随着氢氧化钠浓度的增大，吸光度先迅速增加后缓慢降低。当氢氧化钠浓度为 0.4mol/L 时达到极大值；且氢氧化钠浓度过高，甲醛和显色剂不稳定，显色反应和褪色反应过快，不易控制。测定甲醛选择适宜的氢氧化钠浓度为0.4mol/L。

当显色剂间苯三酚溶液的浓度在0.25～2g/L之间，吸光度随间苯三酚浓度的增大先增大，后保持不变；当浓度大于2g/L时，吸光度开始变小。故选择中间苯三酚浓度为2g/L。

表5-6　　不同浓度氢氧化钠和显色剂的吸光度

NaOH浓度/(mol/L)	吸光度	显色剂浓度/(g/L)	吸光度
0.2	0.76	0.25	0.70
0.3	0.84	0.75	0.82
0.4	0.98	1.5	0.91
0.5	0.96	2.0	1.05
0.6	0.92	2.5	1.04

2. 进样时间和反应温度

进样时间为15s，17s，20s，25s，30s，35s对测定吸光度的影响结果表明，吸光度随进样时间的延长迅速增大；当进样时间大于30s时，吸光度增加幅度较小，因此最佳进样时间为30s。

反应温度分别为15℃、20℃、25℃、30℃和35℃对测定的影响结果表明，反应温度高于17℃时吸光度无明显变化，因此该连续流动法在室温下即可进行测定。

六、不同检测方法比较

采用连续流动法与高效液相色谱法YC/T 332—2010《烟用水基胶 甲醛的测定 高效液相色谱法》对烟用水基胶样品甲醛进行测定，结果见表5-7。两种方法经过t检验得$P=0.997$（>0.05），说明两种方法的测定结果有较好的一致性，无显著性差异。

表5-7　　水基胶样品中甲醛含量测定结果比较

序号	测定值/(mg/kg)	
	连续流动法	高效液相色谱法
1	25.4	26.1
2	19.8	19.1
3	6.82	6.90
4	14.5	13.9
5	9.20	8.50
6	5.40	5.90

第四节　卷烟纸灰分的连续流动分析

卷烟纸是卷烟不可缺少的重要组成部分，由于卷烟纸参与卷烟燃烧过程，因此卷烟纸灰分是卷烟纸质量控制的一项重要指标。卷烟纸灰分主要由卷烟纸生产过程中添加的碳酸钙等无机填料组成，这些填料可起到改善卷烟纸透气度、调节卷烟纸燃烧速率、提高卷烟纸白度和不透明度、改善卷烟纸手感和外观质量以及节约纤维用量等作用。

一、方法概述

目前卷烟纸灰分的测定常用酸碱滴定法、电势滴定法及连续流动法。彭丽娟等利用连续流动分析仪测定总挥发碱的二次进样通道检测卷烟纸灰分，建立了一种用连续流动分析法快速检测卷烟纸灰分的方法，该方法简便快速、适合卷烟纸批量检测需要，且检测结果与国标方法一致。该方法既扩大了连续流动分析仪的应用范围，又是开发的一种新的、适合卷烟纸生产质量快速监控的方法。

二、方法原理

卷烟纸样品和已知准确量的过量盐酸溶液反应，采用连续流动法通过碘酸钾、碘化钾与样品溶液中剩余 H^+ 的显色反应来计算剩余的 H^+，从而推算卷烟纸灰分（以 CaO 计）。

三、材料与方法

（一）试剂

所有试剂应为分析纯或同等纯度。水为去离子水（电阻率≥18.2MΩ · cm）。采用连续流动法分析卷烟纸灰分含量所需试剂见表 5 - 8。

表 5 - 8　　分析卷烟纸灰分所需试剂列表

序号	试剂名称	安全分类
1	浓盐酸，37% HCl	腐蚀性
2	碳酸钙，$CaCO_3$	—
3	碘化钾，KI	—
4	碘酸钾，KIO_3	有毒

1. 试剂配制

（1）5g/L 的碘酸钾溶液　称取 5.0g 碘酸钾于 400mL 烧杯中，加入

200mL 水溶解，待完全溶解后，转入 1000mL 容量瓶中，用水定容至刻度。

（2）50g/L 的碘化钾溶液　称取 50g 碘化钾于 400mL 烧杯中，加入 200mL 水溶解，待完全溶解后，转入 1000mL 容量瓶中，用水定容至刻度。

2. 标准溶液配制

（1）标定的 0.1mol/L 盐酸溶液　在通风橱中，将 8.4mL 盐酸（37%）缓慢加入到约 500mL 去离子水中，转移至 1000mL 容量瓶中用水定容。用基准无水碳酸钠标定浓度。

（2）系列标准工作溶液　用移液管分别移取经标定的 0.1mol/L 浓度的盐酸 1.0mL、2.0mL、3.0mL、4.0mL、5.0mL，分别定容至 100mL。

（二）仪器

（1）连续流动分析仪（带有挥发碱检测模块）。

（2）分析天平，感量 0.0001g。

（3）烘箱。

（三）实验方法

称取 0.5g 恒重的卷烟纸样品（预先裁成 0.5cm×0.5cm），放入 150mL 烧杯中，准确加入 35mL 0.1mol/L 盐酸溶液（预先标定浓度），用玻璃棒充分搅拌至纤维分散、且无气泡溢出后，加入 65mL 去离子水，充分摇匀后用定性滤纸过滤，收集滤液。滤液采用连续流动分析仪进行测定（管路设计图见图 5-11）。

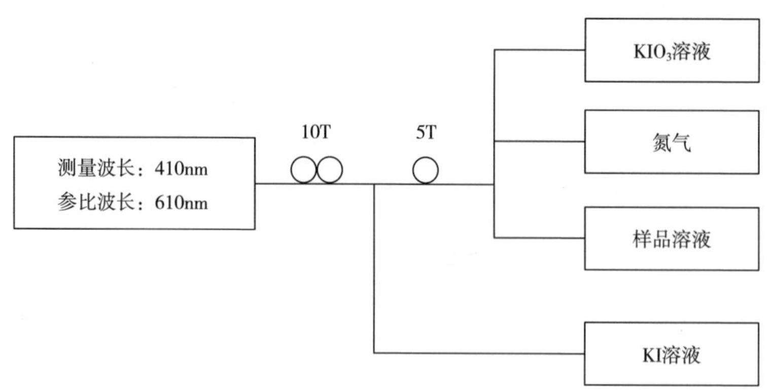

图 5-11　卷烟纸灰分的连续流动分析仪管路设计图

四、结果的计算与表述

1. 卷烟纸中碳酸钙含量的计算

卷烟纸中碳酸钙含量按式（5－3）计算：

$$CaO(\%) = \frac{50\,c_1\,V_1 - c_2}{m} \times 100 \tag{5-3}$$

式中　50——每摩尔盐酸消耗的碳酸钙的质量，g/mol；

c_1——0.1mol/L 盐酸溶液的标定浓度，mol/L；

V_1——加入 0.1mol/L 盐酸溶液的体积，mL；

c_2——样品溶液对应的碳酸钙的仪器观测值，mg；

m——样品的质量，mg。

2. 结果的表述

以两次平行测定结果的平均值作为测定结果，结果精确至 0.1%。两次平行测定结果绝对值之差不应超过 0.4%。

五、影响卷烟纸中碳酸钙测定的因素

（一）标准曲线制作

标准曲线是该方法关键。制备 0.1004mol/L 的标准盐酸溶液（用基准无水碳酸钠预先标定），然后移取该盐酸溶液 1.0mL、2.0mL、3.0mL、4.0mL 和 5.0mL，分别定容至 100mL，得到溶液所对应的 CaO 含量分别为 2.8112mg、5.6224mg、8.4336mg、11.2448mg 和 14.056mg 的标准工作溶液，然后进行连续流动法测定，得到相关方程和相关系数，相关系数应大于 0.999。

（二）与国家标准方法比较

用连续流动分析法和 GB/T 12655—2017《卷烟纸基本性能要求》卷烟纸对 5 个实验样品进行对比分析，结果见表 5－9。由表中可知连续流动分析法与国家标准方法检测结果一致。

表 5－9　连续流动法和国家标准方法对比　　单位：%

样品	连续流动法			国家标准方法			绝对差
	1	2	平均值	1	2	平均值	
A	18.0	18.0	18.0	18.2	18.1	18.2	－0.15
B	17.3	17.3	17.3	17.4	17.5	17.5	－0.15
C	19.0	19.0	19.0	19.0	19.0	19.0	0.0
D	17.0	16.9	17.0	16.9	16.9	16.9	－0.05
E	19.0	19.1	19.1	18.9	18.9	18.9	0.05

第六章
连续流动法的测量不确定度评定

测量的目的是确定被测量值或获取测量结果，而有测量必然存在测量误差。在经典的误差理论中，由于被测量自身定义和测量手段的不完善，使得真值不可知，造成严格意义上的测量误差不可求。因此，有必要评价测量结果的质量。

测量不确定度是与测量结果关联的一个参数，用于表征合理赋予被测量的值的分散性，其大小反映着测量水平的高低，评定测量不确定度就是评价测量结果的质量。测量不确定度如同国际单位制（SI）计量单位一样，已经渗透到科学技术的各个领域在全世界普遍被广泛采用，无论哪个领域进行测量，再给出完整的测量结果时也普遍采用了测量不确定度；它从根本上改变了将测量误差分为随机误差和系统误差的传统分类方法，其应用具有广泛性和实用性。

连续流动法作为烟草化学成分的一种重要分析技术，为评定其分析结果的准确性和可靠性或其评定检测结果的质量，十分有必要对其测量不确定度进行表述，明确分析过程中误差的来源，从而提高测量结果的质量。

第一节　测量不确定度的几个定义

一、测量误差

测量误差示意图见图 6 - 1。

1. 测量误差

测量误差简称系统误差，是指在重复测量中保持恒定不变或按可预见的方式变化的测量误差的分量。

2. 系统测量误差

系统测量误差的参考虑值是真值，或是测量不确定度可忽略不计的测量

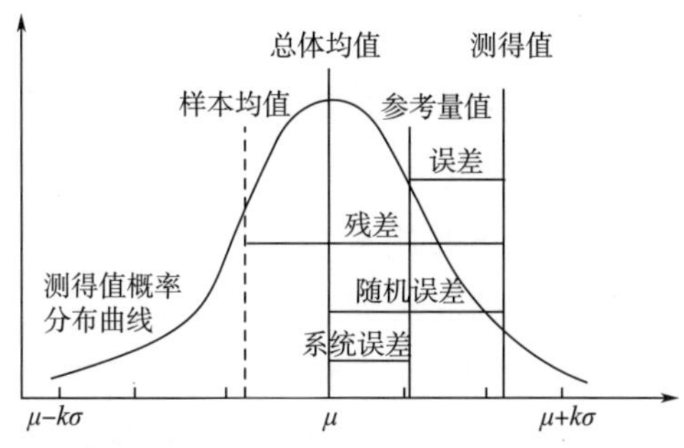

图 6－1　测量误差示意图

标准的测量值，或是约定量值。系统测量误差及其来源可以是已知的或未知的。对于已知的系统测量误差可以采用修正来补偿。系统测量误差等于测量误差减随机测量误差。

3. 随机测量误差

随机测量误差，简称随机误差，是指在重复测量中按不可预见的方式变化的测量误差的分量。随机测量误差的参考虑值是对同一个被测量由无穷多次重复测量得到的平均值。随机测量误差等于测量误差减系统测量误差。

二、不确定度

不确定度是与测量结果相关联的，用于合理表征被测量值分散性大小的参数，其常用的名称及符号见表 6－1。

表 6－1　　不确定度常用的名称及符号

名称	符号	说明
标准不确定度	u 或 $u(x_i)$	
相对标准不确定度	u_{rel}	rel——表示“相对”的英文字母的缩写
测量不确定度的 A 类评定	u_{A} 或 $u_{\mathrm{A}}(x_i)$	
测量不确定度的 B 类评定	u_{B} 或 $u_{\mathrm{B}}(x_i)$	
合成标准不确定度	u_{c} 或 $u_{\mathrm{c}}(y)$	
相对合成标准不确定度	u_{crel} 或 $u_{\mathrm{crel}}(y)$	
扩展不确定度	U 或 U_p	U_p——包含概率为 p 的扩展不确定度
相对扩展不确定度	U_{rel} 或 $U_{p\,\mathrm{rel}}$	
包含因子	k 或 k_p	k_p——包含概率为 p 的包含因子
包含概率	p	如，$p=95\%$，$p=99\%$。
有效自由度	v_{eff}	eff——表示“有效”的英文字母的缩写

注：表中大写 U 表示扩展不确定度；小写 u 表示标准不确定度。

1. 测量不确定度

测量不确定度，简称不确定度，是指根据用到的信息，表征赋予被测量值分散性的非负参数。

测量不确定度一般由若干分量组成。其中一些分量可根据一系列测量值的统计分布，按测量不确定度的A类评定（随机效应引起的）进行评定，是指对在规定测量条件下测得的量值用统计分析的方法进行的测量不确定度分量的评定，并用标准偏差表征；而另一些分量则可根据基于经验或其他信息所获得的概率密度函数，按测量不确定度的B类评定（系统效应引起的）进行评定，是指用不同于测量不确定度A类评定的方法进行的测量不确定度分量的评定，也用标准偏差表征。

2. 标准不确定度

标准不确定度，全称为标准测量不确定度，是以标准偏差表示的测量不确定度。

标准不确定度可采用A类标准不确定度、B类标准不确定度及合成标准不确定度、相对合成标准不确定度等表示。

合成标准不确定度，全称合成标准测量不确定度，是指由在一个测量模型中各输入量的标准测量不确定度获得的输出量的标准测量不确定度。

相对标准不确定度，全称相对标准测量不确定度，是指标准不确定度除以测得值的绝对值。

3. 自由度

自由度是指在方差的计算中，和的项数减去对和的限制数，是方差的不确定度的度量，由于测量不确定度用标准偏差表示，自由度也就是“测量不确定度的不确定度”。自由度大表示测量不确定度的不确定度小，即测量结果的不确定度的可信度高，反之亦然。

4. 扩展不确定度

扩展不确定度，全称扩展测量不确定度，是指合成标准不确定度与一个大于1的数字因子的乘积。

5. 包含区间、包含概率和包含因子

包含区间，是指基于可获信息确定的包含被测量一组值的区间，被测量值以一定概率落在该区间内。

包含概率是指在规定的包含区间内包含被测量的一组值的概率。

包含因子是指为获得扩展不确定度，对合成标准不确定度所乘的大于 1 的数。包含因子有时也称扩展因子，用符号 k 表示。

第二节　测量模型

测量模型，简称模型，是指测量中涉及的所有已知量间的数学关系。测量模型的通用形式是方程：$f(Y, X_1, \cdots, X_n)=0$，其中测量模型中的输出量 Y 是被测量，其量值由测量模型中输入量 X_1，…，X_n 的有关信息推导得到。在测量模型中，输入量与输出量间的函数关系又称测量函数。

建立测量模型，即被测量与各输入量之间的函数关系。若 Y 的测量结果为 y，输入量 X_i 的估计值为 x_i，则 $y=f(x_1, x_2, \cdots, x_n)$。在建立模型时要注意有一些潜在的不确定度来源不能明显地呈现在上述函数关系中，它们对测量结果本身有影响，但由于缺乏必要的信息无法写出它们与被测量的函数关系，因此在具体测量时无法定量地计算出它们对测量结果影响的大小，在计算公式中只能将其忽略而作为不确定度处理。测量不确定度的模型如图 6－2 所示。

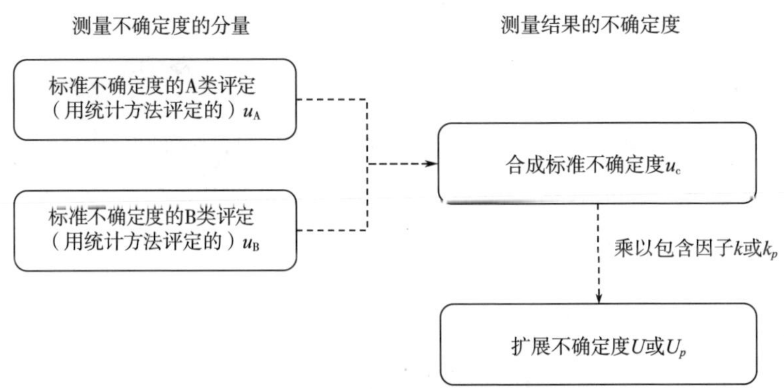

图 6－2　测量不确定度的模型

一、测量不确定度的来源

测量不确定度来源的识别应从分析测量过程入手，即对测量方法、测量系统和测量程序作详细研究，为此必要时应尽可能画出测量系统原理或测量方法的方框图和测量流程图。

检测和校准结果不确定度可能来自以下 10 个方面。

（1）对被测量的定义不完整或不完善；

（2）实现被测量的定义的方法不理想；

（3）取样的代表性不够，即被测量的样本不能代表所定义的被测量；

（4）对测量过程受环境影响的认识不周全，或对环境条件的测量与控制不完善；

（5）对模拟仪器的读数存在人为偏移；

（6）测量仪器的计量性能（如最大允许误差、灵敏度、鉴别力、分辨力、死区及稳定性等）的局限性，即导致仪器的不确定度；

（7）赋予计量标准的值或标准物质的值不准确；

（8）引用于数据计算的常量和其他参量不准确；

（9）测量方法和测量程序的近似性和假定性；

（10）在表面上看来完全相同的条件下，被测量重复观测值的变化。

分析时，除了定义的不确定度外，可从测量仪器、测量环境、测量人员、测量方法等方面全面考虑，特别要注意对测量结果影响较大的不确定度来源，应尽量做到不遗漏、不重复。

二、测量不确定度评定（分量）

（一）标准不确定度的A类评定

1. 贝塞尔公式法

贝塞尔公式法是指在重复性条件下或复现性条件下对同一被测量（一个被测件）独立重复观测 n 次，得到 n 个观测值 x_i（$i=1, 2, \cdots, n$），被测量 X 的最佳估计值是 n 个独立测得值的算术平均值 $\bar{x}$，按式（6－1）计算：

$$\bar{x} = \frac{1}{n}\sum_{i=1}^{n} x_i \qquad (6-1)$$

单个测得值 x_k 的实验方差 $s^2(x_k)$，按式（6－2）计算：

$$s^2(x_k) = \frac{1}{n-1}\sum_{i=1}^{n}(x_i - \bar{x}) \qquad (6-2)$$

单个测得值 x_k 的实验标准偏差 $s(x_k)$，按式（6－3）计算：

$$s(x_k) = \sqrt{\frac{1}{n-1}\sum_{i=1}^{n}(x_i - \bar{x})^2} \qquad (6-3)$$

式（6－3）是贝塞尔公式，自由度 ν 为 $n-1$。实验标准偏差 $s(x_k)$ 表征了测得值 x 的分散性，测得重复性用 $s(x_k)$ 表征。

被测量估计值 $\bar{x}$ 的A类标准不确定度，按式（6－4）计算：

$$u_A(\bar{x}) = s(\bar{x}) = s(x_k)/\sqrt{n} \tag{6-4}$$

A 类标准不确定度 $u_A(\bar{x})$ 的自由度为实验标准偏差 $s(\bar{x})$ 的自由度，即 $v=n-1$。实验标准偏差 $s(\bar{x})$ 表征了被测量估计值 $\bar{x}$ 的分散性。

2. 评定合并标本标准偏差

评定合并标本标准偏差是指若对每个被测件的被测量 X_i 在相同条件下进行 n 次独立测量，测得值为 x_{i1}，x_{i2}，…，x_{in}，其平均值为 $\bar{x}_i$；若有 m 个被测件，则有 m 组这样的测得值，可按式（6－5）计算单个测得值的合成样本标准偏差 $s_p(x_k)$：

$$s_p(x_k) = \sqrt{\frac{1}{m(n-1)}\sum_{i=1}^{m}\sum_{j=1}^{n}(x_{ij}-\bar{x}_i)^2} \tag{6-5}$$

式中 i——组数，$i=1$，2，…，m；

j——每组测量的次数，$j=1$，2，…，n。

式（6－5）给出的 $s_p(x_k)$，其自由度为 $m(n-1)$。

若对每个被测件已分别按 n 次重复测量算出了其实验标准偏差 s_i，则 m 组测得值的合并样本标准偏差 $s_p(x_k)$ 可按式（6－6）计算：

$$s_p(x_k) = \sqrt{\frac{1}{m}\sum_{i=1}^{m}s_i^2} \tag{6-6}$$

当实验标准偏差 s_i 的自由度均为 ν_0 时，式（6－6）给出的自由度为 $m\nu_0$。

若对 m 个被测量 X_i 分别重复测量的次数不完全相同时，设各为 n_i，而 X_i 的实验标准偏差 $s(x_i)$ 的自由度为 v_i，通过 m 个 s_i 与 ν_i 可得 $s_p(x_k)$ 按式（6－7）计算：

$$s_p(x_k) = \sqrt{\frac{1}{\sum_{i=1}^{m}v_i}\sum_{i=1}^{m}v_i s_i^2} \tag{6-7}$$

式（6－7）中给出 $s_p(x_k)$ 的自由度为 $v=\sum_{i=1}^{m}v_i$。

有上述方法对某个被测件进行 n' 次测量时，所得测量结果最佳估计值的 A 类标准不确定度为：

$$u_A(\bar{x}) = s(\bar{x}) = s_p(x_k)/\sqrt{n'} \tag{6-8}$$

用这种方法可以增大评定的标准不确定度的自由度，也就提高了可信程度。

3. 预评估重复性

预评估重复性是指在日常开展同一类被测件的常规检定、校准或检测工作中，如果测量系统稳定，测得重复性无明显变化，则可用该测量系统以与测量被测件相同的测量程序、操作者、操作条件和地点，预先对典型的被测件的典型被测量值进行 n 次测量（一般 n 不小于 10），由贝塞尔公式计算出单个测得值的实际标准偏差 $s(x_k)$，即测量重复性。在对某个被测件实际测量时可以只测量 n'次（$1 \leqslant n' < n$），并以 n'次独立测量的算术平均值作为被测量的估计值，则该被测量估计值由于重复性导致的 A 类标准不确定度按式（6 -9）计算：

$$u_A(\bar{x}) = s(\bar{x}) = s(x_i)/\sqrt{n'} \tag{6-9}$$

用这种方法评定的标准不确定度的自由度仍为 $v = n - 1$。注意：当怀疑被测量重复性有变化时，应及时重新测量和计算实验标准偏差 $s(x_k)$。

4. A 类评定流程

A 类评定流程如图 6 -3 所示。

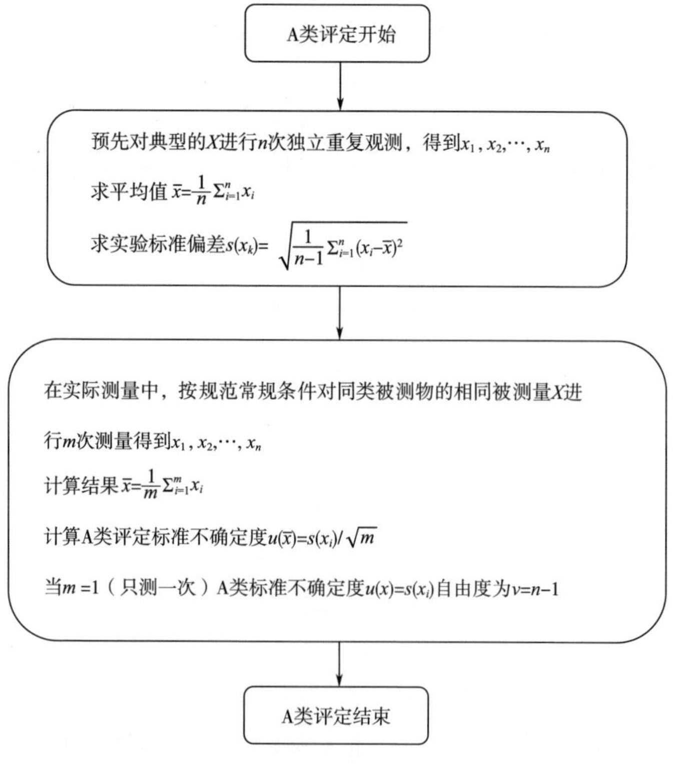

图 6 -3　标准不确定度 A 类评定流程图

（二）标准不确定度的B类评定

1. B类不确定度评定的信息来源

假如实验室拥有足够多的时间和资源，就可以对不确定度的每个了解到的原因进行详尽的统计分析研究，理论上，所有不确定度分量都可以通过用A类评定得到，这是往往做不到的；不但经济不允许，而且浪费大量人力，其实很多不确定度分量实际上可以通过其他方法来评定。

当被测量X的估计值x_i不是由重复观测得到，其标准不确定度$u(x_i)$可用x_i的可能变化的有关信息或资料来评定。B类评定的信息来源有以下6个方面。

（1）权威机构发布的量值；

（2）有证标准物质的量值；

（3）校准证书；

（4）仪器的漂移；

（5）经检定的测量仪器的准确度等级；

（6）根据人员经验推断的极限值等以前的观测数据。

用这类方法得到的估计方差$u^2(x_i)$，可简称为B类方差。

2. B类不确定度的评定方法

（1）已知置信区间和包含因子　B类评定的方法是根据有关的信息或经验，判断被测量的可能值区间$[-a, +a]$，假设被测量值的概率分布，根据概率分布和要求的包含概率p估计因子k，则B类标准不确定度$u_B(x)$可由公式（6-10）得到：

$$u_B(x) = a/k \tag{6-10}$$

式中　a——被测量可能值区间的半宽度；

　　k——对应置信水准的包含因子。

区间半宽度a的确定：①生产厂提供的测量仪器的最大允许误差为±△，或由手册查出所用的参考数据误差限为±△，或当测量仪器或实物量具给出准确度等级等，并经计量部门检定合格，则评定仪器的不确定度时，可能值区间的半宽度为：$a=\triangle$；②校准证书提供的校准值，给出了其扩展不确定度为U，则区间的半宽度为：$a=U$；③由有关资料查得某参数的最小可能值为$a-$和最大值为$a+$，最佳估计值为该区间的中点，则区间半宽度可以用下式估计：$a=(a+ - a-)/2$；④必要时，可根据经验推断某量值不会超出的范围，或用实验方法来估计可能的区间。

（2）已知扩展不确定度 U 和包含因子 k　加入估计值来源与制造部门的说明书、校准证书、手册或其他资料，同时还明确给出了其扩展不确定度 $U(x_i)$ 是标准差 $s(x_i)$ 的 k 倍指明了包含因子 k 的大小，则标准不确定度 $u_B(x_i)$ 可取 $U(x_i)/k$，而估计方差 $u^2(x_i)$ 为其平方。

（3）已知扩展不确定度 U_p 和置信水准 p 的正态分布　假如 x_i 的扩展不确定度不是按照标准差 $s(x_i)$ 的 k 倍给出，而是给出了置信水准 p 和置信区间的半宽 U_p，除非另有说明，一般按正态分布考虑评定其标准不确定度 $u_B(x_i)$。

$$u_B(x_i) = U_p/k_p \tag{6-11}$$

正态分布的置信水准 p 与包含因子 k_p 之间存在着表 6-2 所示的关系。

表 6-2　正态分布情况下置信水准 p 与包含因子 k_p 间的关系

p/%	0.50	0.68	0.90	0.95	0.9545	0.99	0.9973
k_p	0.675	1	1.645	1.960	2	2.576	3

（4）已知扩展不确定度 U_p 以及置信水准 p 与有效自由度 v_{eff} 的 t 分布

假如 x_i 的扩展不确定度不仅给出了扩展不确定度 U_p 以及置信水准 p，而且给出了有效自由度 v_{eff} 或包含因子 k_p，这时必须按 t 分布处理。

$$u_B(x_i) = U_p/t_p(v_{eff}) \tag{6-12}$$

这种情况提供给不确定度评定的信息比较齐全，常出现现在标准仪器的校准证书上。

（5）其他分布　除了正态分布和 t 分布以外，其他常见的分布还有均匀分布、反正弦分布、三角分布、梯形分布及两点分布等，详见 JJF 1059—1999《测量不确定度》的附录 B。

加入已知信息表明 X_i 之值 x_i 分散区间的半宽为 a，且 x_i 落于 x_i-a 至 x_i+a 区间的概率 p 为 100%，即全部落在此范围中，通过对其分布的估计，可以得出标准不确定度 $u_B(x) = a/k$，因为 k 与分布状态有关（见表 6-3）。

表 6-3　各种分布时的 k 值及 B 类标准不确定度 $u_B(x_i)$

分布类别	p/%	k	$u_B(x_i)$
正态	99.73	3	$a/3$
三角	100	$\sqrt{6}$	$a/\sqrt{6}$

续表

分布类别	p/%	k	$u_B(x_i)$
梯形（$\beta=0.71$）	100	2	$a/2$
矩形（均匀）	100	$\sqrt{3}$	$a/\sqrt{3}$
反正弦	100	$\sqrt{2}$	$a/\sqrt{2}$
两点	100	1	a

上表中β为梯形的上底与下底之比，对于梯形分布而言，$k=\sqrt{6/(1+\beta^2)}$，特别当β等于1时，梯形分布变为矩形分布；当β等于0时，梯形分布变为三角分布。

3. k 的确定方法

（1）已知扩展不确定度是合成标准不确定度的若干倍时，该倍数就是包含因子 k 值。

（2）假设被测量值服从正态分布时，根据要求的概率查表 6－4 得到 k 值。

表 6－4　　正态分布情况下概率 p 与 k 值间的关系

p/%	0.50	0.68	0.90	0.95	0.9545	0.99	0.9973
k	0.675	1	1.645	1.960	2	2.576	3

（3）假设为非正态分布时，根据要求的概率查表 6－5 得到 k 值。

表 6－5　　常用非正态分布时的 k 值及 B 类标准不确定度 $u_B(x)$

分布类别	p/%	k	$u_B(x)$
三角	100	$\sqrt{6}$	$a/\sqrt{6}$
梯形（$\beta=0.71$）	100	2	$a/2$
矩形（均匀）	100	$\sqrt{3}$	$a/\sqrt{3}$
反正弦	100	$\sqrt{2}$	$a/\sqrt{2}$
两点	100	1	a

注：表3中β为梯形的上底与下底之比，对于梯形分布来说，$k=\sqrt{6/(1+\beta^2)}$。当β等于1时，梯形分布变为矩形分布；当β等于0时，变为三角分布。

4. B 类评定概率分布的假设

（1）被测量受许多随机影响量的影响，当它们各自的影响都很小时，不论各影响量的概率分布是什么形式，被测量的随机变化服从正态分布。如证书或报告给出的不确定度是具有包含概率为0.90、0.95、0.99的扩展不确定度（即给出 U_{90}、U_{95}、U_{99}），此时，除非另有说明，可按正态分布来评定B类标准不确定度。

（2）当利用有关信息或经验，估计出被测量可能值区间的上限和下限，其值在区间外的可能几乎为零时，若被测量值落在该区间内的任意值处的可能性相同，则可假设为均匀分布（或称矩形分布、等概率分布）。如数据修约、测量仪器最大允许误差或分辨力、参考数据的误差限、度盘或齿轮的回差、平衡指示器调零不准、测量仪器的滞后或摩擦效应导致的不确定度及对被测量的可能值落在区间内的情况缺乏了解等，一般假设为均匀分布。

（3）当利用有关信息或经验，若被测量值落在该区间中心的可能性最大，则假设为三角分布。如两相同均匀分布的合成、两个独立量之和值或差值服从三角分布。

（4）当利用有关信息或经验，若落在该区间中心的可能性最小，而落在该区间上限和下限的可能性最大，则可假设为反正弦分布（即U形分布）。如度盘偏心引起的测角不确定度、正弦振动引起的位移不确定度、无线电测量中失配引起的不确定度、随时间正弦或余弦变化的温度不确定度等。

（5）按级使用量块时，中心长度偏差的概率分布可假设为两点分布。

（6）安装或调整测量仪器的水平或垂直状态导致的不确定度常假设为投影分布。

（7）实际工作中，可依据同行共识确定概率分布。

5. 分辨力导致的B类不确定度分量

若数字显示器的分辨力为 δ 数，由分辨力导致的标准不确定度分量 $u(x)$ 采用B类评定，则区间半宽度为 $a = \delta_x/2$，假设可能值在区间内为均匀分布，查表6-4得 $k=\sqrt{3}$，因此由分辨力导致的标准不确定度分量 $u(x)$ 如式6-13所示。

$$u(x) = \frac{a}{k} = \frac{\delta_x}{2\sqrt{3}} = 0.29\,\delta_x \tag{6-13}$$

6. B类标准不确定度分量的自由度

根据经验，按所依据的信息来源的可信程度来判断 $u(x_i)$ 的相对标准不确定度 $\Delta[u(x_i)]/u(x_i)$。按式（6-14）计算出的自由度列于表6-6中。

$$v_i \approx \frac{1}{2}\frac{u^2(x_i)}{\sigma^2[u(x_i)]} \approx \frac{1}{2}\left[\frac{\Delta[u(x_i)]}{u(x_i)}\right]^{-2} \tag{6-14}$$

表 6－6　$\Delta[u(x_i)]/u(x_i)$ 与 v_i 的关系

$\Delta[u(x_i)]/u(x_i)$	v_i	$\Delta[u(x_i)]/u(x_i)$	v_i
0	∞	0. 30	6
0. 10	50	0. 40	3
0. 20	12	0. 50	2
0. 25	8		

7. B 类评定流程

B 类评定流程如图 6－4 所示。

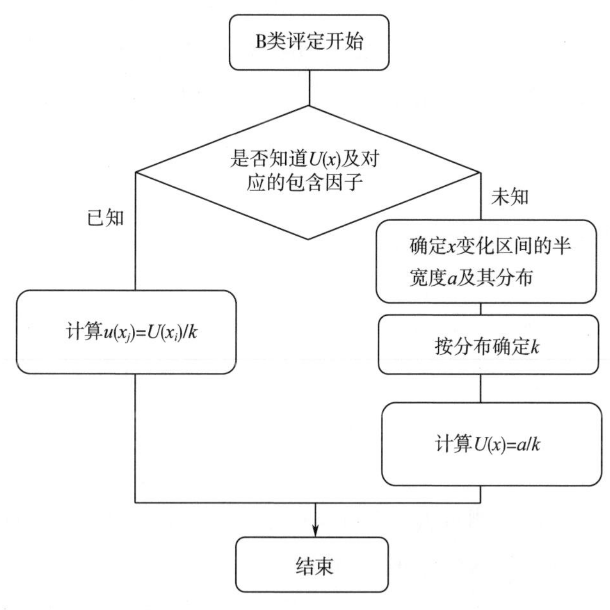

图 6－4　B 类评定流程图

（三）合成标准不确定度评定

1. 合成标准不确定度表示

被测量 Y 的估计值 $y=f(x_1, x_2, \cdots, x_N)$ 的标准不确定度是由相应输入量 x_1，x_2，…，x_N 的标准不确定度合理合成求得的，其表示式的符号为 $u_c(y)$。合成标准不确定度 $u_c(y)$ 表征合理赋予被测量之值 Y 的分散性，是一个估计标准偏差。

求各个输入分量标准不确定度对输出量 y 的标准不确定度的贡献。

在求出各个输入量的不确定度分量 $u(x_i)$ 之后，还需要计算传播系数（灵敏系数）c_i，最后通过式（6－15）计算由此引起的被测输出量 y 的标准不确定度分量。

$$u_i(y) = |c_i|u(x_i) = \left|\frac{\partial f}{\partial x_i}\right|u(x_i) \quad (6-15)$$

式中传播系数或灵敏系数 $c_i = \dfrac{\partial f}{\partial x_i}$ 的含义是，输出量的估计值 x_i 的变化引起的输出量的估计值 y 的变化量，即起到了不确定度的传播作用。

合成标准不确定度的 $u_c(y)$ 的计算式(6－16)：

$$u_c(y) = \sqrt{\sum_{i=1}^{N}\left(\frac{\partial f}{\partial x_i}\right)^2 u^2(x_i) + 2\sum_{i=1}^{N-1}\sum_{j=i+1}^{N}\frac{\partial f}{\partial x_i}\frac{\partial f}{\partial x_j}\cdot r(x_i,x_j)\cdot u(x_i)u(x_j)} \quad (6-16)$$

在实际工作中，若各输入量之间均不相关，或有部分输入量相关，但其相关系数较小（弱相关）而近似为 $r(x_i, x_j)=0$，于是便可以简化为：

$$u_c(y) = \sqrt{\sum_{i=1}^{N}\left(\frac{\partial f}{\partial x_i}\right)^2 u^2(x_i)} \quad (6-17)$$

当 $\dfrac{\partial f}{\partial x_i}=1$，则可进一步简化为：

$$u_c(y) = \sqrt{\sum_{i=1}^{N} u^2(x_i)} \quad (6-18)$$

式（6－18）为计算合成不确定度一般采用的方和根法，即将各个标准不确定分量平方后求其和再开根。

2. 常用的表达形式

当简单直接测量，测量模型为 $y=x$ 时，应该分析和评定测量时导致测量不确定度的各分量 u_i，若相互间不相关，则合成标准不确定度按式（6－19）计算：

$$u_c(y) = \sqrt{\sum_{i=1}^{N} u_i^2} \quad (6-19)$$

当测量模型为 $Y=A_1X_1+A_2X_2+\cdots+A_NX_N$ 且各输入量间互不相关时，合成标准不确定度可以用式（6－20）计算：

$$u_c(y) = \sqrt{\sum_{i=1}^{N} A_i^2u^2(x_i)} \quad (6-20)$$

当测量模型为 $Y = A\,X_1^{P_1}\,A\,X_2^{P_2}\cdots A\,X_N^{P_N}$ 且各输入量间互不相关时，合成

标准不确定度可使用式（6－21）计算：

$$\frac{u_c(y)}{|y|} = \sqrt{\sum_{i=1}^{N}\left[\frac{P_i u(x_i)}{x_i}\right]^2} = \sqrt{\sum_{i=1}^{N}[P_i\, u_{\text{crel}}(x_i)]^2} \tag{6-21}$$

当测量模型为 $Y = AX_1AX_2\cdots X_N$ 且各输入量间互不相关时，式（6－21）变换为式（6－22）：

$$\frac{u_c(y)}{|y|} = \sqrt{\sum_{i=1}^{N}\left[\frac{u(x_i)}{x_i}\right]^2} = \sqrt{\sum_{i=1}^{N} u_{\text{crel}}{}^2(x_i)} \tag{6-22}$$

注：只有在测量函数是各输入量的乘积时，可由输入量的相对合成标准不确定度 $u_{\text{crel}}(x_i) = u(x_i)\ /x_i$ 计算输出量的相对标准不确定度。

各输入量间正强相关，相关系数为 1 时，合成标准不确定度应按式（6－23）计算：

$$u_c(y) = \sum_{i=1}^{N}\frac{\partial f}{\partial x_i}u(x_i) = \left|\sum_{i=1}^{N} c_i u(x_i)\right| \tag{6-23}$$

若灵敏系数为 1，则式（6－23）变换为（6－24）：

$$u_c(y) = \sum_{i=1}^{N} u(x_i) \tag{6-24}$$

3. 关于相关性的说明

对大部分检测工作（除涉及航天、航空、兴奋剂检测等特殊领域中要求较高的场合外），只要无明显证据证明某个分量有强相关时，均可按不相关处理，如果发现分量存在强相关，如采用相同仪器测量的量之间，则尽可能改用不同仪器分量测量这些量使其不相关。

要证实某些分量之间存在强相关，则首先判断相关性是正相关还是负相关，并分别取相关系数为 +1 或 −1，然后将这些相关分量算术相加后得到一个“净”分量，再将它与其他独立无关分量用方和根求得 $u_c(y)$。

如果发现各分量中有一个占支配地位时（该分量大于其次那个分量三倍以上），合成不确定度就决定于该分量。

4. 有效自由度

有效自由度是指合成标准不确定度 $u_c(y)$ 的自由度，用符号 v_{eff} 表示，v_{eff} 反映了 $u_c(y)$ 的可靠程度，v_{eff} 越大，$u_c(y)$ 越可靠。以下情况需要计算有效自由度 v_{eff}：

（1）当评定某包含概率下的扩展不确定度 U_p 时，为求得包含因子 k_p 需要计算的有效自由度 v_{eff}；

（2）当客户需要了解不确定度的可靠程度而提出要求时。

当各分量间相互独立且输出量接近正态分布或 t 分布（测量模型为线性函数）时，合成标准不确定度的有效自由度通常可按式（6－25）计算：

$$v_{\mathrm{eff}} = \frac{u_c^4(y)}{\sum_{i=1}^{N} \frac{u_c^4(y)}{v_i}} \tag{6-25}$$

且
$$v_{\mathrm{eff}} \leqslant \sum_{i=1}^{N} v_i$$

当测量模型为 $Y = A X_1^{P_1} A X_2^{P_2} \cdots A X_N^{P_N}$ 时，有效自由度可用相对标准不确定度的形式计算，见式（6－26）：

$$v_{\mathrm{eff}} = \frac{[u_c(y)/y]^4}{\sum_{i=1}^{N} \frac{[P_i u_{i(x_i)/x_i}]^4}{v_i}} \tag{6-26}$$

实际计算中，得到的有效自由度 v_{eff} 不一定是一个整数，可采用将 v_{eff} 数字舍位到最接近的一个较低的整数。如计算得到 $v_{\mathrm{eff}} = 12.65$，则取 $v_{\mathrm{eff}} = 12$。

5. 合成标准不确定度计算流程

合成标准不确定度计算流程如图 6－5 所示。

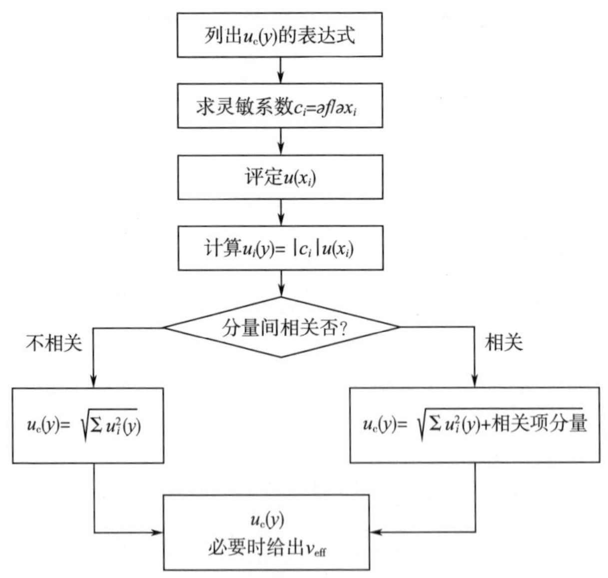

图 6－5　合成标准不确定度计算流程

（四）扩展不确定度评定

1. 扩展不确定度

扩展不确定度，是被测量可能值包含区间的半宽度。扩展不确定度分为 U 和 U_P 两种。一般情况下，在给出测量结果时报告扩展不确定度 U。

（1）扩展不确定度 U 由合成标准不确定度 u_c 乘包含因子 k 得到：$U = ku_c$

当 y 和 $u_c(y)$ 所表征的概率分布近似为正态分布（不确定度分量较多且其大小也比较接近，可估计为正态分布）时，且 $u_c(y)$ 的有效自由度较大情况下，若 $k=2$，则由 $U=2u_c$ 所确定的区间具有的包含概率约为 95%。若 $k=3$，则由 $U=3u_c$ 所确定的区间具有的包含概率约为 99%。

在通常的测量中，一般取 $k=2$。当取其他值时，应说明其来源。当给出扩展不确定度 U 时，一般应注明所取的 k 值；若未注明 k 值，$k=2$。

（2）当要求扩展不确定度所确定的区间具有接近于规定的包含概率 p 时，扩展不确定度用符号 U_P 表示，当 p 为 0.95，0.99 时，分别表示为 U_{95} 和 U_{99}。$U_P = k_p u_c$。

k_p 是包含概率为 p 时的包含因子，$k_p = t_p(v_{\text{eff}})$

根据合成标准不确定度 $u_c(y)$ 的有效自由度 v_{eff} 和需要的包含概率，查《t 分布在不同概率 p 与自由度 v 时的 $t_p(v)$ 值（t 值）表》得到 $t_p(v_{\text{eff}})$ 值，该值即包含概率为 p 时的包含因子 k_p 值。

如果合成不确定度中 A 类分量占比重较大，且作 A 类评估时重复测量次数 n 较少，则包含因子 k 必须查 t 分布表获得。

扩展不确定度 $U_P = k_p u_c(y)$ 提供了一个具有包含概率为 p 的区间 $y \pm U_P$。在给出 U_P 时，应同时给出有效自由度 v_{eff}。

（3）如果可以确定 Y 可能值的分布不是正态分布，而是接近于其他某种分布，则不应按 $k_p = t_p(v_{\text{eff}})$ 计算 U_P。

例如 Y 可能近似为矩形分布，取 $p=0.95$ 时 $k_p=1.65$；取 $p=0.99$ 时 $k_p=1.71$；取 $p=1$ 时 $k_p=1.73$。

正态分布概率分布图如图 6－6 所示。

2. 扩展不确定度的有效位数

估计值 y 的数值和它的合成标准不确定度 $u_c(y)$ 或扩展不确定度 U 的数值均不应给出过多的有效位数。

通常最终报告的 $u_c(y)$ 和 U 最多为两位有效数字。对各标准不确定度分量 u

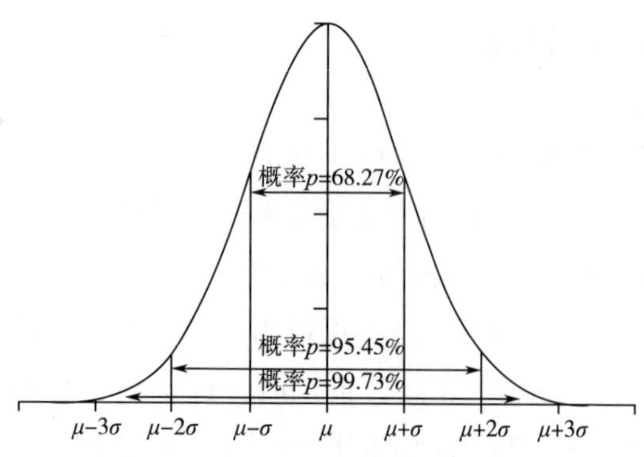

图 6-6　正态分布概率分布图

(x_i)，为了在连续计算中避免修约误差导致不确定度，可以适当保留多余的位数。

在报告最终结果时，一般采用 GB/T 8170—2008《数值修约规则与极限数值的表示和判定》修约到需要的有效数字。如 $U=28.05$kHz 经修约写成 28kHz。有时也可将不确定度最末位后面的数进位而不舍去。如 $U=10.47$kHz，可以进位到 11kHz。

（五）测量结果及其不确定度报告

完整的测量结果包含两个基本量，一是被测量 Y 的最佳估计值 y，通常由数据测量列的算术平均值给出；另一个就是描述该测量结果分散性的量，即测量不确定度。

一般以合成标准不确定度 $u_c(y)$ 或扩展不确定度 $U(y)$ 或它们的如下相对形式给出。

$$u_{crel}(y)=u_c(y)/|y|\ (|y|\neq 0)、U_{crel}(y)=U_c(y)/|y|\ (|y|\neq 0)$$

1. 采用形式 $U=ku_c(y)$ 报告测量结果

取包含因子 $k=2$，扩展不确定度为 $U=ku_c(m_s)=2\times 0.35\text{mg}=0.70\text{mg}$

测量结果不确定度报告有以下两种形式：

①$m_s=100.02147$g，　$U=0.70$mg；　$k=2$

②$m_s=(100.02147\pm 0.00070)$ g；　$k=2$

2. 采用形式 $U_P=k_pu_c(y)$ 报告测量结果

①$m_s=100.02147$g，$U_{95}=0.79$mg；$v_{eff}=9$

②$m_s=(100.02147\pm 0.00079)$g；$v_{eff}=9$，括号内第二项为 U_{95} 之值

③$m_s=100.02147(79)$g；$v_{eff}=9$，括号内为 U_{95} 之值，其末位与前面结果末位数对齐

④$m_s = 100.02147(0.00079)$ g; $v_{\text{eff}} = 9$，括号内为 U_{95} 之值，与前面结果有相同的计量单位

三、测量不确定度的评定步骤

测量不确定度的评定步骤如图 6－7 所示。

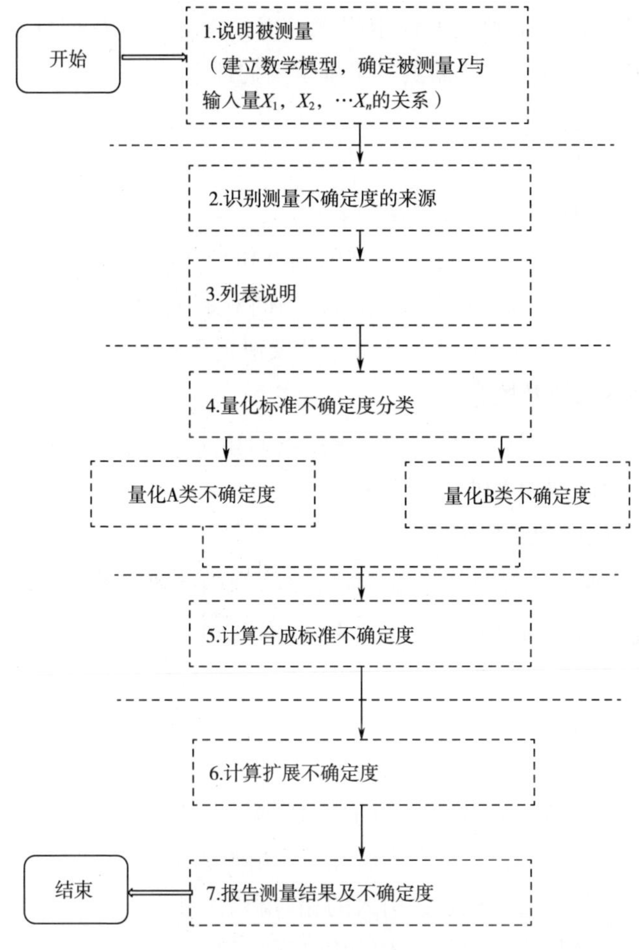

图 6－7　测量不确定度的评定步骤

第三节　烟草及烟草制品连续流动法的测量不确定度评定

一、水溶性糖

（一）范围

本规范所提供的不确定度评定程序，用于指导烟草及烟草制品连续流动法测定常规化学成分水溶性糖测量不确定度的评定。

（二）引用文献

本规范引用下列文献：

JJF 1059《测量不确定度评定与表示》

YC/T 31《烟草及烟草制品 试样的制备和水分测定 烘箱法》

YC/T 159《烟草及烟草制品 水溶性糖的测定 连续流动法》

使用本规范时，应注意使用上述引用文献的现行有效版本。

（三）基本术语及概念

JJF 1059、YC/T 31、YC/T 159 中给出的相关术语和定义适用于本规范。

（四）数学模型和不确定度分量

1. 测量过程的数学模型

由 YC/T 159，被测烟草及烟草制品水溶性糖的数学模型见式（6－27）。

$$W.S = R_{\mathrm{W.S}} \pm R_{\mathrm{W.S}} \times \sqrt{[u_{\mathrm{rel}}(m)]^2 + [u_{\mathrm{rel}}(W)]^2 + [u_{\mathrm{rel}}(V)]^2 + [u_{\mathrm{rel}}(C)]^2 + [u_{\mathrm{rel}}(\mathrm{rep})]^2} \tag{6-27}$$

式中　$W.S$——水溶性糖量；

$R_{W.S}$——水溶性糖的测量值；

$u_{\mathrm{rel}}(m)$——样品质量测量引入的相对影响量；

$u_{\mathrm{rel}}(W)$——样品水分测量引入的相对影响量；

$u_{\mathrm{rel}}(V)$——萃取液体积测量引入的相对影响量；

$u_{\mathrm{rel}}(C)$——样品浓度测量引入的相对影响量；

$u_{\mathrm{rel}}(\mathrm{rep})$——测量重复性引入的相对影响量。

2. 不确定度分量评定

（1）样品质量测量引入的不确定度分量，u_{rel}（m）

a. 当天平校准给出天平的不确定度时，按式（6－28）计算。

$$u_{\mathrm{rel}}(m) = \frac{\sqrt{2} \times U}{2 \times m} \tag{6-28}$$

式中　U——天平测量结果的扩展不确定度（$K=2$），mg；

m——样品质量，mg。

b. 当天平校准给出天平的最大允差时，按式（6－29）计算。

$$u_{\mathrm{rel}}(m) = \frac{\sqrt{2} \times A}{\sqrt{3} \times m} \tag{6-29}$$

式中　A——天平的最大允差，mg；

m——样品质量，mg。

例1：计量检定证书给出天平最大允差0.5mg，按矩形分布、二次称量及样品的称量质量250.0mg估计，则

$$u_{\mathrm{rel}}(m) = \frac{\sqrt{2} \times 0.5}{\sqrt{3} \times 250.0}$$

（2）样品水分测量引入的不确定度分量，$u_{\mathrm{rel}}(W)$

样品水分引入的不确定度信息引用YC/T 31中对水分平行样的极差规定，按式（6－30）计算。

$$u_{\mathrm{rel}}(W) = \frac{0.1}{1.13 \times \sqrt{2} \times W} \tag{6-30}$$

式中　0.1——YC/T 31中对水分平行样的极差规定,%；

1.13——JJF 1059中规定两平行测定时极差换算成标准偏差的系数；

W——样品的水分含量,%。

例2：YC/T 31给出水分平行样的极差不超过0.1%，按YC/T 31中对平行样的极差规定换算为标准偏差（JJF 1059中规定）及样品的水分6.13%估计，则

$$u_{\mathrm{rel}}(W) = \frac{0.1}{1.13 \times \sqrt{2} \times 6.13}$$

（3）样品萃取液体积测量引入的不确定度分量，$u_{\mathrm{rel}}(V)$

样品萃取液体积测量引入的不确定度分量主要受定量加液器校准和温度影响。

a. 定量加液器校准引入的不确定度分量，$u_{\mathrm{rel}}(D.C)$

当定量加液器校准给出定量加液器最大允差时，按式（6－31）计算。

$$u_{\mathrm{rel}}(D.C) = \frac{B}{\sqrt{6} \times V} \tag{6-31}$$

式中　B——定量加液器的最大允差，mL；

V——样品萃取液体积，mL。

例3：计量检定证书给出定量加液器在20℃、加液25mL时最大允差为0.20mL，按三角形分布估计，则

$$u_{\mathrm{rel}}(D.C) = \frac{0.20}{\sqrt{6} \times 25}$$

b. 温度引入的不确定度分量，$u_{\mathrm{rel}}(V.C)$

当温度引入的不确定度信息由实验室的温度波动范围给出，按式（6-32）计算。

$$u_{\mathrm{rel}}(V.C) = \frac{V \times D \times 0.00021}{\sqrt{3} \times V} \tag{6-32}$$

式中　V——样品萃取液体积，mL；

D——实验室的温度波动范围，℃；

0.00021——水的体积膨胀系数，mL/℃。

例4：定量加液器在20℃校准、加液25mL、实验室温度在（20±5）℃之间变动，水的体积膨胀系数为0.00021mL/℃，按矩形分布估计，则

$$u_{\mathrm{rel}}(V.C) = \frac{25 \times 5 \times 0.00021}{\sqrt{3} \times 25}$$

c. 合成样品萃取液体积测量引入的不确定度分量［见式（6-33）］，$u_{\mathrm{rel}}(V)$

$$u_{\mathrm{rel}}(V) = \sqrt{[u_{\mathrm{rel}}(D.C)]^2 + [u_{\mathrm{rel}}(V.C)]^2} \tag{6-33}$$

（4）样品浓度测量引入的不确定度分量，$u_{\mathrm{rel}}(C)$

样品浓度引入的不确定度分量主要受标准物质质量、标准储备液体积、标准物质纯度、标准储备液稀释、工作曲线拟合影响。

a. 标准物质质量引入的不确定度分量，$u_{\mathrm{rel}}(S.m)$

当天平校准给出天平的扩展不确定度时，按式（6-34）计算。

$$u_{\mathrm{rel}}(S.m) = \frac{\sqrt{2} \times U}{2 \times m} \tag{6-34}$$

式中　U——天平测量结果的扩展不确定度（$K=2$），mg；

m——样品质量，mg。

当天平校准给出天平的最大允差时，按式（6-35）计算。

$$u_{\mathrm{rel}}(S.m) = \frac{\sqrt{2} \times A}{\sqrt{3} \times m} \tag{6-35}$$

式中　A——天平的最大允差，mg；

m——样品质量，mg。

b. 标准储备液体积引入的不确定度分量，$u_{\mathrm{rel}}(S.V)$

标准储备液体积测量引入的不确定度分量主要受容量瓶校准和温度影响。

当容量瓶引入的不确定度信息由容量瓶计量证书给出时，按式（6-36）计算。

$$u_{rel}(S.F) = \frac{E}{\sqrt{6} \times V} \tag{6-36}$$

式中　u_{rel}（$S.F$）——容量瓶引入的不确定度分量，mL；

E——容量瓶的最大允差，mL；

V——容量瓶的体积，mL。

例5：计量检定证书给出500mL容量瓶的最大允差0.25mL，按三角形分布估计，则

$$u_{rel}(S.F) = \frac{0.25}{\sqrt{6} \times 500}$$

温度引入的不确定度信息由实验室的温度波动范围给出时，按式（6-37）计算。

$$u_{rel}(S.C) = \frac{V \times D \times 0.00021}{\sqrt{3} \times V} \tag{6-37}$$

式中　$u_{rel}(S.\ C)$——温度引入的不确定度分量，mL；

V——容量瓶的体积，mL；

D——实验室的温度波动范围，℃；

0.00021——水的体积膨胀系数，mL/℃。

例6：500mL容量瓶在20℃校准，实验室温度在（20±5）℃之间变动，水的体积膨胀系数为0.00021mL/℃，按矩形分布估计，则

$$u_{rel}(S.C) = \frac{500 \times 5 \times 0.00021}{\sqrt{3} \times 500}$$

由此，合成标准储备液体积引入的不确定度分量见式（6-38）。

$$u_{rel}(S.V) = \sqrt{[u(S.F)]^2 + [u(S.C)]^2} \tag{6-38}$$

c. 标准物质纯度引入的不确定度分量，$u_{rel}(S.P)$

当标准物质纯度引入的不确定度信息由标准物质证书给出时，按式（6-39）计算。

$$u_{rel}(S.P) = \frac{F}{\sqrt{3} \times G} \tag{6-39}$$

式中　F——标准物质纯度的允差，%；

G——标准物质的纯度，%。

例7：证书给出葡萄糖的纯度为（99.5±0.5）%，按均匀分布估计，则

$$u_{rel}(S.P)=\frac{0.5}{\sqrt{3}\times 99.5}$$

d. 标准储备液稀释引入的不确定度分量，$u_{rel}(S.D)$

标准储备液稀释引入的不确定度分量主要受容量瓶校准、定容体积温度影响、移液管校准和移出液体温度影响。

当容量瓶引入的不确定度信息由容量瓶计量证书给出时，按式（6－40）计算。

$$u_{rel}(S.D.F)=\frac{E}{\sqrt{6}\times V} \tag{6-40}$$

式中　$u_{rel}(S.D.F)$——容量瓶引入的不确定度分量，mL；

E——容量瓶的最大允差，mL；

V——容量瓶的体积，mL。

定容体积温度引入的不确定度信息由实验室的温度波动范围给出时，按式（6－41）计算。

$$u_{rel}(S.D.F.C)=\frac{V\times D\times 0.00021}{\sqrt{3}\times V} \tag{6-41}$$

式中　u_{rel}（$S.D.F.C$）——定容体积温度引入的不确定度分量，mL；

V——容量瓶的体积，mL；

D——实验室的温度波动范围，℃；

0.00021——水的体积膨胀系数，mL/℃。

当移液管引入的不确定度信息由移液管计量证书给出时，按式（6－42）计算。

$$u_{rel}(S.D.P)=\frac{H}{\sqrt{6}\times V} \tag{6-42}$$

式中　$u_{rel}(S.D.P)$——移液管引入的不确定度分量，mL；

H——移液管的最大允差，mL；

V——移出液体的体积，mL。

当移出液体温度引入的不确定度信息由实验室的温度波动范围给出时，按式（6－43）计算。

$$u_{rel}(S.D.P.C)=\frac{V\times D\times 0.00021}{\sqrt{3}\times V} \tag{6-43}$$

式中　$u_{rel}(S.D.P.C)$——移出液体温度引入的不确定度分量，mL；

V——移出液体的体积，mL；

D——实验室的温度波动范围,℃；

0.00021——水的体积膨胀系数，mL/℃。

由此，合成标准储备液稀释引入的不确定度分量见式（6-44）。

$$u_{rel}(S.D) = \sqrt{[u(S.D.F)]^2 + [u(S.D.F.C)]^2 + [u(S.D.P)]^2 + [u(S.D.P.C)]^2} \tag{6-44}$$

例8：实验室温度在（20±5）℃之间变动，计量检定证书给出100mL容量瓶的最大允差为0.20mL、10mL分度吸管的最大允差为0.020mL、5mL分度吸管的最大允差为0.025mL、1mL分度吸管的最大允差为0.015mL，配制工作标准溶液使用了5个100mL容量瓶、2根10mL分度吸管、2根5mL分度吸管和1根1mL分度吸管，按三角形分布估计，则

$$u_{rel}(S.D) = \sqrt{5 \times \left[\frac{0.20}{\sqrt{6} \times 100}\right]^2 + 5 \times \left[\frac{100 \times 5 \times 0.00021}{\sqrt{3} \times 100}\right]^2 +}$$

$$\sqrt{5 \times \left[\frac{0.020}{\sqrt{6} \times 10}\right]^2 + 2 \times \left[\frac{10 \times 5 \times 0.00021}{\sqrt{3} \times 10}\right]^2 + 2 \times \left[\frac{0.025}{\sqrt{6} \times 5}\right]^2}$$

$$\sqrt{2 \times \left[\frac{5 \times 5 \times 0.00021}{\sqrt{3} \times 5}\right]^2 + \left[\frac{0.015}{\sqrt{6} \times 1}\right]^2 + \left[\frac{1 \times 5 \times 0.00021}{\sqrt{3} \times 1}\right]^2}$$

e. 工作曲线拟合引入的不确定度分量，$u_{rel}(C.S)$

连续流动法建立水溶性糖工作曲线采用最小二乘法拟合，参照附录A计算可得出 $u_{rel}(C.S)$。

f. 合成样品浓度测量引入的不确定度分量见式（6-45）。

$$u_{rel}(C) = \sqrt{[u_{rel}(S.m)]^2 + [u_{rel}(S.V)]^2 + [u_{rel}(S.P)]^2 + [u_{rel}(S.D)]^2 + [u_{rel}(C.S)]^2} \tag{6-45}$$

（5）样品测量重复性引入的不确定度分量，$u_{rel}(\text{rep})$

样品测量重复性引入的不确定度分量，按式（6-46）计算。

$$u_{rel}(\text{rep}) = \frac{S_r(\text{rep})}{R_{W.S}} \tag{6-46}$$

式中 S_r（rep）——对同一样品进行10平行测量结果的标准偏差,%；

$R_{W.S}$——对同一样品进行10平行测量结果的平均值,%。

（五）合成标准不确定度

烟草及烟草制品水溶性糖 $u_{(W.S)}$ 的合成标准不确定度按式（6-47）计算。

$$u_{(W.S)} = R_{W.S} \times \sqrt{[u_{rel}(m)]^2 + [u_{rel}(W)]^2 + [u_{rel}(V)]^2 + [u_{rel}(C)]^2 + [u_{rel}(rep)]^2} \tag{6-47}$$

（六）扩展不确定度

当给出扩展不确定度时，应注明包含因子 K 的取值。一般情况下可取 $K=2$，表述为：$U=2u_{(W.S)}$。

附录　拟合曲线参数的标准不确定度评定（参考件）

1. 原理

当被测量的估计值是由实验数据通过最小二乘法拟合的直线或曲线得到时，则任意预期的估计值，或拟合曲线参数的标准不确定度均可以利用已知的统计程序得到。

2. 回归方程

一般说来，水溶性糖分析中的两个物理量 X（水溶性糖）和 Y（响应值）之间为线性关系。对 x 和 y 独立测得 n 组数据，其结果为（x_1，y_1），（x_2，y_2），…，（x_n，y_n），且 $n>2$。通过最小二乘法拟合可得回归方程 $y=ax+b$。

3. 估计值的标准不确定度

水溶性糖分析中，对 x 进行测量，通过回归方程得 y，则 y 的标准不确定度见式（A.1）。

$$u(y) = \frac{S_E}{a} \times \sqrt{\frac{1}{P} + \frac{1}{n} + \frac{(\bar{x} - \overline{N})^2}{S_{XX}}} \tag{A.1}$$

式中　$S_E = \sqrt{\dfrac{S_{YY} - \dfrac{(S_{XY})^2}{S_{XX}}}{n-2}}$；

$a = \dfrac{S_{XY}}{S_{XX}}$；

P——样品测定次数；

n——工作曲线测定次数；

$\bar{x}$——测定平均值；

$\overline{N}$——工作曲线水溶性糖浓度平均值；

$S_{XX} = \dfrac{n\sum_{i=1}^{n} x_i^2 - (\sum_{i=1}^{n} x_i)^2}{n}$，$x_i$ 为浓度值；

$$S_{YY}=\frac{n\sum_{i=1}^{n}y_i^2-(\sum_{i=1}^{n}y_i)^2}{n}$$，y_i为峰高响应值；

$$S_{XY}=\frac{n\sum_{i=1}^{n}x_iy_i-\sum_{i=1}^{n}x_i\sum_{i=1}^{n}y_i}{n}$$。

4. X、Y 的相关系数 r

X、Y 相关系数 r 的计算见式（A.2）。

$$r=\frac{S_{XY}}{\sqrt{S_{XX}S_{YY}}} \tag{A.2}$$

二、总植物碱

（一）范围

本规范所提供的不确定度评定程序，用于指导烟草及烟草制品连续流动法测定常规化学成分总植物碱测量不确定度的评定。

（二）引用文献

本规范引用下列文献：

JJF 1059《测量不确定度评定与表示》

YC/T 31《烟草及烟草制品 试样的制备和水分测定 烘箱法》

YC/T 160《烟草及烟草制品 总植物碱的测定 连续流动法》

使用本规范时，应注意使用上述引用文献的现行有效版本。

（三）基本术语及概念

JJF 1059、YC/T 31、YC/T 160 中给出的相关术语和定义适用于本规范。

（四）数学模型和不确定度分量

1. 测量过程的数学模型

由 YC/T 160，被测烟草及烟草制品总植物碱的数学模型式（6－48）。

$$\mathrm{T.A}=R_{\mathrm{T.A}}\pm R_{\mathrm{T.A}}\times\sqrt{[u_{\mathrm{rel}}(m)]^2+[u_{\mathrm{rel}}(W)]^2+[u_{\mathrm{rel}}(V)]^2+[u_{\mathrm{rel}}(C)]^2+[u_{\mathrm{rel}}(\mathrm{rep})]^2} \tag{6-48}$$

式中　T. A——总植物碱量；

$R_{\mathrm{T.A}}$——总植物碱的测量值；

$u_{\mathrm{rel}}(m)$——样品质量测量引入的相对影响量；

$u_{\mathrm{rel}}(W)$——样品水分测量引入的相对影响量；

$u_{\mathrm{rel}}(V)$——萃取液体积测量引入的相对影响量；

$u_{rel}(C)$——样品浓度测量引入的相对影响量；

$u_{rel}(rep)$——测量重复性引入的相对影响量。

2. 不确定度分量评定

（1）样品质量测量引入的不确定度分量，$u_{rel}(m)$

a. 当天平校准给出天平的不确定度时，按式（6-49）计算。

$$u_{rel}(m) = \frac{\sqrt{2} \times U}{2 \times m} \tag{6-49}$$

式中 U——天平测量结果的扩展不确定度（$K=2$），mg；

m——样品质量，mg。

b. 当天平校准给出天平的最大允差时，按式（6-50）计算。

$$u_{rel}(m) = \frac{\sqrt{2} \times A}{\sqrt{3} \times m} \tag{6-50}$$

式中 A——天平的最大允差，mg；

m——样品质量，mg。

例1：计量检定证书给出天平最大允差0.5mg，按矩形分布、二次称量及样品的称量质量250.0mg估计，则

$$u_{rel}(m) = \frac{\sqrt{2} \times 0.5}{\sqrt{3} \times 250.0}$$

（2）样品水分测量引入的不确定度分量，$u_{rel}(W)$

样品水分引入的不确定度信息引用YC/T 31中对水分平行样的极差规定，按式（6-51）计算。

$$u_{rel}(W) = \frac{0.1}{1.13 \times \sqrt{2} \times W} \tag{6-51}$$

式中 0.1——YC/T 31中对水分平行样的极差规定，%；

1.13——JJF 1059中规定两平行测定时极差换算成标准偏差的系数；

W——样品的水分含量，%。

例2：YC/T 31给出水分平行样的极差不超过0.1%，按YC/T 31中对平行样的极差规定换算为标准偏差（JJF 1059中规定）及样品的水分6.13%估计，则

$$u_{rel}(W) = \frac{0.1}{1.13 \times \sqrt{2} \times 6.13}$$

（3）样品萃取液体积测量引入的不确定度分量，$u_{rel}(V)$

样品萃取液体积测量引入的不确定度分量主要受定量加液器校准和温度

影响。

a. 定量加液器校准引入的不确定度分量，$u_{rel}(D.C)$

当定量加液器校准给出为定量加液器最大允差时，按式（6－52）计算。

$$u_{rel}(D.C) = \frac{B}{\sqrt{6} \times V} \tag{6-52}$$

式中　B——定量加液器的最大允差，mL；

V——样品萃取液体积，mL。

例 3：计量检定证书给出定量加液器在 20℃、加液 25mL 时最大允差为 0.20mL，按三角形分布估计，则

$$u_{rel}(D.C) = \frac{0.20}{\sqrt{6} \times 25}$$

b. 温度引入的不确定度分量，$u_{rel}(V.C)$

当温度引入的不确定度信息由实验室的温度波动范围给出，按式（6－53）计算。

$$u_{rel}(V.C) = \frac{V \times D \times 0.00021}{\sqrt{3} \times V} \tag{6-53}$$

式中　V——样品萃取液体积，mL；

D——实验室的温度波动范围，℃；

0.00021——水的体积膨胀系数，mL/℃。

例 4：定量加液器在 20℃校准、加液 25mL、实验室温度在（20±5）℃之间变动，水的体积膨胀系数为 0.00021mL/℃，按矩形分布估计，则

$$u_{rel}(V.C) = \frac{25 \times 5 \times 0.00021}{\sqrt{3} \times 25}$$

c. 合成样品萃取液体积测量引入的不确定度分量，见式（6－54），$u_{rel}(V)$

$$u_{rel}(V) = \sqrt{[u_{rel}(D.C)]^2 + [u_{rel}(V.C)]^2} \tag{6-54}$$

（4）样品浓度测量引入的不确定度分量，$u_{rel}(C)$

样品浓度引入的不确定度分量主要受标准物质质量、标准储备液体积、标准物质纯度、标准储备液稀释、工作曲线拟合影响。

a. 标准物质质量引入的不确定度分量，$u_{rel}(S.m)$

当天平校准给出天平的扩展不确定度时，按式（6－55）计算。

$$u_{rel}(S.m) = \frac{\sqrt{2} \times U}{2 \times m} \tag{6-55}$$

式中　U——天平测量结果的扩展不确定度（$K=2$），mg；

m——样品质量，mg。

当天平校准给出天平的最大允差时，按式（6－56）计算。

$$u_{rel}(S.m) = \frac{\sqrt{2} \times A}{\sqrt{3} \times m} \tag{6-56}$$

式中　A——天平的最大允差，mg；

m——样品质量，mg。

b. 标准储备液体积引入的不确定度分量，$u_{rel}(S.V)$

标准储备液体积测量引入的不确定度分量主要受容量瓶校准和温度影响。

当容量瓶引入的不确定度信息由容量瓶计量证书给出时，按式（6－57）计算。

$$u_{rel}(S.F) = \frac{E}{\sqrt{6} \times V} \tag{6-57}$$

式中　$u_{rel}(S.F)$——容量瓶引入的不确定度分量，mL；

E——容量瓶的最大允差，mL；

V——容量瓶的体积，mL。

例5：计量检定证书给出500mL容量瓶的最大允差0.25mL，按三角形分布估计，则

$$u_{rel}(S.F) = \frac{0.25}{\sqrt{6} \times 500}$$

温度引入的不确定度信息由实验室的温度波动范围给出时，按式（6－58）计算。

$$u_{rel}(S.C) = \frac{V \times D \times 0.00021}{\sqrt{3} \times V} \tag{6-58}$$

式中　$u_{rel}(S.C)$——温度引入的不确定度分量，mL；

V——容量瓶的体积，mL；

D——实验室的温度波动范围，℃；

0.00021——水的体积膨胀系数，mL/℃。

例6：500mL容量瓶在20℃校准，实验室温度在（20±5）℃之间变动，水的体积膨胀系数为0.00021mL/℃，按矩形分布估计，则

$$u_{rel}(S.C) = \frac{500 \times 5 \times 0.00021}{\sqrt{3} \times 500}$$

由此，合成标准储备液体积引入的不确定度分量见式（6－59）。

$$u_{rel}(S.V) = \sqrt{[u(S.F)]^2 + [u(S.C)]^2} \tag{6-59}$$

c. 标准物质纯度引入的不确定度分量，$u_{rel}(S.P)$

当标准物质纯度引入的不确定度信息由标准物质证书给出时，按式（6－60）计算。

$$u_{rel}(S.P) = \frac{F}{\sqrt{3} \times G} \tag{6-60}$$

式中　F——标准物质纯度的允差,%；

　　G——标准物质的纯度,%。

例7：证书给出烟碱的纯度为（99.37 ±0.12)%，按均匀分布估计，则

$$u_{rel}(S.P) = \frac{0.12}{\sqrt{3} \times 99.37}$$

d. 标准储备液稀释引入的不确定度分量，$u_{rel}(S.D)$

标准储备液稀释引入的不确定度分量主要受容量瓶校准、定容体积温度影响、移液管校准和移出液体温度影响。

当容量瓶引入的不确定度信息由容量瓶计量证书给出时，按式（6－61）计算。

$$u_{rel}(S.D.F) = \frac{E}{\sqrt{6} \times V} \tag{6-61}$$

式中　$u_{rel}(S.D.F)$——容量瓶引入的不确定度分量，mL；

　　E——容量瓶的最大允差，mL；

　　V——容量瓶的体积，mL。

定容体积温度引入的不确定度信息由实验室的温度波动范围给出时，按式（6－62）计算。

$$u_{rel}(S.D.F.C) = \frac{V \times D \times 0.00021}{\sqrt{3} \times V} \tag{6-62}$$

式中　$u_{rel}(S.D.F.C)$——定容体积温度引入的不确定度分量，mL；

　　V——容量瓶的体积，mL；

　　D——实验室的温度波动范围,℃；

　　0.00021——水的体积膨胀系数，mL/℃。

当移液管引入的不确定度信息由移液管计量证书给出时，按式（6－63）计算。

$$u_{rel}(S.D.P) = \frac{H}{\sqrt{6} \times V} \tag{6-63}$$

式中　$u_{rel}(S.D.P)$——移液管引入的不确定度分量，mL；

H——移液管的最大允差，mL；

V——移出液体的体积，mL。

当移出液体温度引入的不确定度信息由实验室的温度波动范围给出时，按式（6－64）计算。

$$u_{rel}(S.D.P.C)=\frac{V\times D\times 0.00021}{\sqrt{3}\times V} \tag{6-64}$$

式中　$u_{rel}(S.D.P.C)$——移出液体温度引入的不确定度分量，mL；

V——移出液体的体积，mL；

D——实验室的温度波动范围，℃；

0.00021——水的体积膨胀系数，mL/℃。

由此，合成标准储备液稀释引入的不确定度分量见式（6－65）。

$$u_{rel}(S.D)=\sqrt{[u(S.D.F)]^2+[u(S.D.F.C)]^2+[u(S.D.P)]^2+[u(S.D.P.C)]^2} \tag{6-65}$$

例8：实验室温度在（20±5）℃之间变动，计量检定证书给出100mL容量瓶的最大允差0.20mL、10mL分度吸管的最大允差0.020mL、5mL分度吸管的最大允差0.025mL、1mL分度吸管的最大允差0.015mL，配制工作标准溶液使用了5个100mL容量瓶、2根10mL分度吸管、3根5mL分度吸管和1根1mL分度吸管，按三角形分布估计，则

$$u_{rel}(S.D)=\sqrt{5\times\left[\frac{0.20}{\sqrt{6}\times 100}\right]^2+5\times\left[\frac{100\times 5\times 0.00021}{\sqrt{3}\times 100}\right]^2+}$$

$$\sqrt{2\times\left[\frac{0.020}{\sqrt{6}\times 10}\right]^2+2\times\left[\frac{10\times 5\times 0.00021}{\sqrt{3}\times 10}\right]^2+3\times\left[\frac{0.025}{\sqrt{6}\times 5}\right]^2}$$

$$\sqrt{3\times\left[\frac{5\times 5\times 0.00021}{\sqrt{3}\times 5}\right]^2+\left[\frac{0.015}{\sqrt{6}\times 1}\right]^2+\left[\frac{1\times 5\times 0.00021}{\sqrt{3}\times 1}\right]^2}$$

e. 工作曲线拟合引入的不确定度分量，$u_{rel}(C.S)$

连续流动法建立总植物碱工作曲线采用最小二乘法拟合，参照附录A计算可得出$u_{rel}(C.S)$。

f. 合成样品浓度测量引入的不确定度分量见式（6－66）

$$u_{rel}(C)=\sqrt{[u_{rel}(S.m)]^2+[u_{rel}(S.V)]^2+[u_{rel}(S.P)]^2+[u_{rel}(S.D)]^2+[u_{rel}(C.S)]^2} \tag{6-66}$$

（5）样品测量重复性引入的不确定度分量，$u_{rel}(rep)$

样品测量重复性引入的不确定度分量，按式（6－67）计算。

$$u_{rel}(rep) = \frac{S_r(rep)}{R_{T.A}} \quad (6-67)$$

式中　$S_r(rep)$——对同一样品进行10平行测量结果的标准偏差,%；

$R_{T.A}$——对同一样品进行10平行测量结果的平均值,%。

（五）合成标准不确定度

烟草及烟草制品总植物碱 $u_{(T.A)}$ 的合成标准不确定度按式（6－68）计算：

$$u_{(T.A)} = R_{T.A} \times \sqrt{[u_{rel}(m)]^2 + [u_{rel}(W)]^2 + [u_{rel}(V)]^2 + [u_{rel}(C)]^2 + [u_{rel}(rep)]^2} \quad (6-68)$$

（六）扩展不确定度

当给出扩展不确定度时，应注明包含因子 K 的取值。一般情况下可取 $K=2$，表述为：$U=2u_{(T.A)}$。

附录　拟合曲线参数的标准不确定度评定（参考件）

1. 原理

当被测量的估计值是由实验数据通过最小二乘法拟合的直线或曲线得到时，则任意预期的估计值，或拟合曲线参数的标准不确定度均可以利用已知的统计程序得到。

2. 回归方程

一般说来，总植物碱分析中的两个物理量 X（总植物碱）和 Y（响应值）之间为线性关系。对 x 和 y 独立测得 n 组数据，其结果为（x_1，y_1），（x_2，y_2），…，（x_n，y_n），且 $n>2$。通过最小二乘法拟合可得回归方程 $y=ax+b$。

3. 估计值的标准不确定度

总植物碱分析中，对 x 进行测量，通过回归方程得 y，则 y 的标准不确定度见式（A.1）。

$$u(y) = \frac{S_E}{a} \times \sqrt{\frac{1}{P} + \frac{1}{n} + \frac{(\bar{x} - \bar{N})^2}{S_{XX}}} \quad (A.1)$$

式中　$S_E = \sqrt{\dfrac{S_{YY} - \dfrac{(S_{XY})^2}{S_{XX}}}{n-2}}$；

$a = \frac{S_{XY}}{S_{XX}}$；

P——样品测定次数；

n——工作曲线测定次数；

$\overline{x}$——测定平均值；

$\overline{N}$——工作曲线总植物碱浓度平均值；

$S_{XX}=\frac{n\sum_{i=1}^{n}x_i^2-(\sum_{i=1}^{n}x_i)^2}{n}$，$x_i$为浓度值；

$S_{YY}=\frac{n\sum_{i=1}^{n}y_i^2-(\sum_{i=1}^{n}y_i)^2}{n}$，$y_i$为峰高响应值；

$S_{XY}=\frac{n\sum_{i=1}^{n}x_iy_i-\sum_{i=1}^{n}x_i\sum_{i=1}^{n}y_i}{n}$。

4. X、Y的相关系数r

X、Y相关系数r的计算见式（A.2）。

$$r = \frac{S_{XY}}{\sqrt{S_{XX}S_{YY}}} \tag{A.2}$$

三、总氮

（一）范围

本规范所提供的不确定度评定程序，用于指导烟草及烟草制品连续流动法测定常规化学成分总氮测量不确定度的评定。

（二）引用文献

本规范引用文献如下：

JJF 1059《测量不确定度评定与表示》

YC/T 31《烟草及烟草制品 试样的制备和水分测定 烘箱法》

YC/T 161《烟草及烟草制品 总氮的测定 连续流动法》

使用本规范时，应注意使用上述引用文献的现行有效版本。

（三）基本术语及概念

JJF 1059、YC/T 31、YC/T 161 中给出的相关术语和定义适用于本规范。

（四）数学模型和不确定度分量

1. 测量过程的数学模型

由 YC/T 161，被测烟草及烟草制品总氮的数学模型见式（6－69）。

$$T.N = R_{T.N} \pm R_{T.N} \times \sqrt{[u_{rel}(m)]^2 + [u_{rel}(W)]^2 + [u_{rel}(V)]^2 + [u_{rel}(C)]^2 + [u_{rel}(rep)]^2} \tag{6-69}$$

式中　T. N——总氮量；

$R_{T.N}$——总氮的测量值；

$u_{rel}(m)$——样品质量测量引入的相对影响量；

$u_{rel}(W)$——样品水分测量引入的相对影响量；

$u_{rel}(V)$——消化液体积测量引入的相对影响量；

$u_{rel}(C)$——样品浓度测量引入的相对影响量；

$u_{rel}(rep)$——测量重复性引入的相对影响量。

2. 不确定度分量评定

（1）样品质量测量引入的不确定度分量，$u_{rel}(m)$

a. 当天平校准给出天平的不确定度时，按式（6－70）计算。

$$u_{rel}(m) = \frac{\sqrt{2} \times U}{2 \times m} \tag{6-70}$$

式中　U——天平测量结果的扩展不确定度（$K=2$），mg；

m——样品质量，mg。

b. 当天平校准给出天平的最大允差时，按式（6－71）计算。

$$u_{rel}(m) = \frac{\sqrt{2} \times A}{\sqrt{3} \times m} \tag{6-71}$$

式中　A——天平的最大允差，mg；

m——样品质量，mg。

例1：计量检定证书给出天平最大允差0.5mg，按矩形分布、二次称量及样品的称量质量100.0mg估计，则

$$u_{rel}(m) = \frac{\sqrt{2} \times 0.5}{\sqrt{3} \times 100.0}$$

（2）样品水分测量引入的不确定度分量，$u_{rel}(W)$

样品水分引入的不确定度信息引用YC/T 31中对水分平行样的极差规定，按式（6－72）计算。

$$u_{rel}(W) = \frac{0.1}{1.13 \times \sqrt{2} \times W} \tag{6-72}$$

式中　0.1——YC/T 31中对水分平行样的极差规定，%；

1.13——JJF 1059中规定两平行测定时极差换算成标准偏差的系数；

W——样品的水分含量，%。

例 2：YC/T 31 给出水分平行样的极差不超过 0.1%，按 YC/T 31 中对平行样的极差规定换算为标准偏差（JJF 1059 中规定）及样品的水分 6.13% 估计，则

$$u_{rel}(W) = \frac{0.1}{1.13 \times \sqrt{2} \times 6.13}$$

（3）样品消化后溶液体积测量引入的不确定度分量，$u_{rel}(V)$

样品消化液体积测量引入的不确定度分量主要受消化管校准和消化溶液定容温度影响。

a. 消化管校准引入的不确定度分量，$u_{rel}(D.C)$

当消化管校准给出为消化管最大允差时，按式（6－73）计算。

$$u_{rel}(D.C) = \frac{B}{\sqrt{6} \times V} \tag{6-73}$$

式中　B——消化管的最大允差，mL；

V——样品消化溶液定容体积，mL。

例 3：计量检定证书给出 75mL 消化管在 20℃ 最大允差为 0.5mL，按三角形分布估计，则

$$u_{rel}(D.C) = \frac{0.5}{\sqrt{6} \times 75}$$

b. 消化溶液定容温度引入的不确定度分量，$u_{rel}(V.C)$

当温度引入的不确定度信息由实验室的温度波动范围给出，按式（6－74）计算。

$$u_{rel}(V.C) = \frac{V \times D \times 0.00021}{\sqrt{3} \times V} \tag{6-74}$$

式中　V——样品消化溶液定容体积，mL；

D——实验室的温度波动范围，℃；

0.00021——水的体积膨胀系数，mL/℃。

例 4：75mL 消化管在 20℃ 校准、实验室温度在（20±5）℃之间变动，水的体积膨胀系数为 0.00021mL/℃，按矩形分布估计，则

$$u_{rel}(V.C) = \frac{75 \times 5 \times 0.00021}{\sqrt{3} \times 75}$$

c. 合成样品萃取液体积测量引入的不确定度分量见式（6－75），$u_{rel}(V)$

$$u_{rel}(V) = \sqrt{[u_{rel}(D.C)]^2 + [u_{rel}(V.C)]^2} \tag{6-75}$$

（4）样品浓度测量引入的不确定度分量，$u_{rel}(C)$

样品浓度引入的不确定度分量主要受标准物质质量、标准储备液体积、标准物质纯度、标准储备液稀释、工作曲线拟合影响。

a. 标准物质质量引入的不确定度分量，$u_{rel}(S.m)$

当天平校准给出天平的扩展不确定度时，按式（6－76）计算。

$$u_{rel}(S.m) = \frac{\sqrt{2} \times U}{2 \times m} \tag{6-76}$$

式中　U——天平测量结果的扩展不确定度（$K=2$），mg；

m——样品质量，mg。

当天平校准给出天平的最大允差时，按式（6－77）计算。

$$u_{rel}(S.m) = \frac{\sqrt{2} \times A}{\sqrt{3} \times m} \tag{6-77}$$

式中　A——天平的最大允差，mg；

m——样品质量，mg。

b. 标准储备液体积引入的不确定度分量，$u_{rel}(S.V)$

标准储备液体积测量引入的不确定度分量主要受容量瓶校准和温度影响。

当容量瓶引入的不确定度信息由容量瓶计量证书给出时，按式（6－78）计算。

$$u_{rel}(S.F) = \frac{E}{\sqrt{6} \times V} \tag{6-78}$$

式中　$u_{rel}(S.F)$——容量瓶引入的不确定度分量，mL；

E——容量瓶的最大允差，mL；

V——容量瓶的体积，mL。

例5：计量检定证书给出100mL容量瓶的最大允差0.20mL，按三角形分布估计，则

$$u_{rel}(S.F) = \frac{0.20}{\sqrt{6} \times 100}$$

温度引入的不确定度信息由实验室的温度波动范围给出时，按式（6－79）计算。

$$u_{rel}(S.C) = \frac{V \times D \times 0.00021}{\sqrt{3} \times V} \tag{6-79}$$

式中　$u_{rel}(S.C)$——温度引入的不确定度分量，mL；

V——容量瓶的体积，mL；

D——实验室的温度波动范围,℃；

0.00021——水的体积膨胀系数，mL/℃。

例6：100mL容量瓶在20℃校准，实验室温度在（20±5)℃之间变动，水的体积膨胀系数为0.00021mL/℃，按矩形分布估计，则

$$u_{rel}(S.C) = \frac{100 \times 5 \times 0.00021}{\sqrt{3} \times 100}$$

由此，合成标准储备液体积引入的不确定度分量见式（6-80）。

$$u_{rel}(S.V) = \sqrt{[u(S.F)]^2 + [u(S.C)]^2} \quad (6-80)$$

c. 标准物质纯度引入的不确定度分量，$u_{rel}(S.P)$

当标准物质纯度引入的不确定度信息由标准物质证书给出时，按式（6-81）计算。

$$u_{rel}(S.P) = \frac{F}{\sqrt{3} \times G} \quad (6-81)$$

式中　F——标准物质纯度的允差,%；

G——标准物质的纯度,%。

例7：证书给出葡萄糖的纯度为（99.0±0.5)%，按均匀分布估计，则

$$u_{rel}(S.P) = \frac{0.5}{\sqrt{3} \times 99.0}$$

d. 标准储备液稀释引入的不确定度分量，$u_{rel}(S.D)$

标准储备液稀释引入的不确定度分量主要受消化管校准、消化溶液定容体积温度影响、移液管校准和移出液体温度影响。

当消化管引入的不确定度信息由消化管计量证书给出时，按式（6-82）计算。

$$u_{rel}(S.D.F) = \frac{E}{\sqrt{6} \times V} \quad (6-82)$$

式中　$u_{rel}(S.D.F)$——消化管引入的不确定度分量，mL；

E——消化管的最大允差，mL；

V——消化溶液定容的体积，mL。

定容体积温度引入的不确定度信息由实验室的温度波动范围给出时，按式（6-83）计算。

$$u_{rel}(S.D.F.C) = \frac{V \times D \times 0.00021}{\sqrt{3} \times V} \quad (6-83)$$

式中　$u_{rel}(S.D.F.C)$——定容体积温度引入的不确定度分量，mL；

V——消化溶液定容的体积，mL；

D——实验室的温度波动范围，℃；

0.00021——水的体积膨胀系数，mL/℃。

当移液管引入的不确定度信息由移液管计量证书给出时，按式（6－84）计算。

$$u_{rel}(S.D.P)=\frac{H}{\sqrt{6}\times V} \tag{6-84}$$

式中　$u_{rel}(S.D.P)$——移液管引入的不确定度分量，mL；

H——移液管的最大允差，mL；

V——移出液体的体积，mL。

当移出液体温度引入的不确定度信息由实验室的温度波动范围给出时，按式（6－85）计算。

$$u_{rel}(S.D.P.C)=\frac{V\times D\times 0.00021}{\sqrt{3}\times V} \tag{6-85}$$

式中　$u_{rel}(S.D.P.C)$——移出液体温度引入的不确定度分量，mL；

V——移出液体的体积，mL；

D——实验室的温度波动范围，℃；

0.00021——水的体积膨胀系数，mL/℃。

由此，合成标准储备液稀释引入的不确定度分量见式（6－86）。

$$u_{rel}(S.D)=\sqrt{[u(S.D.F)]^2+[u(S.D.F.C)]^2+[u(S.D.P)]^2+[u(S.D.P.C)]^2} \tag{6-86}$$

例8：实验室温度在（20±5）℃之间变动，计量检定证书给出75mL消化管的最大允差0.50mL、2mL分度吸管的最大允差0.012mL，配置工作标准溶液使用了5个75mL消化管、5根2mL分度吸管，按三角形分布估计，则

$$u_{rel}(S.D)=$$

$$\sqrt{5\times\left(\frac{0.50}{\sqrt{6}\times 75}\right)^2+5\times\left(\frac{75\times 5\times 0.00021}{\sqrt{3}\times 75}\right)^2+5\times\left(\frac{0.012}{\sqrt{6}\times 2}\right)^2+5\times\left(\frac{2\times 5\times 0.00021}{\sqrt{3}\times 2}\right)^2}$$

e. 工作曲线拟合引入的不确定度分量，$u_{rel}(C.S)$

连续流动法建立总氮工作曲线采用最小二乘法拟合，参照附录A计算可得出 $u_{rel}(C.S)$。

f. 合成样品浓度测量引入的不确定度分量见式（6－87）

$$u_{rel}(C)=\sqrt{[u_{rel}(S.m)]^2+[u_{rel}(S.V)]^2+[u_{rel}(S.P)]^2+[u_{rel}(S.D)]^2+[u_{rel}(C.S)]^2} \tag{6-87}$$

（5）样品测量重复性引入的不确定度分量，$u_{rel}(\text{rep})$

样品测量重复性引入的不确定度分量，按式（6-88）计算。

$$u_{rel}(\text{rep})=\frac{S_r(\text{rep})}{R_{T.N}} \tag{6-88}$$

式中　$S_r(\text{rep})$——对同一样品进行10平行测量结果的标准偏差,%；

$R_{T.N}$——对同一样品进行10平行测量结果的平均值,%。

（五）合成标准不确定度

烟草及烟草制品总氮$u_{(T.N)}$的合成标准不确定度按式（6-89）计算。

$$u_{(T.N)}=R_{T.N}\times\sqrt{[u_{rel}(m)]^2+[u_{rel}(W)]^2+[u_{rel}(V)]^2+[u_{rel}(C)]^2+[u_{rel}(\text{rep})]^2} \tag{6-89}$$

（六）扩展不确定度

当给出扩展不确定度时，应注明包含因子K的取值。一般情况下可取$K=2$,表述为：$U=2u_{(T.N)}$。

附录　拟合曲线参数的标准不确定度评定（参考件）

1. 原理

当被测量的估计值是由实验数据通过最小二乘法拟合的直线或曲线得到时，则任意预期的估计值，或拟合曲线参数的标准不确定度均可以利用已知的统计程序得到。

2. 回归方程

一般说来，总氮分析中的两个物理量X（总氮）和Y（响应值）之间为线性关系。对x和y独立测得n组数据，其结果为（x_1，y_1），（x_2，y_2），…，（x_n，y_n），且$n>2$。通过最小二乘法拟合可得回归方程$y=ax+b$。

3. 估计值的标准不确定度

总氮分析中，对x进行测量，通过回归方程得y，则y的标准不确定度见式（A.1）。

$$u(y)=\frac{S_E}{a}\times\sqrt{\frac{1}{P}+\frac{1}{n}+\frac{(\bar{x}-\overline{N})^2}{S_{XX}}} \tag{A.1}$$

式中　$S_E = \sqrt{\dfrac{S_{YY} - \dfrac{(S_{XY})^2}{S_{XX}}}{n-2}}$；

$a = \dfrac{S_{XY}}{S_{XX}}$；

P——样品测定次数；

n——工作曲线测定次数；

$\overline{x}$——测定平均值；

$\overline{N}$——工作曲线总氮浓度平均值；

$S_{XX} = \dfrac{n\sum_{i=1}^{n} x_i^2 - (\sum_{i=1}^{n} x_i)^2}{n}$，$x_i$为浓度值；

$S_{YY} = \dfrac{n\sum_{i=1}^{n} y_i^2 - (\sum_{i=1}^{n} y_i)^2}{n}$，$y_i$为峰高响应值；

$S_{XY} = \dfrac{n\sum_{i=1}^{n} x_i y_i - \sum_{i=1}^{n} x_i \sum_{i=1}^{n} y_i}{n}$。

4　X、Y的相关系数r

X、Y相关系数r的计算见式（A.2）。

$$r = \frac{S_{XY}}{\sqrt{S_{XX}S_{YY}}} \tag{A.2}$$

四、氯

（一）范围

本规范所提供的不确定度评定程序，用于指导烟草及烟草制品连续流动法测定常规化学成分氯测量不确定度的评定。

（二）引用文献

本规范引用文献如下：

JJF 1059《测量不确定度评定与表示》

YC/T 31《烟草及烟草制品 试样的制备和水分测定 烘箱法》

YC/T 162《烟草及烟草制品 氯的测定 连续流动法》

使用本规范时，应注意使用上述引用文献的现行有效版本。

（三）基本术语及概念

JJF 1059、YC/T 31、YC/T 162 中给出的相关术语和定义适用于本规范。

（四）数学模型和不确定度分量

1. 测量过程的数学模型

由 YC/T 162，被测烟草及烟草制品氯的数学模型见式（6－90）。

$$\text{CHL} = R_{\text{CHL}} \pm R_{\text{CHL}} \times \sqrt{[u_{\text{rel}}(m)]^2 + [u_{\text{rel}}(W)]^2 + [u_{\text{rel}}(V)]^2 + [u_{\text{rel}}(C)]^2 + [u_{\text{rel}}(\text{rep})]^2} \quad (6-90)$$

式中　CHL——氯量；

R_{CHL}——氯的测量值；

$u_{\text{rel}}(m)$——样品质量测量引入的相对影响量；

$u_{\text{rel}}(W)$——样品水分测量引入的相对影响量；

$u_{\text{rel}}(V)$——萃取液体积测量引入的相对影响量；

$u_{\text{rel}}(C)$——样品浓度测量引入的相对影响量；

$u_{\text{rel}}(\text{rep})$——测量重复性引入的相对影响量。

2. 不确定度分量评定

（1）样品质量测量引入的不确定度分量，$u_{\text{rel}}(m)$

a. 当天平校准给出天平的不确定度时，按式（6－91）计算。

$$u_{\text{rel}}(m) = \frac{\sqrt{2} \times U}{2 \times m} \quad (6-91)$$

式中　U——天平测量结果的扩展不确定度（$K=2$），mg；

m——样品质量，mg。

b. 当天平校准给出天平的最大允差时，按式（6－92）计算。

$$u_{\text{rel}}(m) = \frac{\sqrt{2} \times A}{\sqrt{3} \times m} \quad (6-92)$$

式中　A——天平的最大允差，mg；

m——样品质量，mg。

例 1：计量检定证书给出天平最大允差 0.5mg，按矩形分布、二次称量及样品的称量质量 250.0mg 估计，则

$$u_{\text{rel}}(m) = \frac{\sqrt{2} \times 0.5}{\sqrt{3} \times 250.0}$$

（2）样品水分测量引入的不确定度分量，$u_{\text{rel}}(W)$

样品水分引入的不确定度信息引用 YC/T 31 中对水分平行样的极差规定，

按式（6－93）计算。

$$u_{rel}(W)=\frac{0.1}{1.13\times\sqrt{2}\times W} \tag{6-93}$$

式中　0.1——YC/T 31 中对水分平行样的极差规定，%；

1.13——JJF 1059 中规定两平行测定时极差换算成标准偏差的系数；

W——样品的水分含量，%。

例 2：YC/T 31 给出水分平行样的极差不超过 0.1%，按 YC/T 31 中对平行样的极差规定换算为标准偏差（JJF 1059 中规定）及样品的水分 6.13% 估计，则

$$u_{rel}(W)=\frac{0.1}{1.13\times\sqrt{2}\times 6.13}$$

（3）样品萃取液体积测量引入的不确定度分量，$u_{rel}(V)$

样品萃取液体积测量引入的不确定度分量主要受定量加液器校准和温度影响。

a. 定量加液器校准引入的不确定度分量，$u_{rel}(D.C)$

当定量加液器校准给出定量加液器最大允差时，按式（6－94）计算。

$$u_{rel}(D.C)=\frac{B}{\sqrt{6}\times V} \tag{6-94}$$

式中　B——定量加液器的最大允差，mL；

V——样品萃取液体积，mL。

例 3：计量检定证书给出定量加液器在 20℃、加液 25mL 时最大允差为 0.20mL，按三角形分布估计，则

$$u_{rel}(D.C)=\frac{0.20}{\sqrt{6}\times 25}$$

b. 温度引入的不确定度分量，$u_{rel}(V.C)$

当温度引入的不确定度信息由实验室的温度波动范围给出，按式（6－95）计算。

$$u_{rel}(V.C)=\frac{V\times D\times 0.00021}{\sqrt{3}\times V} \tag{6-95}$$

式中　V——样品萃取液体积，mL；

D——实验室的温度波动范围，℃；

0.00021——水的体积膨胀系数，mL/℃。

例 4：定量加液器在 20℃校准、加液 25mL、实验室温度在（20±5）℃之

间变动，水的体积膨胀系数为0.00021mL/℃，按矩形分布估计，则

$$u_{rel}(V.C)=\frac{25\times5\times0.00021}{\sqrt{3}\times25}$$

c. 合成样品萃取液体积测量引入的不确定度分量见式（6-96），$u_{rel}(V)$

$$u_{rel}(V)=\sqrt{[u_{rel}(D.C)]^2+[u_{rel}(V.C)]^2} \tag{6-96}$$

（4）样品浓度测量引入的不确定度分量，u_{rel}（C）

样品浓度引入的不确定度分量主要受标准物质质量、标准储备液体积、标准物质纯度、标准储备液稀释、工作曲线拟合影响。

a. 标准物质质量引入的不确定度分量，$u_{rel}(S.m)$

当天平校准给出天平的扩展不确定度时，按式（6-97）计算。

$$u_{rel}(S.m)=\frac{\sqrt{2}\times U}{2\times m} \tag{6-97}$$

式中　U——天平测量结果的扩展不确定度（$K=2$），mg；

m——样品质量，mg。

当天平校准给出天平的最大允差时，按式（6-98）计算。

$$u_{rel}(S.m)=\frac{\sqrt{2}\times A}{\sqrt{3}\times m} \tag{6-98}$$

式中　A——天平的最大允差，mg；

m——样品质量，mg。

b. 标准储备液体积引入的不确定度分量，$u_{rel}(S.V)$

标准储备液体积测量引入的不确定度分量主要受容量瓶校准和温度影响。

当容量瓶引入的不确定度信息由容量瓶计量证书给出时，按式（6-99）计算。

$$u_{rel}(S.F)=\frac{E}{\sqrt{6}\times V} \tag{6-99}$$

式中　u_{rel}（$S.F$）——容量瓶引入的不确定度分量，mL；

E——容量瓶的最大允差，mL；

V——容量瓶的体积，mL。

例5：计量检定证书给出500mL容量瓶的最大允差0.25mL，按三角形分布估计，则

$$u_{rel}(S.F)=\frac{0.25}{\sqrt{6}\times500}$$

温度引入的不确定度信息由实验室的温度波动范围给出时，按式（6-100）

计算。

$$u_{rel}(S.C) = \frac{V \times D \times 0.00021}{\sqrt{3} \times V} \tag{6-100}$$

式中　$u_{rel}(S.C)$——温度引入的不确定度分量，mL；

V——容量瓶的体积，mL；

D——实验室的温度波动范围,℃；

0.00021——水的体积膨胀系数，mL/℃。

例 6：500mL 容量瓶在 20℃校准，实验室温度在（20 ±5)℃之间变动，水的体积膨胀系数为 0.00021mL/℃，按矩形分布估计，则

$$u_{rel}(S.C) = \frac{500 \times 5 \times 0.00021}{\sqrt{3} \times 500}$$

由此，合成标准储备液体积引入的不确定度分量见式（6－101）。

$$u_{rel}(S.V) = \sqrt{[u(S.F)]^2 + [u(S.C)]^2} \tag{6-101}$$

c. 标准物质纯度引入的不确定度分量，$u_{rel}(S.P)$

当标准物质纯度引入的不确定度信息由标准物质证书给出时，按式（6－102）计算。

$$u_{rel}(S.P) = \frac{F}{\sqrt{3} \times G} \tag{6-102}$$

式中　F——标准物质纯度的允差,%；

G——标准物质的纯度,%。

例 7：证书给出氯化钠的纯度为（99.97 ±0.02)%，按均匀分布估计，则

$$u_{rel}(S.P) = \frac{0.12}{\sqrt{3} \times 99.97}$$

d. 标准储备液稀释引入的不确定度分量，$u_{rel}(S.D)$

标准储备液稀释引入的不确定度分量主要受容量瓶校准、定容体积温度影响、移液管校准和移出液体温度影响。

当容量瓶引入的不确定度信息由容量瓶计量证书给出时，按式（6－103）计算。

$$u_{rel}(S.D.F) = \frac{E}{\sqrt{6} \times V} \tag{6-103}$$

式中　$u_{rel}(S.D.F)$——容量瓶引入的不确定度分量，mL；

E——容量瓶的最大允差，mL；

V——容量瓶的体积，mL。

定容体积温度引入的不确定度信息由实验室的温度波动范围给出时，按式（6－104）计算。

$$u_{rel}(S.D.F.C) = \frac{V \times D \times 0.00021}{\sqrt{3} \times V} \tag{6-104}$$

式中　$u_{rel}(S.D.F.C)$——定容体积温度引入的不确定度分量，mL；

V——容量瓶的体积，mL；

D——实验室的温度波动范围，℃；

0.00021——水的体积膨胀系数，mL/℃。

当移液管引入的不确定度信息由移液管计量证书给出时，按式（6－105）计算。

$$u_{rel}(S.D.P) = \frac{H}{\sqrt{6} \times V} \tag{6-105}$$

式中　$u_{rel}(S.D.P)$——移液管引入的不确定度分量，mL；

H——移液管的最大允差，mL；

V——移出液体的体积，mL。

当移出液体温度引入的不确定度信息由实验室的温度波动范围给出时，按式（6－106）计算。

$$u_{rel}(S.D.P.C) = \frac{V \times D \times 0.00021}{\sqrt{3} \times V} \tag{6-106}$$

式中　$u_{rel}(S.D.P.C)$——移出液体温度引入的不确定度分量，mL；

V——移出液体的体积，mL；

D——实验室的温度波动范围，℃；

0.00021——水的体积膨胀系数，mL/℃。

由此，合成标准储备液稀释引入的不确定度分量见式（6－107）。

$$u_{rel}(S.D) = \sqrt{[u(S.D.F)]^2 + [u(S.D.F.C)]^2 + [u(S.D.P)]^2 + [u(S.D.P.C)]^2} \tag{6-107}$$

例8：实验室温度在（20±5）℃之间变动，计量检定证书给出100mL容量瓶的最大允差0.20mL、10mL分度吸管的最大允差0.020mL、5mL分度吸管的最大允差0.025mL、1mL分度吸管的最大允差0.015mL，配置工作标准溶液使用了5个100mL容量瓶、3根10mL分度吸管、1根5mL分度吸管和2根1mL分度吸管按三角形分布估计，则

$$u_{rel}(S.D) = \sqrt{5 \times \left[\frac{0.20}{\sqrt{6} \times 100}\right]^2 + 5 \times \left[\frac{100 \times 5 \times 0.00021}{\sqrt{3} \times 100}\right]^2 + 3 \times \left[\frac{0.020}{\sqrt{6} \times 10}\right]^2}$$

$$\sqrt{+3\times\left[\frac{10\times5\times0.00021}{\sqrt{3}\times10}\right]^2+1\times\left[\frac{0.025}{\sqrt{6}\times5}\right]^2+1\times\left[\frac{5\times5\times0.00021}{\sqrt{3}\times5}\right]^2}$$

$$\sqrt{+2\times\left[\frac{0.015}{\sqrt{6}\times1}\right]^2+2\times\left[\frac{1\times5\times0.00021}{\sqrt{3}\times1}\right]^2}$$

e. 工作曲线拟合引入的不确定度分量，$u_{rel}(C.S)$

连续流动法建立氯工作曲线采用最小二乘法拟合，参照附录 A 计算可得出 u_{rel}（$C.S$）。

f. 合成样品浓度测量引入的不确定度分量见式（6－108）

$$u_{rel}(C)=\sqrt{[u_{rel}(S.m)]^2+[u_{rel}(S.V)]^2+[u_{rel}(S.P)]^2+[u_{rel}(S.D)]^2+[u_{rel}(C.S)]^2} \tag{6-108}$$

（5）样品测量重复性引入的不确定度分量，$u_{rel}(\text{rep})$

样品测量重复性引入的不确定度分量，按式（6－109）计算。

$$u_{rel}(\text{rep})=\frac{S_r(\text{rep})}{R_{CHL}} \tag{6-109}$$

式中　$S_r(\text{rep})$——对同一样品进行 10 平行测量结果的标准偏差,%；

R_{CHL}——对同一样品进行 10 平行测量结果的平均值,%。

（五）合成标准不确定度

烟草及烟草制品氯 $u_{(CHL)}$ 的合成标准不确定度按式（6－110）计算。

$$u_{(CHL)}=R_{CHL}\times\sqrt{[u_{rel}(m)]^2+[u_{rel}(W)]^2+[u_{rel}(V)]^2+[u_{rel}(C)]^2+[u_{rel}(\text{rep})]^2} \tag{6-110}$$

（六）扩展不确定度

当给出扩展不确定度时，应注明包含因子 K 的取值。一般情况下可取 $K=2$,表述为：$U=2u_{(CHL)}$。

附录　拟合曲线参数的标准不确定度评定（参考件）

1. 原理

当被测量的估计值是由实验数据通过最小二乘法拟合的直线或曲线得到时，则任意预期的估计值，或拟合曲线参数的标准不确定度均可以利用已知的统计程序得到。

2. 回归方程

一般说来，氯分析中的两个物理量 X（氯）和 Y（响应值）之间为线性关系。对 x 和 y 独立测得 n 组数据，其结果为（x_1，y_1），（x_2，y_2），…，（x_n，y_n），且 $n>2$。通过最小二乘法拟合可得回归方程 $y=ax+b$。

3. 估计值的标准不确定度

氯分析中，对 x 进行测量，通过回归方程得 y，则 y 的标准不确定度见式（A. 1）。

$$u(y)=\frac{S_E}{a}\times\sqrt{\frac{1}{P}+\frac{1}{n}+\frac{(\bar{x}-\overline{N})^2}{S_{XX}}} \tag{A. 1}$$

式中 $S_E=\sqrt{\dfrac{S_{YY}-\dfrac{(S_{XY})^2}{S_{XX}}}{n-2}}$；

$a=\dfrac{S_{XY}}{S_{XX}}$；

P——样品测定次数；

n——工作曲线测定次数；

$\bar{x}$——测定平均值；

$\overline{N}$——工作曲线氯浓度平均值；

$S_{XX}=\dfrac{n\sum\limits_{i=1}^{n}x_i^2-(\sum\limits_{i=1}^{n}x_i)^2}{n}$，$x_i$ 为浓度值；

$S_{YY}=\dfrac{n\sum\limits_{i=1}^{n}y_i^2-(\sum\limits_{i=1}^{n}y_i)^2}{n}$，$y_i$ 为峰高响应值；

$S_{XY}=\dfrac{n\sum\limits_{i=1}^{n}x_iy_i-\sum\limits_{i=1}^{n}x_i\sum\limits_{i=1}^{n}y_i}{n}$。

4. X、Y 的相关系数 r

X、Y 相关系数 r 的计算见式（A. 2）。

$$r=\frac{S_{XY}}{\sqrt{S_{XX}S_{YY}}} \tag{A. 2}$$

五、钾

（一）范围

本规范所提供的不确定度评定程序，用于指导烟草及烟草制品 连续流动法测定常规化学成分钾测量不确定度的评定。

（二）引用文献

本规范引用文献如下：

JJF 1059《测量不确定度评定与表示》

YC/T 31《烟草及烟草制品 试样的制备和水分测定 烘箱法》

YC/T 217《烟草及烟草制品 钾的测定 连续流动法》

使用本规范时，应注意使用上述引用文献的现行有效版本。

（三）基本术语及概念

JJF 1059、YC/T 31、YC/T 217 中给出的相关术语和定义适用于本规范。

（四）数学模型和不确定度分量

1. 测量过程的数学模型

由 YC/T 217，被测烟草及烟草制品钾的数学模型见式（6－111）。

$$\mathrm{POT} = R_{\mathrm{POT}} \pm R_{\mathrm{POT}} \times \sqrt{[u_{\mathrm{rel}}(m)]^2 + [u_{\mathrm{rel}}(W)]^2 + [u_{\mathrm{rel}}(V)]^2 + [u_{\mathrm{rel}}(C)]^2 + [u_{\mathrm{rel}}(\mathrm{rep})]^2} \tag{6-111}$$

式中 POT——钾量；

R_{POT}——钾的测量值；

$u_{\mathrm{rel}}(m)$——样品质量测量引入的相对影响量；

$u_{\mathrm{rel}}(W)$——样品水分测量引入的相对影响量；

$u_{\mathrm{rel}}(V)$——萃取液体积测量引入的相对影响量；

$u_{\mathrm{rel}}(C)$——样品浓度测量引入的相对影响量；

$u_{\mathrm{rel}}(\mathrm{rep})$——测量重复性引入的相对影响量。

2. 不确定度分量评定

（1）样品质量测量引入的不确定度分量，$u_{\mathrm{rel}}(m)$

a. 当天平校准给出天平的不确定度时，按式（6－112）计算。

$$u_{\mathrm{rel}}(m) = \frac{\sqrt{2} \times U}{2 \times m} \tag{6-112}$$

式中 U——天平测量结果的扩展不确定度（$K=2$），mg；

m——样品质量，mg。

b. 当天平校准给出天平的最大允差时，按式（6－113）计算。

$$u_{\mathrm{rel}}(m) = \frac{\sqrt{2} \times A}{\sqrt{3} \times m} \tag{6-113}$$

式中 A——天平的最大允差，mg；

m——样品质量，mg。

例1：计量检定证书给出天平最大允差0.5mg，按矩形分布、二次称量及样品的称量质量250.0mg估计，则

$$u_{rel}(m) = \frac{\sqrt{2} \times 0.5}{\sqrt{3} \times 250.0}$$

（2）样品水分测量引入的不确定度分量，$u_{rel}(W)$

样品水分引入的不确定度信息引用YC/T 31中对水分平行样的极差规定，按式（6－114）计算。

$$u_{rel}(W) = \frac{0.1}{1.13 \times \sqrt{2} \times W} \tag{6-114}$$

式中 0.1——YC/T 31中对水分平行样的极差规定，%；

1.13——JJF 1059中规定两平行测定时极差换算成标准偏差的系数；

W——样品的水分含量，%。

例2：YC/T 31给出水分平行样的极差不超过0.1%，按YC/T 31中对平行样的极差规定换算为标准偏差（JJF 1059中规定）及样品的水分6.13%估计，则

$$u_{rel}(W) = \frac{0.1}{1.13 \times \sqrt{2} \times 6.13}$$

（3）样品萃取液体积测量引入的不确定度分量，$u_{rel}(V)$

样品萃取液体积测量引入的不确定度分量主要受定量加液器校准和温度影响。

a. 定量加液器校准引入的不确定度分量，$u_{rel}(D.C)$

当定量加液器校准给出定量加液器最大允差时，按式（6－115）计算。

$$u_{rel}(D.C) = \frac{B}{\sqrt{6} \times V} \tag{6-115}$$

式中 B——定量加液器的最大允差，mL；

V——样品萃取液体积，mL。

例3：计量检定证书给出定量加液器在20℃、加液25mL时最大允差为0.20mL，按三角形分布估计，则

$$u_{rel}(D.C) = \frac{0.20}{\sqrt{6} \times 25}$$

b. 温度引入的不确定度分量，$u_{rel}(V.C)$

当温度引入的不确定度信息由实验室的温度波动范围给出，按式（6－116）计算。

$$u_{rel}(V.C) = \frac{V \times D \times 0.00021}{\sqrt{3} \times V} \tag{6-116}$$

式中　V——样品萃取液体积，mL；

D——实验室的温度波动范围,℃；

0.00021——水的体积膨胀系数，mL/℃。

例4：定量加液器在20℃校准、加液25mL、实验室温度在（20±5）℃之间变动，水的体积膨胀系数为0.00021mL/℃，按矩形分布估计，则

$$u_{rel}(V.C) = \frac{25 \times 5 \times 0.00021}{\sqrt{3} \times 25}$$

c. 合成样品萃取液体积测量引入的不确定度分量见式（6－117），$u_{rel}(V)$

$$u_{rel}(V) = \sqrt{[u_{rel}(D.C)]^2 + [u_{rel}(V.C)]^2} \tag{6-117}$$

（4）样品浓度测量引入的不确定度分量，$u_{rel}(C)$

样品浓度引入的不确定度分量主要受标准物质质量、标准储备液体积、标准物质纯度、标准储备液稀释、工作曲线拟合影响。

a. 标准物质质量引入的不确定度分量，$u_{rel}(S.m)$

当天平校准给出天平的扩展不确定度时，按式（6－118）计算。

$$u_{rel}(S.m) = \frac{\sqrt{2} \times U}{2 \times m} \tag{6-118}$$

式中　U——天平测量结果的扩展不确定度（$K=2$），mg；

m——样品质量，mg。

当天平校准给出天平的最大允差时，按式（6－119）计算。

$$u_{rel}(S.m) = \frac{\sqrt{2} \times A}{\sqrt{3} \times m} \tag{6-119}$$

式中　A——天平的最大允差，mg；

m——样品质量，mg。

b. 标准储备液体积引入的不确定度分量，$u_{rel}(S.V)$

标准储备液体积测量引入的不确定度分量主要受容量瓶校准和温度影响。

当容量瓶引入的不确定度信息由容量瓶计量证书给出时，按式（6－120）计算。

$$u_{rel}(S.F) = \frac{E}{\sqrt{6} \times V} \tag{6-120}$$

式中　$u_{rel}(S.F)$——容量瓶引入的不确定度分量，mL；

E——容量瓶的最大允差，mL；

V——容量瓶的体积，mL。

例5：计量检定证书给出500mL容量瓶的最大允差0.25mL，按三角形分布估计，则

$$u_{rel}(S.F) = \frac{0.25}{\sqrt{6}\times 500}$$

温度引入的不确定度信息由实验室的温度波动范围给出时，按式（6－121）计算。

$$u_{rel}(S.C) = \frac{V\times D\times 0.00021}{\sqrt{3}\times V} \tag{6-121}$$

式中 $u_{rel}(S.C)$——温度引入的不确定度分量，mL；

V——容量瓶的体积，mL；

D——实验室的温度波动范围，℃；

0.00021——水的体积膨胀系数，mL/℃。

例6：500mL容量瓶在20℃校准，实验室温度在（20±5）℃之间变动，水的体积膨胀系数为0.00021mL/℃，按矩形分布估计，则

$$u_{rel}(S.C) = \frac{500\times 5\times 0.00021}{\sqrt{3}\times 500}$$

由此，合成标准储备液体积引入的不确定度分量见式（6－122）。

$$u_{rel}(S.V) = \sqrt{[u(S.F)]^2 + [u(S.C)]^2} \tag{6-122}$$

c. 标准物质纯度引入的不确定度分量，$u_{rel}(S.P)$

当标准物质纯度引入的不确定度信息由标准物质证书给出时，按式（6－123）计算。

$$u_{rel}(S.P) = \frac{F}{\sqrt{3}\times G} \tag{6-123}$$

式中 F——标准物质纯度的允差，%；

G——标准物质的纯度，%。

例7：证书给出氯化钾的纯度为（99.97±0.02）%，按均匀分布估计，则

$$u_{rel}(S.P) = \frac{0.5}{\sqrt{3}\times 99.97}$$

d. 标准储备液稀释引入的不确定度分量，$u_{rel}(S.D)$

标准储备液稀释引入的不确定度分量主要受容量瓶校准、定容体积温度影响、移液管校准和移出液体温度影响。

当容量瓶引入的不确定度信息由容量瓶计量证书给出时，按式（6－124）

计算。

$$u_{\mathrm{rel}}(S.D.F)=\frac{E}{\sqrt{6}\times V} \tag{6-124}$$

式中　$u_{\mathrm{rel}}(S.D.F)$——容量瓶引入的不确定度分量，mL；

E——容量瓶的最大允差，mL；

V——容量瓶的体积，mL。

定容体积温度引入的不确定度信息由实验室的温度波动范围给出时，按式（6－125）计算。

$$u_{\mathrm{rel}}(S.D.F.C)=\frac{V\times D\times 0.00021}{\sqrt{3}\times V} \tag{6-125}$$

式中　$u_{\mathrm{rel}}(S.D.F.C)$——定容体积温度引入的不确定度分量，mL；

V——容量瓶的体积，mL；

D——实验室的温度波动范围，℃；

0.00021——水的体积膨胀系数，mL/℃。

当移液管引入的不确定度信息由移液管计量证书给出时，按式（6－126）计算。

$$u_{\mathrm{rel}}(S.D.P)=\frac{H}{\sqrt{6}\times V} \tag{6-126}$$

式中　$u_{\mathrm{rel}}(S.D.P)$——移液管引入的不确定度分量，mL；

H——移液管的最大允差，mL；

V——移出液体的体积，mL。

当移出液体温度引入的不确定度信息由实验室的温度波动范围给出时，按式（6－127）计算。

$$u_{\mathrm{rel}}(S.D.P.C)=\frac{V\times D\times 0.00021}{\sqrt{3}\times V} \tag{6-127}$$

式中　$u_{\mathrm{rel}}(S.D.P.C)$——移出液体温度引入的不确定度分量，mL；

V——移出液体的体积，mL；

D——实验室的温度波动范围，℃；

0.00021——水的体积膨胀系数，mL/℃。

由此，合成标准储备液稀释引入的不确定度分量见式（6－128）。

$$u_{\mathrm{rel}}(S.D)=\sqrt{[u(S.D.F)]^2+[u(S.D.F.C)]^2+[u(S.D.P)]^2+[u(S.D.P.C)]^2} \tag{6-128}$$

例8：实验室温度在20±5℃之间变动，计量检定证书给出100mL容量瓶的最大允差0.20mL、10mL分度吸管的最大允差0.020mL、5mL分度吸管的最大允差0.025mL、10mL分度吸管的最大允差0.020mL、5mL分度吸管的最大允差0.025mL、1mL分度吸管的最大允差0.015mL，配制工作标准溶液使用了5个100mL容量瓶、4根10mL分度吸管、3根5mL分度吸管和1根1mL分度吸管，按三角形分布估计，则

$$u_{rel}(S.D) = \sqrt{5\times\left[\frac{0.20}{\sqrt{6}\times 100}\right]^2 + 5\times\left[\frac{100\times 5\times 0.00021}{\sqrt{3}\times 100}\right]^2 + 4\times\left[\frac{0.020}{\sqrt{6}\times 10}\right]^2 + 3\times\left[\frac{10\times 5\times 0.00021}{\sqrt{3}\times 10}\right]^2 + 3\times\left[\frac{0.025}{\sqrt{6}\times 5}\right]^2 + 3\times\left[\frac{5\times 5\times 0.00021}{\sqrt{3}\times 5}\right]^2 + 1\times\left[\frac{0.015}{\sqrt{6}\times 1}\right]^2 + 1\times\left[\frac{1\times 5\times 0.00021}{\sqrt{3}\times 1}\right]^2}$$

e. 工作曲线拟合引入的不确定度分量，$u_{rel}(C.S)$

连续流动法建立钾工作曲线采用最小二乘法拟合，参照附录A计算可得出$u_{rel}(C.S)$。

f. 合成样品浓度测量引入的不确定度分量见式（6-129）

$$u_{rel}(C) = \sqrt{[u_{rel}(S.m)]^2 + [u_{rel}(S.V)]^2 + [u_{rel}(S.P)]^2 + [u_{rel}(S.D)]^2 + [u_{rel}(C.S)]^2} \tag{6-129}$$

（5）样品测量重复性引入的不确定度分量，$u_{rel}(\text{rep})$

样品测量重复性引入的不确定度分量，按式（6-130）计算。

$$u_{rel}(\text{rep}) = \frac{S_r(\text{rep})}{R_{POT}} \tag{6-130}$$

式中 S_r（rep）——对同一样品进行10平行测量结果的标准偏差，%；

R_{POT}——对同一样品进行10平行测量结果的平均值，%。

（五）合成标准不确定度

烟草及烟草制品钾$u_{(POT)}$的合成标准不确定度按式（6-131）计算。

$$u_{(POT)} = R_{POT}\times\sqrt{[u_{rel}(m)]^2 + [u_{rel}(W)]^2 + [u_{rel}(V)]^2 + [u_{rel}(C)]^2 + [u_{rel}(\text{rep})]^2} \tag{6-131}$$

（六）扩展不确定度

当给出扩展不确定度时，应注明包含因子K的取值。一般情况下可取$K=2$，表述为：$U=2u_{(POT)}$。

附录　拟合曲线参数的标准不确定度评定（参考件）

1. 原理

当被测量的估计值是由实验数据通过最小二乘法拟合的直线或曲线得到时，则任意预期的估计值，或拟合曲线参数的标准不确定度均可以利用已知的统计程序得到。

2. 回归方程

一般说来，钾分析中的两个物理量 X（钾）和 Y（响应值）之间为线性关系。对 x 和 y 独立测得 n 组数据，其结果为（x_1，y_1），（x_2，y_2），…，（x_n，y_n），且 $n>2$。通过最小二乘法拟合可得回归方程 $y=ax+b$。

3. 估计值的标准不确定度

钾分析中，对 x 进行测量，通过回归方程得 y，则 y 的标准不确定度见式（A.1）。

$$u(y) = \frac{S_E}{a} \times \sqrt{\frac{1}{P} + \frac{1}{n} + \frac{(\bar{x} - \bar{N})^2}{S_{XX}}} \tag{A.1}$$

式中 $S_E = \sqrt{\dfrac{S_{YY} - \dfrac{(S_{XY})^2}{S_{XX}}}{n-2}}$；

$a = \dfrac{S_{XY}}{S_{XX}}$；

P——样品测定次数；

n——工作曲线测定次数；

$\bar{x}$——测定平均值；

$\bar{N}$——工作曲线钾浓度平均值；

$S_{XX} = \dfrac{n\sum_{i=1}^{n} x_i^2 - (\sum_{i=1}^{n} x_i)^2}{n}$，$x_i$ 为浓度值；

$S_{YY} = \dfrac{n\sum_{i=1}^{n} y_i^2 - (\sum_{i=1}^{n} y_i)^2}{n}$，$y_i$ 为峰高响应值；

$S_{XY} = \dfrac{n\sum_{i=1}^{n} x_i y_i - \sum_{i=1}^{n} x_i \sum_{i=1}^{n} y_i}{n}$。

4. X、Y 的相关系数 r

X、Y 相关系数 r 的计算见式（A.2）。

$$r = \frac{S_{XY}}{\sqrt{S_{XX}S_{YY}}} \tag{A.2}$$

第七章
连续流动分析应用展望

随着科学技术发展促使产品设计和制造业不断升级，尤其是智能互联技术的出现，连续流动分析技术也跟随时代发展潮流，实现随时随地智能互联，连续流动分析仪也需要不断完善和升级，开发设计出越来越先进的分析仪器，以满足人们对连续流动分析技术不断提出的更高需求。因此连续流动分析技术必然向着智能化、小型化、专业化、环境友好分析方向发展。

（一）智能化

几次工业革命的产生，究其原因，归根结底是为了提高生产效率、提高产品质量、优化生产要素配置、降低成本，以满足用户不断增长的个性化需求。21 世纪是智能化新时代，事物在大数据、互联网和人工智能等技术的支持下，所具有的能动地满足人的各种需求的属性。与传统分析仪器相比，智能仪器具有以下功能特点：

①操作自动化，涵盖仪器自动稳定分析、数据采集与处理、传输与显示、打印等功能，实现测量过程的全部自动化。

②自测功能，包括自动调零、自动故障与状态检验、自动校准、自诊断及量程自动转换等。智能仪器能自动检测出故障的部位甚至故障的原因。

③具有数据处理功能，这是智能仪器的主要优点之一。智能仪器由于采用了单片机或微控制器，使得许多原来用硬件逻辑难以解决或根本无法解决的问题，现在可以用软件非常灵活地加以解决。

④具有友好的人机对话能力。智能仪器使用键盘代替传统仪器中的切换开关，操作人员只需通过键盘输入命令，就能实现某种测量功能。与此同时，智能仪器还通过显示屏将仪器的运行情况、工作状态以及对测量数据的处理结果及时告诉操作人员，使仪器的操作更加方便直观。

⑤具有可编程操控能力。一般智能仪器都配有各种各样的标准通信接口，可以很方便地与 PC 机和其他仪器一起组成用户所需要的多种功能的自动测量系统，来完成更复杂的测试任务。

连续流动分析技术也应顺应时代潮流，逐步迈进智能化时代。基于连续流动分析技术原理，大批量样品进行检测时充分发挥其分析优点，极大减少了分析所需人力物力、缩短了分析所需时间、提高了检测的准确度和精密度、提高了检测效率，所以连续流动分析技术在一定时间内会长期存在。连续流动分析技术应以智能化为导向，借助数字自动化技术，增加智能收集仪器运行参数技术设备，实现仪器智能运行、智能识别曲线稳定性技术、智能探针溶液浓度判断技术与数据积累、仪器自动故障判别技术、数据自动处理与显示系统、停电故障数据记录预处理等等，促进连续流动分析仪的数字化，然后以此为基础向智能化过渡，最终实现通过网络、大数据、人工智能等方式对连续流动分析仪进行智能分析和控制。

（二）小型化

当前分析仪器总是以大型、精密、娇贵的特点呈现在大众面前。由于受到财力、实验室空间、现场、人员等因素影响，仪器的推广应用受到诸多限制，越来越多研发者倾向于将仪器产品设计得更加小型便携。分析仪器小型化就是在不改变仪器自身功能和精密程度情况下的微型化，但往往在实现基本功能前提下会损失一些精密度，起到快速检测的目的。

连续流动分析仪目前只能应用于实验室分析，无法在现场检测中发挥关键作用。如：烟草生产过程中，为便于对烟草生长、发育、成熟度等整个生产过程进行质量跟踪监控，检验工作将会逐步走向田间一线。而目前的连续流动分析仪体积较大，不易携带，随着电子集成、纳米化学等技术的发展与应用，连续流动分析仪将向着便携小型化的方向发展。

（三）专业化

随着科技水平的提高，同一分析仪器要适应不同专业发展需求，不同研究领域对仪器的需求有很大差异，分析仪器的专业化方向发展是科技发展的必然要求，如气相色谱质谱连用仪在石油分析领域能够实现准确定量分析就可满足需求，而在生命科学领域必然朝着高通量、高灵敏度、高选择性、实时等方向发展。

连续流动分析仪当前应用于水质、烟草、农业、食品、环境等多研究领域，各行业标准差异、样品基质差异、灵敏度需求不同，致使客户对仪器也有不同的需求，连续流动分析仪也需要针对不同研究领域进行专业化设计。如硝酸盐检测在水质和食品中是截然不同的，水质检测要求批量快速稳定分

析，而食品检测则要求快速准确可靠，二者基质差异，就要求仪器设计要有所差异。

（四）环境友好

连续流动分析技术相对于传统分光光度分析技术，已发生重大技术进步，极大节省人力物力财力，尤其是在减少化学品使用及废弃物排放方面实现环境友好；但是随着科学技术进步和自然资源枯竭，每一个分析技术工作者都应自觉开发化学品使用少、污染排放少、无危害的环境友好分析方法，满足人们日益增长对美好环境的向往。

目前连续流动分析仪管径一般在 1.0 ~ 1.5mm，而毛细管管径一般小于 1.0mm。随着毛细管技术的成熟及其在连续流动分析仪上的应用，未来的连续流动分析仪体积将更小，灵敏度更高，试剂消耗更少，也是环境发展对连续流动分析仪的必然要求。

连续流动分析仪在各行业中的应用已十分成熟，许多方法得到完善并形成行业标准分析方法，环境友好方向发展对分析方法开发者是一种挑战，必然要打破现有分析技术体系，开发环境友好的连续流动分析方法，如采用连续流动法测定总植物碱时，其试剂中包括剧毒物质氰化钾。虽然整个反应在密闭的管路中进行，但在试剂配制和废液处理过程中，实验人员还是不可避免地会接触到剧毒物质，不利于实验人员的安全，并对环境产生不良影响。现在越来越多的研究正力图用无害试剂代替毒害较大、对环境污染较严重的试剂。

总之，连续流动分析技术伴随着科学技术的进步呈现出快速发展，以满足不同领域对其质量的不懈追求。

附录
连续流动分析方法汇编

附录1　烟草常规成分的CORESTA推荐方法

一、烟草中糖的测定

1.1　总糖的测定——CORESTA Recommended Method N° 89

Tobacco – determination of the content of total sugars – continuous – flow analysis method using hydrochloric acid/p – hydroxy benzoic acid hydrazide (PAHBAH) (April 2019)

0. INTRODUCTION

In 2015 the CORESTA Routine Analytical Chemistry Sub – Group (RAC) undertook a collaborative study for the determination of "Total Sugars" in tobacco by segmented continuous – flow analysis (CFA). "Total sugars" is defined as the combined amount of reducing sugars and non – reducing sugars present in a sample. The predominant sugars found in tobacco are the monosaccharides fructose and glucose, which are both reducing sugars. The most common non – reducing sugar found in tobacco is the disaccharide sucrose. The CORESTA Recommended Method for reducing sugars (CRM N° 38) was used as a basis for the development of this CRM to maintain compatibility and efficiency as reducing and non – reducing sugars are often analysed in parallel. Non – reducing sugars can be converted to reducing sugars by hydrolysis with either an acid or an enzyme. Once reduced they can react with one of several colour – forming compounds (*e. g.* PAHBAH)[1],[2]. Additionally, the extraction solution (water or acetic acid) was examined, because of a note given in CRM N° 38 regarding that hydrolysis of sucrose may occur for some tobaccos if extracted with distilled water.

1. FIELD OF APPLICATION

This CRM specifies a method for the determination of the content of "Total Sugars" as glucose in tobacco by CFA using hydrochloric acid (HCl) for hydrolysis and p – hydroxybenzoic acid hydrazide (PAHBAH) for colour formation.

This method is applicable to unprocessed tobacco lamina and processed tobacco such as cigarette blend tobacco and roll – your – own (RYO) tobacco.

2. NORMATIVE REFERENCES

ISO 3696 Water for analytical laboratory use – Specification and test methods.

3. TERMS AND DEFINITIONS

No terms and definitions are listed in this document.

4. PRINCIPLE

An aqueous extract of the tobacco is prepared and the total sugar content (as glucose) of the extract is analysed by CFA. The extract is heated in the presence of HCl at 90℃, which hydrolyses any sucrose present to glucose and fructose. The reduced sample extract is passed through a dialyser to eliminate interference from coloured compounds in the sample and then reacts with PAHBAH in an alkaline medium at 85℃ to produce a yellow osazone complex.

Quantitation is by external standard using a series of glucose calibration standards (0.05mg/mL ~ 2.5mg/mL) prepared with the same extraction solution. All measurements are performed at 420nm.

A collaborative study[3] has shown that the method gives comparable results for water and 5% acetic acid extracts. It is recommended that 5% acetic acid extracts should be used if analysis of reducing carbohydrates (CRM N° 38) is to be carried out in parallel.

5. APPARATUS

Usual laboratory apparatus and, in particular, the following items:

5.1 Continuous – flow analyser, consisting of

- Autosampler
- Peristaltic pump
- Chemistry manifold with dialyser, heating bath and delay coils
- Photometric detector equipped with a 420nm filter

– Data acquisition system or recorder

See Annex A for examples of suitable flow diagrams.

6. REAGENTS

Use only reagents of recognized analytical grade. All reagents shall be used according to good laboratory practice and existing national regulations. Water must be high quality distilled or deionized (DI) water (according to ISO 3696).

6.1 Polyoxyethylene lauryl ether (Brij – 35®, 30% w/w solution), CAS # 9002 – 92 – 0

6.2 Acetic acid, glacial, CAS # 64 – 19 – 7

6.3 Hydrochloric acid (HCl), 37%, CAS # 7647 – 01 – 0

6.4 Sodium hydroxide (NaOH), CAS # 1310 – 73 – 2

6.5 Calcium chloride hexahydrate, $CaCl_2 * 6H_2O$, CAS # 7774 – 34 – 7

6.6 p – Hydroxy benzoic acid hydrazide (PAHBAH), CAS # 5351 – 23 – 5

6.7 Citric acid monohydrate, CAS # 5949 – 29 – 1

6.8 Benzoic acid, CAS # 65 – 85 – 0

6.9 D – glucose, CAS # 50 – 99 – 7

7. PREPARATION OF SOLUTIONS

All reagents shall be of analytical grade quality. For best results, all solutions that include the dissolution of a solid should be filtered prior to use.

Appropriate safety and health practices shall be established according to national regulations.

7.1 System wash solution

Add 1mL of Brij – 35®, 30% solution to about 800mL DI water and mix carefully. Then dilute to 1000mL with DI water. Replace every week in a clean bottle. Depending on the system the amount of 0.5mL 30% solution of Brij – 35® per liter reagent might also be suitable.

7.2 Sampler wash solution

Use the extraction solution, DI water or acetic acid (5%) (7.3), as sampler wash solution.

7.3 Acetic acid solution 5% (v/v)

Add 50mL of acetic acid (glacial) to about 500mL of DI water. Dilute to

1000mL with DI water and mix thoroughly.

7.4 Hydrochloric acid solution "A", 0.5mol/L (hydrolysis reagent)

Slowly add 42mL of hydrochloric acid (37%) to about 500mL of DI water. Dilute to 1000mL with DI water, add 0.5mL of Brij – 35®, 30% solution and mix thoroughly. Stable for as long as the solution remains clear.

7.5 Hydrochloric acid solution "B", 0.5mol/L

Slowly add 42mL of hydrochloric acid (37%) to about 500mL of DI water. Dilute to 1000mL with DI water and mix thoroughly. Stable for as long as the solution remains clear.

7.6 Sodium hydroxide solution, 0.5mol/L

Dissolve 20g of sodium hydroxide in about 700mL of DI water. Dilute to 1000mL, add 0.5mL Brij – 35® solution and mix thoroughly. Stable for as long as the solution remains clear.

7.7 Calcium chloride solution, 0.008mol/L

Dissolve 1.75g of calcium chloride hexahydrate in about 700mL of DI water. Dilute to 1000mL, add 0.5mL Brij – 35® solution and mix thoroughly. If a precipitate occurs when dissolving the calcium chloride hexahydrate, then filter the solution. Stable for as long as the solution remains clear.

7.8 p – Hydroxy benzoic acid hydrazide (PAHBAH) solution

Place 400mL of HCl solution (7.5) in a beaker, warm it to 45℃ and under constant stirring add 25g PAHBAH and 10.5g citric acid monohydrate to the HCl solution. Let the solution cool down, transfer it to a volumetric flask and dilute to volume with the HCl solution (7.5).

7.9 Benzoic acid solution 0.1% (w/v) (stabilizing agent for the standard solutions)

Dissolve 2.0g of benzoic acid in 2 liters of DI water.

8. STANDARDS

8.1 D – glucose stock solution

Weigh, to the nearest 0.0001g, 10.0g of glucose, dissolve in about 800mL of 0.1% benzoic acid (7.9, stabilizing agent if water extraction is used) respectively 5% acetic acid (7.3, if acetic acid extraction is used) and dilute to volume. This solution contains 10mg of glucose per liter. Store in a refrigerator.

8.2 D－glucose working standards

From the stock glucose solution, prepare a series of at least six calibration solutions according to the "Total Sugars" concentration which is expected to be found in the test samples (*e.g.* 0.05mg/mL～2.5mg/mL). Store in a refrigerator.

Table 1 D－glucose calibration standards －Nominal Concentrations

Standard ID	Nominal D－glucose concentration (mg/mL)
1	0.05
2	0.50
3	1.00
4	1.50
5	2.00
6	2.50

9. SAMPLE PROCEDURE

9.1 Preparation of samples for analysis

Prepare the tobacco for analysis by grinding (the sample should totally pass a 1mm sieve) and analyse. If the tobacco is too wet for grinding it can be dried at a temperature not exceeding 40℃. For result calculation on a dry weight basis determine the moisture content.

9.2 Test portion

Weigh to the nearest 0.1mg, approximately 250mg, of the ground tobacco into a 50mL conical flask. Add 25mL of the extraction solution (water or 5% acetic acid solution). Stopper and shake for 30 minutes at a suitable mixing speed.

9.3 Preparation of test extract

Filter the extract through a quantitative filter paper such as Whatman No 401 (or equivalent ashless, quantitative filter paper) filter paper, rejecting the first few mL of the filtrate, then collect the filtrate. Run the sample and standards through the system in the normal manner (*e.g.* priming with a high－level standard, calibration standards and samples with an intermediate calibration solution after every 25 samples) . If sample concentration lies outside the range of the standards, the sample shall be diluted and run again.

When using 5% acetic acid extracts, the wash solution shall be 5% acetic acid.

Note: If this method is performed simultaneously with the other CFA methods, combined standards may be possible.

[1]Whatman No. 40 is an example of a suitable product available commercially. This information is given for the convenience of the users of this recommended method and does not constitute an endorsement by CORESTA of this product.

10. CALCULATION

10.1 Prepare a calibration curve by plotting Total Sugars (as d - glucose) instrument response against standard concentration. Compute sample concentration by comparing sample response with the standard curve.

10.2 Calculate the percentage of "Total Sugars", w, in the tobacco using the formula A:

$$w = \frac{c \times V \times 100}{m}$$

where

c is the "Total sugars" concentration, expressed in milligrams per millilitre, obtained from the calibration curve (10.1);

V is the volume, in millilitres, of the sample (see 9.2), normally 25mL;

m is the mass, in milligrams, of the sample (see 9.2);

Calculate, if applicable, the percentage of "Total sugars" on a dry weight basis, wd, in the tobacco using the formula B:

$$wd = \frac{c \times V \times 100}{m} \times \frac{100}{100 - M}$$

where

c is the "Total sugars" concentration, expressed in milligrams per millilitre, obtained from the calibration curve (10.1);

V is the volume, in millilitres, of the sample (see 9.2), normally 25mL;

m is the mass, in milligrams, of the sample (see 9.2);

M the moisture content, expressed as percentage by mass, of the tobacco (see 9.1)

The test result shall be expressed to one decimal place.

11. REPEATABILITY AND REPRODUCIBILITY

In 2015 an international collaborative study involving eight laboratories and five samples (three straight grade tobaccos, one cigarette blend and one RYO tobacco) was conducted.

The repeatability limit (r) and reproducibility limit (R) were calculated for this "Total Sugars" (HCl/PAHBAH) method using both water and a 5% acetic acid extraction (see Tables 2 and 3).

The difference between three single results, found on different extractions by one operator using the same apparatus within a short time interval (the time it takes to analyse ~ 50 sample cups) and without recalibration of the equipment during the time of analysis, will exceed the repeatability limit (r) on average not more than once in 20 cases in the normal and correct operation of the method.

Single results reported by two laboratories will differ no more than the reproducibility limit (R) on average not more than once in 20 cases in the normal and correct operation of the method.

Table 2 Extraction with Water

Tabacco Type	Mean content of Total Sugars [% as received]	Repeatability r	Reproducibility R
Virginia (Low Level)	2.64	0.26	1.00
Virginia (High Level)	12.65	0.85	3.37
Burley	0.25	0.14	0.31
Cut Rag/Cig Blend	7.68	0.47	2.38
Cut Rag/RYO	5.49	0.39	2.06

Table 3 Extraction with 5% Acetic Acid

Tabacco Type	Mean content of Total Sugars [% as received]	Repeatability r	Reproducibility R
Virginia (Low Level)	2.50	0.21	0.63
Virginia (High Level)	12.49	0.89	3.28
Burley	0.20	0.10	0.24
Cut Rag/Cig Blend	7.48	0.31	1.81
Cut Rag/RYO	5.33	0.29	0.65

12. TEST REPORT

The test report shall provide the Total Sugars results to precision of one decimal place. It shall also provide all details necessary for the identification of the sample.

ANNEX A – SUITABLE FLOW DIAGRAMS

(Informative)

Note: For both Macro and Micro Flow systems, the position of the de – bubbler should be as near as possible to the pump. For good reproducible results a well – shaped flow bubble pattern is necessary.

In Table 4 the flow rates of the tubing are given in (mL/min) .

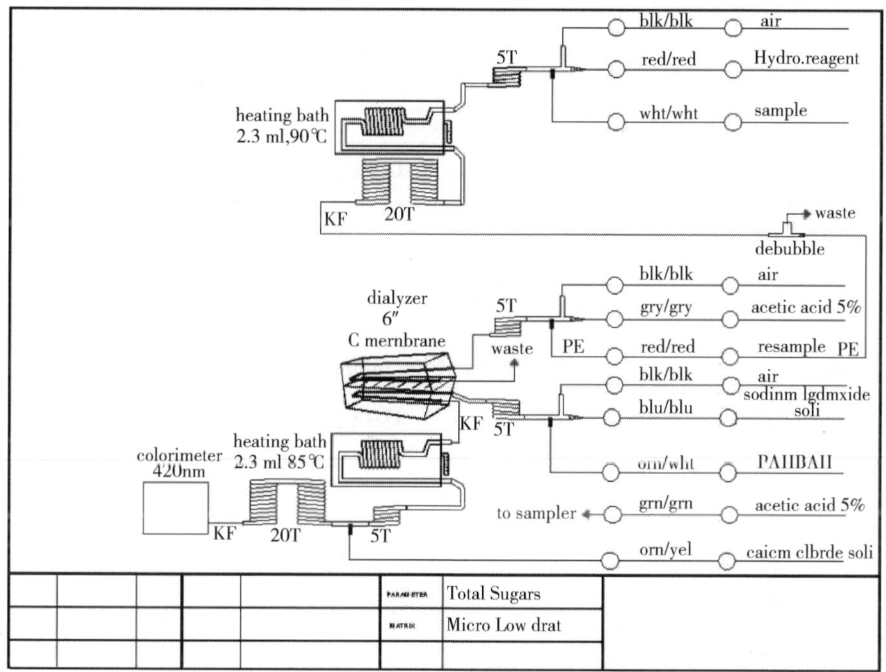

Figure 1　Suggested Flowchart for Macro Flow (mL/min) Systems

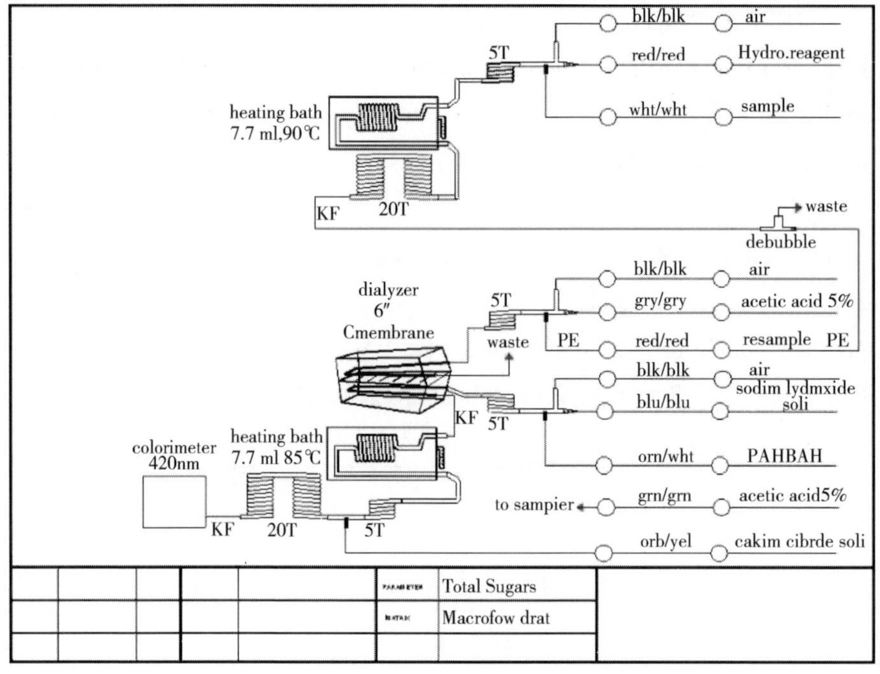

Figure 2 Suggested Flowchart for Micro Flow (μL/min) Systems

Table 4 Flow rates of the tubing

PUMP TUBE	FLOW RATE (mL/min)	
	1mm manifold (macro flow)	2mm manifold (macro flow)
orn/yel	0. 08	0. 16
orn/wht	0. 11	0. 23
blk/blk	0. 15	0. 32
wht/wht	0. 26	0. 60
red/red	0. 32	0. 80
gry/gry	0. 38	1. 00
blu/blu	0. 54	1. 60
grn/grn	0. 64	2. 00

BIBLIOGRAPHY

[1] Clarke, M. B. ; Bezabeh, D. Z. ; Howard, C. T. Determination of Carbo-

hydrates in tobacco Products by Liquid Chromatography – Mass Spectrometry/Mass Spectrometry: A Comparison with Ion Chromatography and Application to Product Discrimination. J. Agric. Food Chem. 2006, 54, 1975 – 1981

[2] Shifflett, J. R.; Jones, L. A.; Limowski, E. R.; Bezabeh, D. Z. Comparison of Segmented Flow Analysis and Ion Chromatography for the Quantitative Characterization of Carbohydrates in Tobacco Products. J. Agric. Food Chem. 2012, 60, 11714 – 11722

[3] Routine Analytical Chemistry Sub – Group Technical Report. 2015 Collaborative Study Developing a CRM for the Determination of Total Sugars in Tobacco by Continuous Flow Analysis.

1.2 还原糖的测定——CORESTA Recommended Method N° 38

Detemination of reducing carbohydrates in tobacco by continuous flow analysis

(August 2010)

0. INTRODUCTION

A CORESTA Task Force studied the various widely – used procedures for the determination of reducing sugars in tobacco in order to adopt one of them as the CORESTA Recommended Method. Two procedures were adopted as CORESTA Recommended Methods N° 37 and N° 38. Studies carried out by the CORESTA Task Force between 1989 and 1993 have shown that the two methods may not produce identical results. For some tobaccos the results obtained with Method N° 37 are higher than those of Method N° 38 because Method N° 37 is sensitive to interferences from reducing substances, other than sugars, present in tobacco. This is reflected in the titles of the two methods. CORESTA has decided to publish both methods since Method N° 37 is easier to implement, while Method N° 38 is more specific. When reporting the results indicate the method used.

1. FIELD OF APPLICATION

This method is applicable to leaf samples and tobacco blends.

2. PRINCIPLE

A tobacco extract in 5% acetic acid solution (see note 1) is prepared and the reducing carbohydrates content of the extract is determined by reaction with p – hydroxybenzoic acid hydrazide. In alkaline medium at 85℃, a yellow osazone is formed having an absorption maximum at 410nm.

Note 1: Collaborative studies have shown that when extracting with distilled water, hydrolysis of sucrose occurs for some tobaccos.

3. REAGENTS

All reagents shall be used according to good laboratory practice and existing national regulations.

3.1 Brij-35 Solution (Polyoxyethylene Lauryl Ether)

Add $1dm^3$ distilled water to 250g Brij-35, warm and stir until dissolved.

3.2 Sodium Hydroxide Solution (NaOH, 0.5mol/L)

Prepare $1dm^3$ of 0.5mol/L sodium hydroxide from ampoules or dissolve 20.0g sodium hydroxide in $800cm^3$ distilled water. Mix and allow to cool. After total dissolution, add $0.5cm^3$ Brij-35 solution (3.1) and dilute to $1dm^3$ with distilled water.

3.3 Calcium Chloride Solution ($CaCl_2 \cdot 6H_2O$, 0.008mol/L)

Dissolve 1.75g calcium chloride hexahydrate in distilled water (see note 2) add $0.5cm^3$ Brij-35 solution (3.1) and dilute to $1dm^3$ with distilled water.

Note 2: If a precipitate occurs, filter the solution through a Whatman N° 1 (or equivalent) filter paper.

3.4 Acetic Acid Solution (CH_3COOH, 5% V/V)

Prepare a 5% (V/V) solution of acetic acid from "glacial" acetic acid (used in preparation of standards and samples and for wash solution on continuous flow analyzer).

3.5 Hydrochloric Acid Solution (HCl, 0.5mol/L)

Place $500cm^3$ distilled water in a $1dm^3$ volumetric flask. Slowly add $42cm^3$ fuming hydrochloric acid (37% m/m). Dilute to volume with distilled water.

3.6 p-Hydroxybenzoic Acid Hydrazide Solution (PAHBAH), ($HOC_6H_4CONHNH_2$)

Place $250cm^3$ 0.5mol/L hydrochloric acid (3.5) into a $500cm^3$ volumetric flask. Add 25g p-hydroxybenzoic acid hydrazide and allow to dissolve. Add 10.5g citric acid monohydrate [$HOC(CH_2COOH)_2COOH \cdot H_2O$]. Dilute to volume with 0.5mol/L hydrochloric acid solution. Store at 5℃, and take out of the refrigerator only enough volume to cover the daily needs.

Note 3: The purity of PAHBAH (>97% m/m) is very important since a precipitate may be formed in the analytical stream if impurities are present. The PAHBAH can be recrystallised from distilled water (see Beilstein 10, 174) . The PAHBAH is not pure when the following is observed:

a) dark particles present with white PAHBAH crystals;

b) yellow colour in 5% PAHBAH prepared in 0.5mol/L HCl;

c) difficulty in dissolving PAHBAH crystals in 0.5mol/L NaOH;

d) foreign particles floating in the reagent;

e) a wavy reagent baseline.

The PAHBAH solution can also be prepared as follows: place the $250cm^3$ 0.5mol/L HCl solution in a beaker, warm it to 45℃ and under constant stirring add the PAHBAH and the citric acid monohydrate to the HCl solution. Let the solution cool down, transfer it to a volumetric flask and dilute to volume. It has been observed that preparation of the PAHBAH solution following this procedure prevents the formation of a precipitate in the analytical stream.

3.7 D - Glucose ($C_6H_{12}O_6$, p. a.) for the Preparation of Standards.

Store in a desiccator.

3.8 Standard Glucose Solutions

3.8.1 Stock Solution: Weigh, to the nearest 0.0001g, approximately 10.0g of glucose (3.7), dissolve in $800cm^3$ of 5% acetic acid (3.4) and dilute to $1 dm^3$ in a volumetric flask with 5% acetic acid (3.4) . This solution contains approximately 10mg of glucose per cm^3. Store in a refrigerator. Prepare a fresh solution every month.

3.8.2 Working Standards: From the stock solution produce a series of at least five calibration solutions (in 5% acetic acid) whose concentrations cover the range expected to be found in the samples e. g. 0.2 ~ 1.8mg glucose per cm^3. Calculate the exact concentration for each standard. Store in a refrigerator. Prepare fresh solutions every two weeks.

4. APPARATUS

4.1 The necessary general laboratory equipment, for the preparation of samples, standards and reagents.

4.2 Continuous flow analyzer (see diagram 1) consisting of:

Sampler

Proportioning pump

Dialyser

Heating bath

Delay coils

Colorimeter (or equivalent) with 410nm filter (s)

Recorder

5. ANALYSIS OF TOBACCO SAMPLES

5.1 Prepare the tobacco samples for analysis by grinding (the sample should totally pass through a 1mm sieve) and determine the moisture content. If the tobacco is too wet for grinding it can be dried at a temperature not exceeding 40℃.

5.2 Weigh, to the nearest 0.0001g, approximately 250mg of the tobacco into a 50cm^3 dry conical flask. Add 25cm^3 of 5% acetic acid (3.4), stopper the flask and shake for 30 minutes.

5.3 Filter the extract through a Whatman N° 40 (or equivalent) filter paper, reject the first few cm^3 of the filtrate, then collect the filtrate in an analyzer cup.

5.4 Run the samples and standards through the system in the normal manner (*e.g.* priming with 6 tobacco extracts, calibration standards and samples with 1 intermediate calibration solution after every 6 samples). If sample concentrations lie outside the range of the standards, the samples shall be diluted and run again.

6. CALCULATION

6.1 Plot a graph of peak height against equivalent glucose concentrations for all the calibration solutions.

6.2 Calculate the percentage reducing carbohydrates (expressed as glucose) (dry weight basis) in the tobacco using the formula:

$$\%\text{Reducing Carbohydrates(dwb)} = \frac{c \times V \times 100}{m} \times \frac{100}{100 - M}$$

c is the reducing carbohydrates concentration, expressed in milligrams per millilitre, obtained from the calibration curve (6.1);

V is the volume, in millilitres, of extract prepared (5.2) (normally 25 millilitres);

m is the masss, in milligrams, of the sample (5. 2);

M is the moisture content, expressed as percentage by mass, of the tobacco (5. 1).

The test result shall be expressed to one decimal place.

Note 4: If this method is performed simultaneously with CORESTA Recommended Method N° 35 or CORESTA Recommended Method N° 36 combined standards may be prepared.

7. REPEATABILITY AND REPRODUCIBILITY

7. 1 An international collaborative study involving 13 laboratories and 3 samples conducted in 1993 showed that when single grades of tobacco were analyzed by this method, the following values for repeatability (r) and reproducibility (R) were obtained.

The difference between two single results found on different extractions by one operator using the same apparatus within a short time interval (the time it takes to analyze 40 sample cups) and without recalibration of the equipment during the time of analysis will exceed the repeatability value (r) on average not more than once in 20 cases in the normal and correct operation of the method.

Single results reported by two laboratories will differ by more than the reproducibility value (R) on average not more than once in 20 cases in the normal and correct operation of the method.

Data analysis gave the estimates as summarized in Table 1.

Table 1 **1993 Study**

Tobacco Type	Mean content of Reducing Carbohydrates % (dwb)	Repeatability Conditions r	Reproducibility Conditions R
Burley	0. 6	0. 4	0. 6
Oriental	14. 5	1. 6	3. 3
Flue - Cured	20. 0	1. 0	4. 7

For the purpose of calculating r and R, one test result was defined as the yield obtained from analyzing a single extract once.

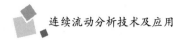

7.2 During 2005 the CORESTA Scientific Commission sanctioned the CORESTA Routine Analytical Chemistry Sub – group to carry out a collaborative study to confirm these *r* & *R* values. This international study involved 11 laboratories and 4 samples and was conducted during 2006. The resulting data are to be found in Table 2.

Table 2 Results from the 2006 RAC Collaborative Study

Tobacco Type	Mean Content of Reducing Carbohydrates % (dwb)	Repeatability conditions *r*	Repeatability coefficient of variation *r* CV	Reproducibility conditions *R*	Reproducibility coefficient of variation *R* CV
Flue – Cured Sample A	5.0	0.3	6.0	2.1	42.0
Flue – Cured Sample B	9.9	0.4	4.0	2.2	22.2
Flue – Cured Sample C	12.2	1.2	9.8	3.5	28.7
Flue – Cured Sample F	16.0	0.8	5.0	2.7	16.9

A plot comparing this data to that of the original study can be found below:

Comparison of r and R Results from the 1993 and 2006 Studies

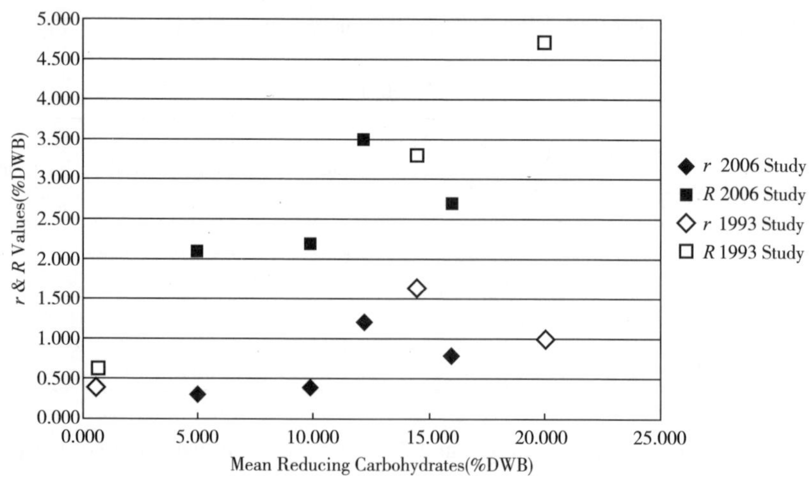

APPENDIX 1

An injection fitting with a large internal diameter (2mm) shall be used when introducing the PAHBAH solution into the analytical stream in order to prevent precipitation of PAHBAH. In addition the concentration of the PAHBAH solution may be reduced as long as it is ascertained that the PAHBAH is in excess in the analytical stream. This prevents precipitation as well.

It is preferable to use on – line mixing of PAHBAH/NaOH (see diagram 1) . If however a precipitate forms on – line it is possible to pre – mix daily the PAHBAH/NaOH solutions and introduce the combined reagent to the analytical stream. Experiments have shown that similar results are obtained provided the combined reagent is not kept longer than 8 hours. If a combined reagent is used baseline correction may be required due to increased background signal.

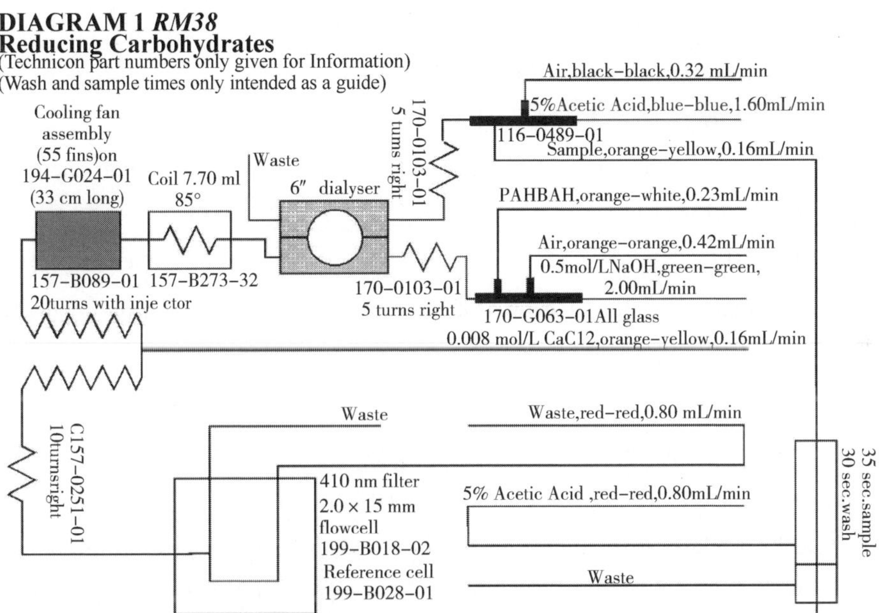

二、烟草中总植物碱的测定

2.1 CORESTA Recommended Method N° 35

Determination of Total Alkaloids (as Nicotine) in Tobacco by Continuous Flow Analysis

(CRM developed into ISO 15152: 2003)

0. INTRODUCTION

Studies carried out by a CORESTA Task Force between 1989 and 1993 have shown that the two procedures for determination of total alkaloids in tobacco as described in CORESTA Recommended Method N° 20 and the present Method may not produce identical results for some dark tobaccos or those containing significant levels of alkaloids other than nicotine.

The studies have indicated that these differences may be due to the fact that the recoveries and detection sensitivities of the two methods towards the alkaloids other than nicotine are different.

Therefore, when reporting results it is important to specify the method used.

1. FIELD OF APPLICATION

This method is applicable to leaf samples and tobacco blends.

2. REFERENCES

CORESTA Recommended Method N° 20: 1968

Determination of alkaloids in manufactured tobacco.

CORESTA Recommended Method N° 39: 1994

Determination of the purity of nicotine and nicotine salts by gravimetric analysis – Tungstosilicic acid method.

3. PRINCIPLE

An aqueous (see note 1) extract of the tobacco is prepared and the total alkaloids (as nicotine) content of the extract is determined by reaction with sulphanilic acid and cyanogen chloride.

Cyanogen chloride is generated in situ by the reaction of potassium cyanide and chloramine T (see appendix 1). The developed colour is measured at 460nm.

Note 1: Collaborative studies have shown that this method gives equivalent results for water and 5% acetic acid extracts. It is recommended that 5% acetic acid extracts should be used if total alkaloids (as nicotine) and reducing substances (see CORESTA Recommended Method N° 37) or reducing carbohydrates (see CORESTA Recommended Method N° 38) analysis are to be carried out simultaneously.

4. SAFETY PRECAUTIONS

Potassium cyanide is poisonous and irritant, thus all safety precautions must be observed when handling this material. Solutions shall be prepared by a designated re-

sponsible person. Gloves and safety glasses shall always be used when making up solutions and bottles of the made – up reagent shall always be carried in a suitable safety carrier. To prevent the escape of vapour into the laboratory, reagent pick – up tubes shall pass through a soda – lime trap into the reagent bottle (see diagram 2).

The cyanide neutralising agents A and B are pumped as shown in the flow diagram (see diagram 1) and mixed in a $2dm^3$ Buchner flask with magnetic stirring (see diagram 3). All waste solutions containing cyanogen chloride are run into this flask where conversion to the "Prussian Blue" complex occurs. The contents of the Buchner flask are allowed to over – flow into a storage flask, the contents of which are stored overnight in a fume cupboard and then disposed of as waste.

Suitable cyanide poisoning treatment kits are available from laboratory suppliers and shall be located in the vicinity of the analyzer to be used by a competent person.

5. REAGENTS

All reagents shall be used according to good laboratory practice and existing national regulations.

5.1　Brij – 35 Solution (Polyoxyethylene Lauryl Ether)

Add 1 dm^3 distilled water to 250g Brij – 35, warm and stir until dissolved.

5.2　Buffer Solution A

Dissolve 2.35g sodium chloride (NaCl) and 7.60g sodium tetraborate ($Na_2B_4O_3 \cdot 10H_2O$) in distilled water. Transfer to a 1dm^3 volumetric flask, add 1cm^3 Brij – 35 solution (5.1) and dilute to volume with distilled water. Filter the solution through a Whatman N° 1 (or equivalent) filter paper before use.

5.3　Buffer Solution B

Dissolve 26g anhydrous disodium hydrogen orthophosphate (Na_2HPO_4), 10.4g citric acid [$COH(COOH)(CH_2COOH)_2 \cdot H_2O$] and 7g sulphanilic acid ($NH_2C_6H_4SO_3H)_2$ in distilled water, transfer to a 1 dm^3 volumetric flask, add 1cm^3 Brij – 35 solution (5.1) and dilute to volume with distilled water. Filter the solution through a Whatman N° 1 (or equivalent) filter paper before use

5.4　Chloramine T Solution (N – chloro – 4 – methyl benzenesulphonamide sodium salt), [$CH_3C_6H_4SO_2N(Na)Cl \cdot 3H_2O$]

Dissolve 8.65g chloramine T in distilled water, transfer to a 500cm^3 volumetric flask and dilute to volume with distilled water. Filter the solution through a Whatman N° 1 (or equivalent) filter paper before use.

5.5 Cyanide Neutralising Solution A

Dissolve 1g citric acid (5.3) and 10g ferrous sulphate ($FeSO_4 \cdot 7H_2O$) in distilled water and dilute to $1dm^3$.

5.6 Cyanide Neutralising Solution B

Dissolve 10g anhydrous sodium carbonate (Na_2CO_3) in distilled water and dilute to $1dm^3$.

5.7 Potassium Cyanide Solution (KCN)

CARE: POTASSIUM CYANIDE IS EXTREMELY TOXIC! SEE SAFETY PRECAUTIONS.

In a fume cupboard, weigh 2g potassium cyanide into a $1dm^3$ beaker. Add $500cm^3$ distilled water and stir (magnetic stirrer) until all of the solid has dissolved. Store in a brown glass bottle.

5.8 Nicotine Hydrogen Tartrate [$C_{10}H_{14}N_2(C_4H_6O_6)_2 \cdot 2H_2O$] for the Preparation of Standards

5.9 Standard Nicotine Solutions

Check the purity of the nicotine hydrogen tartrate according to CORESTA Recommended Method N° 39.

5.9.1 Stock Solution: Weigh, to the nearest 0.0001g, approximately 1.3g of nicotine hydrogen tartrate in distilled water and dilute to $250cm^3$ in a volumetric flask. This solution contains approximately 1.6mg nicotine per cm^3. Store in a refrigerator. Prepare a fresh solution every month.

5.9.2 Working Standards: From the stock solution produce a series of at least five calibration solutions whose concentrations cover the range expected to be found in the samples *e.g.* 0.04 ~ 0.80mg nicotine per cm^3. Calculate the exact concentration for each standard taking into account the purity of the nicotine hydrogen tartrate. Store in a refrigerator. Prepare fresh solutions every two weeks.

Note 2: The method can also be standardized by using nicotine or other nicotine salts of known purity. In this case an amount equivalent to the above used nicotine hydrogen tartrate shall be used.

6. APPARATUS

6.1　The necessary general laboratory equipment, for the preparation of samples, standards and reagents.

6.2　Continuous flow analyzer (see diagram 1) consisting of:

Sampler

Proportioning pump

Dialyser

Delay coils

Colorimeter (or equivalent) with 460nm filter (s)

Recorder

Coil for cyanogen chloride generation

A commercially available microbore mixing coil can be used for the *in situ* generation of cyanogen chloride. Alternatively a five turn mixing coil can be prepared (see appendix 2)

7. ANALYSIS OF TOBACCO SAMPLES

7.1　Prepare the tobacco for analysis by grinding (the sample should totally pass through a 1mm sieve) and determine the moisture content. If the tobacco is too wet for grinding it can be dried at a temperature not exceeding 40℃.

7.2　Weigh, to the nearest 0.0001g, approximately 250mg of the tobacco in a 50cm^3 dry conical flask. Add 25cm^3 distilled water, stopper the flask and shake for 30 minutes.

7.3　Filter the extract through a Whatman N° 40 (or equivalent) filter paper, reject the first few cm^3 of the filtrate, then collect the filtrate in an analyzer cup.

7.4　Run the samples and standards through the system in the normal manner (*e.g.* priming with 6 tobacco extracts, calibration standards and samples with 1 intermediate calibration solution after every 6 samples). If sample concentrations lie outside the range of the standards, the samples shall be diluted and run again.

8. CALCULATION

8.1　Plot a graph of peak height against equivalent nicotine concentrations for all the calibration solutions.

8.2　Calculate the percentage nicotine (dry weight basis) in the tobacco using the formula:

$$\% \text{Nicotine(dwb)} = \frac{c \times V \times 100}{m} \times \frac{100}{100 - M}$$

c is the nicotine concentration, expressed in milligrams per millilitre, obtained from the calibration curve (8.1);

V is the volume, in millilitres, of extract prepared (7.2) (normally 25 millilitres);

m is the mass, in milligrams, of the sample (7.2);

M is the moisture content, expressed as percentage by mass, of the tobacco (7.1).

The test result shall be expressed to two decimal places.

Notes 3: When using 5% acetic acid extracts the standard nicotine solutions (5.9) must be made up with 5% acetic acid and the wash cycle must be with 5% acetic acid.

Notes 4: If this method is performed simultaneously with CORESTA Recommended Method N° 36, CORESTA Recommended Method N° 37 or CORESTA Recommended Method N° 38 combined standards may be prepared.

9. REPEATABILITY AND REPRODUCIBILITY

9.1 An international collaborative study involving 12 laboratories and 3 samples conducted in 1993 showed that when single grades of tobacco were analyzed by this method, the following values for repeatability (r) and reproducibility (R) were obtained.

The difference between two single results found on different extractions by one operator using the same apparatus within a short time interval (the time it takes to analyze 40 sample cups) and without recalibration of the equipment during the time of analysis will exceed the repeatability value (r) on average not more than once in 20 cases in the normal and correct operation of the method.

Single results reported by two laboratories will differ by more than the reproducibility value (R) on average not more than once in 20 cases in the normal and correct operation of the method.

Data analysis gave the estimates as summarized in table 1 and 2.

Table 1　　Extraction with Water (1993 Data)

Tobacco Type	Mean Content of Nicotine % (dwb)	Repeatability Conditions r	Repeatability Conditions R
Oriental	1. 17	0. 05	0. 19
Flue - Cured	2. 90	0. 08	0. 41
Burley	3. 97	0. 12	0. 55

Table 2　　Extraction with 5% Acetic Acid (1993 Data)

Tobacco Type	Mean Content of Nicotine % (dwb)	Repeatability Conditions r	Repeatability Conditions R
Oriental	1. 17	0. 07	0. 21
Flue - Cured	2. 90	0. 11	0. 67
Burley	3. 97	0. 13	0. 97

For the purpose of calculating r and R, one test result was defined as the yield obtained from analyzing a single extract once.

9. 2　During 2005 the CORESTA Scientific Commission sanctioned the CORESTA Routine Analytical Chemistry Sub - group to carry out a collaborative study to confirm these r & R values. This international study involved 17 laboratories and 6 samples and was conducted during 2006. The resulting data are to be found in Table 3.

Table 3　　Results from the 2006 RAC Collaborative Study

Tobacco Type	Mean Content of Nicotine % (dwb)	Repeatability Conditions r	Repeatability Conditions of variation R CV	Repeatability Conditions R	Repeatability Conditions of variation R CV
Flue - Cured Sample A	3. 19	0. 17	5. 3	0. 53	16. 6
Flue - Cured Sample B	2. 86	0. 09	3. 2	0. 47	16. 4
Flue - Cured Sample C	0. 70	0. 03	4. 3	0. 16	22. 9
Burley Sample D	3. 30	0. 12	3. 6	0. 67	20. 3
Burley Sample E	1. 51	0. 08	5. 3	0. 32	21. 2
Flue - Cured Sample F	0. 69	0. 03	4. 4	0. 12	17. 4

NOTE: This CRM recommends that equivalent results are obtained when either water or 5% acetic acid are used as the extraction solvents and therefore the results from this study were not segregated in the subsequent data analysis. A plot comparing this data to that of the original study can be found below:

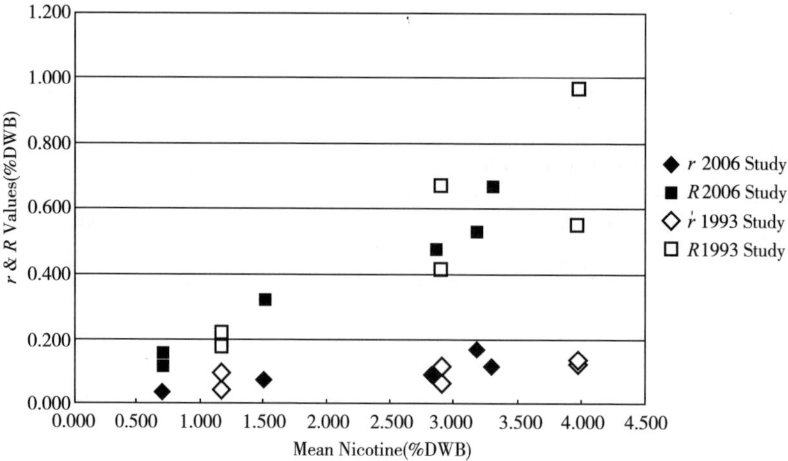

Comparison of r and R Results from the 1993 and 2006 Studies

APPENDIX 1

Several collaborative studies, carried out by a CORESTA Task Force during 1989 and 1990, have shown that two other procedures give equivalent results to the Recommended Method. It may be necessary to use one of these alternative procedures, if so, the following comments should be considered before use:

Cyanogen chloride can be alternatively generated in situ by the reaction of potassium thiocyanate and sodium hypochlorite. In order for this reaction to be successful the sodium hypochlorite must have an available chlorine content of 10% ~ 14% (m/m). It has been found that sodium hypochlorite with this amount of available chlorine is sometimes difficult to obtain.

Cyanogen bromide in reaction with aniline can also be used in the determination of total alkaloids. Because of the hazardous nature of the cyanogen bromide, some countries have found problems with the importation and use of this substance.

APPENDIX 2

Preparation of a Microbore Five Turn Mixing Coil

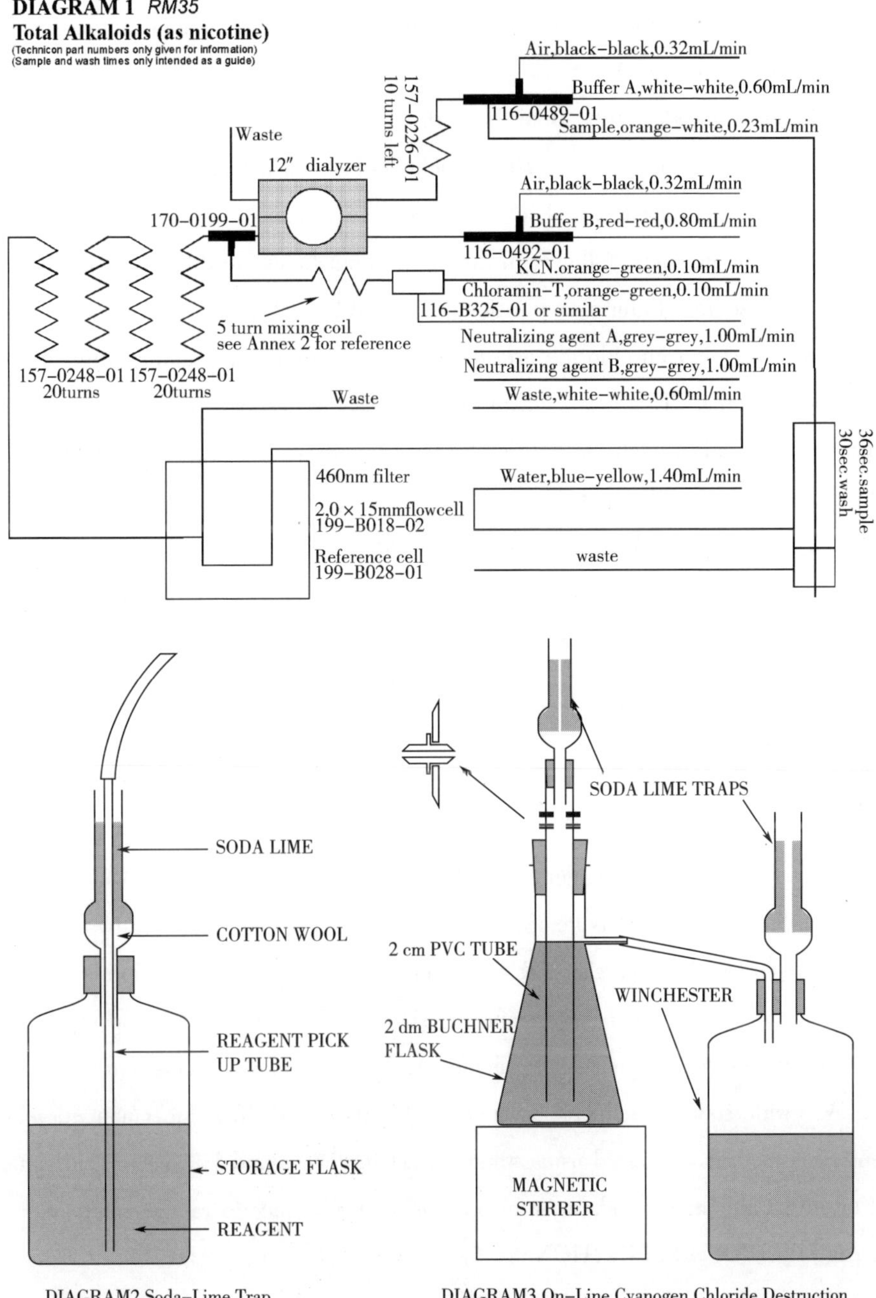

DIAGRAM2 Soda-Lime Trap

DIAGRAM3 On-Line Cyanogen Chloride Destruction Apparatus

1. Loop a standard orange – white (0.64mm id) pump tube 5 times around a glass tube (*e.g.* test tube, glass rod) with an external diameter of approximately 12mm.

2. While holding the loops in place brush them thoroughly with cyclohexanone.

3. Use adhesive tape to hold the loops in place while the cyclohexanone sets the tubing, (about 10 hours).

4. Remove the glass tube from the coil.

The apparatus consists of a $2dm^3$ Buchner flask on a magnetic stirrer, with a 2cm diameter PVC tube inserted into it, through a rubber bung, such that the tube is just above the magnetic follower in the flask. Four holes are dilled in the tube and nipples attached by gluing into position. The pullback line and the debubble line containing the cyanogen chloride are attached to the nipples, together with the two neutralising agents. This arrangement ensures that the cyanogen chloride has to pass down the tube and through the bulk of the flask before overflowing to waste, thus ensuring complete neutralisation.

2.2 CORESTA Recommended Method N° 85

Tobacco – Determination of the content of total alkaloids as nicotine – continuous flow analysis method using KSCN/DCIC (April 2017)

0. INTRODUCTION

In 2014 the CORESTA Routine Analytical Chemistry Sub – Group (RAC) undertook a collaborative study of two methods for the determination of total alkaloids in tobacco (as nicotine) by segmented continuous – flow analysis. The two methods are CRM No. 35 (CRM35) (basis for ISO 15152) and a new method proposed by China National Tobacco Quality Supervision & Test Center. In CRM35 cyanogen chloride is generated *in situ* by the reaction of potassium cyanide and chloramine T. The proposed method eliminates the use of the potassium cyanide (KCN) by employing potassium thiocyanate (KSCN) with sodium dichloroisocyanurate dihydrate (DCIC) for colour development. Each method was tested using water extracted tobacco and 5% acetic acid extracted tobacco. Calibration standards were prepared with the same extraction solutions.

1. FIELD OF APPLICATION

This CRM specifies a method for the determination of the content of total alkaloids as nicotine in tobacco by continuous – flow analysis.

This method is applicable to leaf samples, stems, reconstituted tobacco sheet materials and tobacco blends.

2. NORMATIVE REFERENCES

ISO 13276, Tobacco and tobacco products—Determination of nicotine purity—Gravimetric method using tungstosilicic acid

ISO 3696, Water for analytical laboratory use—Specification and test methods

3. PRINCIPLE

An aqueous extract (see below) of the tobacco is prepared and the total alkaloids content (as nicotine) of the extract is measured by reaction of sodium citrate and cyanogen chloride.

Cyanogen chloride is produced *in situ* by reaction of KSCN and DCIC. The developed brown colour is measured at 460nm.

Collaborative studies1 have shown that the method gives equivalent results for water and 5% acetic acid extracts. It is recommended that 5% acetic acid extracts should be used if total alkaloids (as nicotine) and reducing substances (see ISO 15153) or reducing carbohydrates (see ISO 15154) are to be carried out simultaneously.

Note 1: Routine Analytical Chemistry Sub – Group Technical Report, 2014 Collaborative Study Comparing CRM35 for the Determination of Total Alkaloids (as Nicotine) in Tobacco by Continuous Flow Analysis to a New Method with Safer Chemistry – Project 52.

4. REAGENTS

Use only reagents of recognized analytical grade. All reagents shall be used according to good laboratory practice and existing national regulations. Water must be high quality distilled or deionized (DI) water, free from organic contamination, *e. g.* Grade 1 as defined in ISO 3696.

4.1 Polyoxyethylene lauryl ether (Brij – 35™, 30% w/w solution), CAS # 9002 – 92 – 0

4.2 Sodium phosphate dibasic dodecahydrate, $Na_2HPO_4 \cdot 12H_2O$, CAS # 10039 – 32 – 4

4.3 Sodium phosphate monobasic dihydrate, $NaH_2PO_4 \cdot 2H_2O$, CAS #

13472 – 35 – 0

4.4 Sodium citrate dihydrate, $C_6H_5Na_3O_7 \cdot 2H_2O$, CAS # 6132 – 04 – 3

4.5 Sulphanilic acid, $NH_2C_6H_4SO_3H$, CAS # 121 – 57 – 3

4.6 Potassium thiocyanate (KSCN), CAS # 333 – 20 – 0

4.7 Sodium dichloroisocyanurate (DCIC), $C_3Cl_2N_3NaO_3$, CAS # 51580 – 86 – 0

4.8 Sodium carbonate, Na_2CO_3, CAS # 497 – 19 – 8

4.9 Iron (II) sulphate heptahydrate, $FeSO_4 \cdot 7H_2O$, CAS # 7782 – 63 – 0

4.10 Citric acid monohydrate, $C_6H_8O_7 \cdot H_2O$, CAS # 5949 – 29 – 1

4.11 Nicotine hydrogen tartrate, $C_{10}H_{14}N_2(C_4H_6O_6) \cdot 2H_2O$, CAS # 6019 – 06 – 3

5. PREPARATION OF SOLUTIONS

Use distilled or deionized water, free from organic contamination, *e. g.* Grade 1 as defined in ISO 3696. To reach the performance levels stated, reagents and sampler wash must be free of solids and dissolved air.

For best results vacuum filter all reagents through a 0.45μm filter2 (see Figure 1). If necessary, vacuum filter all DI water used in the preparation of standards and for the sampler wash, otherwise degas the water in another way.

Figure 1 Example vacuum filter set – up

Note 2: Millipore XX1604700 | MilliSolve Kit, complete with 2L flask is an example of a suitable product available commercially. This information is given for the convenience of the users of this recommended method and does not constitute an endorsement by CORESTA of this product.

5.1 System wash solution

Add 1mL of Brij -35, 30% solution to about 800mL DI water and mix. Then dilute to 1000mL with DI water. Do not store the solution longer than a week and use a clean bottle for the fresh solution.

5.2 Sampler wash solution

Use the extraction solution, DI water or 5% acetic acid as sampler wash solution.

5.3 Potassium thiocyanate solution

Dissolve 2.88g of potassium thiocyanate in DI water. Dilute to 250mL with DI water and mix well.

5.4 Sodium dichloroisocyanurate (DCIC) solution

Dissolve 2.20g of sodium dichloroisocyanurate and dilute to 250mL with DI water. Prepare a fresh solution each day of measurement. Neutralisation solution A Dissolve 1g of citric acid monohydrate and 10g of ferrous sulfate in about 500mL of DI water.

Dilute to 1000mL with DI water and mix well.

5.5 Neutralisation solution B

Dissolve 10g of sodium carbonate in about 500mL of DI water. Dilute to 1000mL with DI water and mix well.

5.6 Buffer solution A

Dissolve 71.6g of sodium phosphate dibasic dodecahydrate and 11.76g of sodium citrate dihydrate in about 500mL of DI water. Dilute to 1000mL with DI water, add 1mL of Brij -35, 30% solution mix thoroughly.

5.7 Buffer solution B

Dissolve 71.6g of sodium phosphate dibasic dodecahydrate, 6.2g of sodium phosphate monobasic dihydrate, 11.76g of sodium citrate dihydrate and 7.0g of sulphanilic acid in about 800mL of DI water. Dilute to 1000mL with DI water, add 1mL of Brij -35, 30% solution mix thoroughly.

6. PREPARATION OF STANDARDS

Check the purity of the nicotine hydrogen tartrate according to ISO 13276. The method can also be standardized by using nicotine or other nicotine salts of known purity. In this case, an amount equivalent to the above used nicotine hydrogen tartrate should be used.

6.1 Nicotine stock solution

Weigh 3.75g (to the nearest 0.0001g) of nicotine hydrogen tartrate in DI water and dilute to 500mL in a volumetric flask. The solution contains approximately 2.5mg nicotine per mL, Store in a refrigerator (0 ~ 4)℃. Prepare a fresh solution every month.

6.2 Working standards

From the nicotine stock solution and extraction solution (water or 5% acetic acid solution), prepare a series of at least 5 calibration solutions according to the nicotine concentration which is expected to be found in the test samples (*e. g.* 0.5% ~15% (w/w)). Calculate the exact concentration for each standard taking into account the purity of the nicotine hydrogen tartrate.

Store in a refrigerator at (0 ~ 4)℃. Prepare fresh solutions every two weeks.

7. APPARATUS

The laboratory needs the usual laboratory apparatus and, in particular, the following items.

Continuous – flow analyser, consisting of

- Autosampler
- Peristaltic pump
- Chemistry manifold with dialyser and delay coils
- Photometric detector equipped with a 460nm filter
- Data acquisition system or recorder

See Annex A for examples of suitable flow diagrams.

8. PROCEDURE

8.1 Preparation of samples for analysis

Prepare the tobacco for analysis by grinding (the sample should totally pass a 1mm sieve) and determine the moisture content. If the tobacco is too wet for grinding it can be dried at a temperature not exceeding 40℃.

8.2 Test portion

Weigh to the nearest 0. 1mg, approximately 250mg, of the ground tobacco into a 50mL conical flask. Add 25mL of the extraction solution (water or 5% acetic acid solution) . Stopper and shake for 30 minutes at >150rpm.

8. 3　Preparation of test extract

Filter the extract through a quantitative filter paper such as Whatman No 403 (or equivalent ashless, quantitative filter paper) filter paper, rejecting the first few mL of the filtrate, then collect the filtrate.

Run the sample and standards through the system in the normal manner (*e. g.* priming with 6 tobacco extracts, calibration standards and samples with 1 intermediate calibration solution after every 6 samples.) . If sample concentration lies outside the range of the standards, the sample shall be diluted and run again.

When using 5% acetic acid extracts, the wash solution shall be 5% acetic acid.

NOTE: If this method is performed simultaneously with the methods described in ISO 15154 or ISO 15517, combined standards may be prepared. Combined stock solutions may precipitate after about two weeks.

Note 3: Whatman No. 40 is an example of a suitable product available commercially. This information is given for the convenience of the users of this recommended method and does not constitute an endorsement by CORESTA of this product.

9. CALCULATION

9. 1　Plot a graph of peak height against equivalent nicotine concentration for all of the calibration solutions.

9. 2　Calculate the percentage of nicotine, $\boldsymbol{w}$, on a dry weight basis, in the tobacco using the formula

$$\%\,\text{Nicotine(dwb)} = \frac{c \times V \times 100}{m} \times \frac{100}{100 - M}$$

where

c is the nicotine concentration, expressed in milligrams per millilitre, obtained from the calibration curve (8. 3);

V is the volume, in millilitres, of the sample (see 8. 2), normally 25mL;

m is the mass, in milligrams, of the sample (see 8. 2);

M the moisture content, expressed as percentage by mass, of the tobacco (see

8.1)

The test result shall be expressed to two decimal places.

10. REPEATABILITY AND REPRODUCIBILITY

In 2014 an international collaborative study4 involving 19 laboratories and eight samples (four straight grade tobaccos, a fire – cured cigarette, a blended cigarette, CM7, and 3R4F) was conducted. The repeatability limit (r) and reproducibility limit (R) were calculated for this new KSCN/DCIC method and CRM35 using both water and 5% acetic acid extractions (see Tables 1 & 2).

The difference between two single results, found on different extractions by one operator using the same apparatus within a short time interval (the time it takes to analyse ~40 sample cups) and without recalibration of the equipment during the time of analysis, will exceed the repeatability limit (r) on average not more than once in 20 cases in the normal and correct operation of the method.

Single results reported by two laboratories will differ no more than the reproducibility limit (R) on average not more than once in 20 cases in the normal and correct operation of the method.

Note 4: Routine Analytical Chemistry Sub – Group Technical Report, 2014 Collaborative Study Comparing CRM35 for the Determination of Total Alkaloids (as Nicotine) in Tobacco by Continuous Flow Analysis to a New Method with Safer Chemistry – Project 52

Table 1　Extraction with Water

Tobacco Type	Mean Content of Nicotine (% dry weight)		Repeatability r		r CV*		Reproducibility R		R CV*	
	CRM35	KSCN/DCIC	CRM35	KSCN/DCIC	ISO15152	KSCN/DCIC	CRM35	KSCN/DCIC	CRM35	KSCN/DCIC
Fire – cured	1.76	1.81	0.05	0.04	2.87	2.37	0.12	0.27	6.67	14.81
Burley	4.77	4.77	0.11	0.11	2.35	2.23	0.61	0.52	12.76	10.97

续表

Tobacco Type	Mean Content of Nicotie (% dry weight)		Repeatability r		r CV *		Reproducibility R		R CV *	
	CRM35	KSCN/DCIC	CRM35	KSCN/DCIC	ISO15152	KSCN/DCIC	CRM35	KSCN/DCIC	CRM35	KSCN/DCIC
Oriental	0. 98	0. 98	0. 04	0. 03	4. 07	3. 51	0. 24	0. 19	24. 1	19. 21
Dark sun – cured	3. 71	3. 71	0. 08	0. 06	2. 19	1. 73	0. 48	0. 45	12. 89	12. 02
Fire – cured cigarette	2. 11	2. 07	0. 06	0. 04	2. 71	2. 15	0. 34	0. 3	15. 9	14. 33
Blended cigarette	2. 02	2. 07	0. 03	0. 03	1. 59	1. 51	0. 2	0. 29	9. 65	13. 86
CM7	2. 2	2. 22	0. 05	0. 05	2. 41	2. 29	0. 28	0. 3	12. 48	13. 43
3R4F	2. 15	2. 12	0. 06	0. 06	2. 9	2. 61	0. 29	0. 24	13. 7	11. 52

Table 2　　Extraction with 5% Acetic Acid

Tobacco Type	Mean Content of Nicotine (% dry weight)		Repeatability r		r CV *		Reproducibility R		R CV *	
	CRM35	KSCN/DCIC	CRM35	KSCN/DCIC	ISO15152	KSCN/DCIC	CRM35	KSCN/DCIC	CRM35	KSCN/DCIC
Fire – cured	1. 74	1. 76	0. 04	0. 04	2. 37	2. 28	0. 13	0. 19	7. 51	11. 04
Burley	4. 53	4. 53	0. 11	0. 08	2. 23	1. 87	0. 41	0. 56	8. 99	12. 35
Oriental	0. 96	1	0. 04	0. 03	3. 51	3. 38	0. 14	0. 14	14. 66	13. 7
Dark sun – cured	3. 51	3. 6	0. 07	0. 06	1. 73	1. 6	0. 26	0. 44	7. 46	12. 29
Fire – cured cigarette	2. 04	2. 05	0. 05	0. 04	2. 15	1. 79	0. 18	0. 27	8. 69	13. 19

续表

Tobacco Type	Mean Content of Nicotine (% dry weight)		Repeatability r		r CV *		Reproducibility R		R CV *	
	CRM35	KSCN/DCIC	CRM35	KSCN/DCIC	ISO15152	KSCN/DCIC	CRM35	KSCN/DCIC	CRM35	KSCN/DCIC
Blended cigarette	1. 98	2. 02	0. 04	0. 03	1. 51	1. 59	0. 13	0. 23	8. 99	11. 23
CM7	2. 11	2. 17	0. 05	0. 04	2. 29	1. 95	0. 17	0. 27	8. 19	12. 25
3R4F	2. 08	2. 1	0. 06	0. 05	2. 61	2. 34	0. 26	0. 25	12. 55	11. 52

11. BIBLIOGRAPHY

ISO 15152, Tobacco—Determination of the content of total alkaloids as nicotine—Continuous – flow analysis method

CRM No. 35, Determination of Total Alkaloids (as Nicotine) in Tobacco by Continuous Flow Analysis

APPENDIX A – SUITABLE FLOW DIAGRAMS

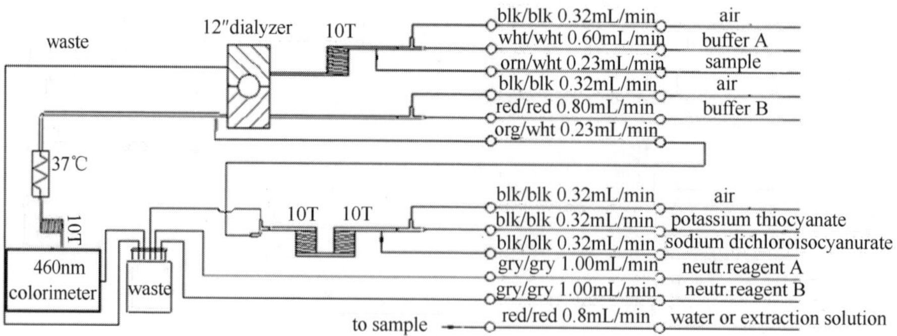

Figure 2　Suggested Flowchart for Macro Flow (mL/min) Systems

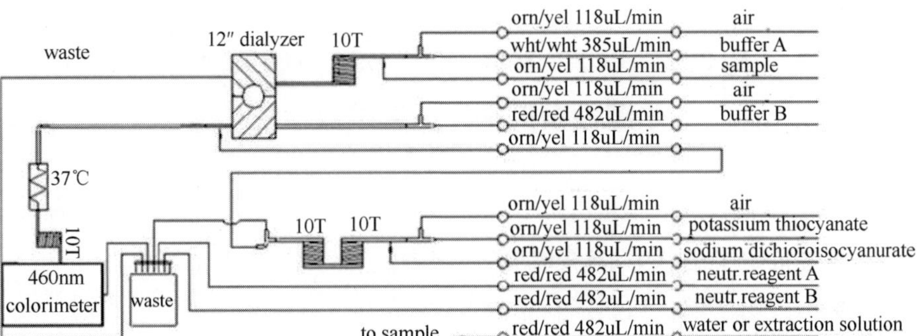

Figure 3 Suggested Flowchart for Micro Flow (μL/min) Systems

附录2　YC/T 159—2002 烟草及烟草制品水溶性糖的测定　连续流动法

1　范围

本标准规定了烟草中水溶性糖的测定方法。

本标准适用于烟草和烟草制品。

2　规范性引用文件

下列文件中的条款通过本标准的引用而成为本标准的条款。凡是注日期的引用文件，其随后所有的修改单（不包括勘误的内容）或修订版均不适用于本标准，然而，鼓励根据本标准达成协议的各方研究是否可使用这些文件的最新版本。凡是不注日期的引用文件，其最新版本适用于本标准。

GB/T 5606.1 卷烟　抽样

YC/T 5 烟叶成批取样的一般原则

YC/T 31 烟草及烟草制品　试样的制备和水分测定　烘箱法

3　原理

用5%乙酸水溶液萃取烟草样品，萃取液中的糖（水溶性总糖测定时应水解）与对羟基苯甲酸酰肼反应，在85℃的碱性介质中产生一黄色的偶氮化合物，其最大吸收波长为410nm，用比色计测定。

注：如果用水萃取，某些样品中的蔗糖会水解。

4　试剂

使用分析纯级试剂，水应为蒸馏水或同等纯度的水。

4.1　Brij－35 溶液（聚乙氧基月桂醚）

将250g Brij－35 加入到1L 水中，加热搅拌直至溶解。

4.2　0.5mol/L 氢氧化钠溶液

将20g 片状氢氧化钠加入到800mL 水中，搅拌，放置冷却。溶解后加入0.5mL Brij－35（4.1），用水稀释至1L。

4.3　0.008mol/L 溶液

将1.75g 氯化钙（$CaCl_2 \cdot 6H_2O$）溶于水中，加入 0.5mL Brij－35（4.1），用水稀释至1L。

注：若溶液中有沉淀，应用定性滤纸过滤。

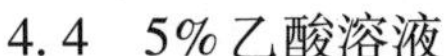

4.4　5%乙酸溶液

用冰乙酸制备5%乙酸溶液（此溶液用于制备标准溶液、萃取溶液）。

4.5　活化5%乙酸溶液

取1L 5%乙酸溶液（4.4），加入0.5mL Brij－35溶液（4.1）（此溶液用于冲洗系统）。

4.6　0.5mol/L盐酸溶液

在通风橱中，将42mL发烟盐酸（质量分数为37%）缓慢加入到500mL水中，用水稀释至1L。

4.7　1.0mol/L盐酸溶液

在通风橱中，将84mL发烟盐酸（质量分数为37%）缓慢加入到500mL水中，加入0.5mL Brij－35溶液（4.1），用水稀释至1L。

4.8　1.0mol/L氢氧化钠溶液

用500mL水溶解40g片状氢氧化钠，用水稀释至1L。

4.9　5%对羟基苯甲酸酰肼溶液

将250mL 0.5mol/L盐酸溶液（4.6）加入到500mL容量瓶中，加入25g对羟基苯甲酸酰肼，使其溶解。加入10.5g柠檬酸［$HOC(CH_2COOH)_2COOH \cdot H_2O$］，溶解后用0.5mol/L盐酸溶液稀释至刻度。于5℃储存，使用时只取需要量。

注：对羟基苯甲酸酰肼（质量分数大于97%）的纯度非常重要。如果有杂质，将会在管路中形成沉淀。可以用水重结晶进行纯化，如有下列情形则表明对羟基苯甲酸酰肼不纯：

——白色的对羟基苯甲酸酰肼结晶中有黑色颗粒；

——5%对羟基苯甲酸酰肼溶液呈黄色；

——对羟基苯甲酸酰肼在0.5mol/L氢氧化钠溶液中溶解困难；

——溶液中有悬浮颗粒；

——基线呈波浪形。

5%对羟基苯甲酸酰肼溶液也可用下述方法进行制备：向烧杯中加入250mL 0.5mol/L盐酸溶液，加热至45℃，持续搅拌下加入对羟基苯甲酸酰肼和柠檬酸，冷却后转入容量瓶中，用盐酸溶液稀释至刻度。用这种方法制备的对羟基苯甲酸酰肼溶液可避免在管路中形成沉淀。

4.10　D－葡萄糖

4.11　标准溶液

4.11.1　储备液：称取 10.0g D－葡萄糖（4.10）于烧杯中，精确至 0.0001g，用5%乙酸溶液（4.4）溶解后转入 1L 容量瓶中，用5%乙酸溶液定容至刻度。储存于冰箱中。此溶液应每月制备一次。

4.11.2　工作标准液：由储备液用5%乙酸溶液制备至少 5 个工作标准液，其浓度范围应覆盖预计检测到的样品含量。工作标准液应储存于冰箱中，每两周配制一次。

5　仪器设备

常用实验仪器如下所示。

5.1　连续流动分析仪（见图 1），由下述各部分组成：

取样器；比例泵；渗析器；加热槽；螺旋管；比色计，配 410nm 滤光片；记录仪。

5.2　分析天平，感量 0.0001g。

5.3　振荡器。

6　分析步骤

6.1　抽样

按照 GB/T 5606.1 或 YC/T 5 抽取样品。

6.2　按照 YC/T 31 制备试样，测定水分含量。

6.3　称取 0.25g 试料于 50mL 磨口三角瓶中，精确至 0.0001g，加入 25mL 5%乙酸溶液，盖上塞子，在振荡器上振荡萃取 30min。

6.4　用定性滤纸过滤，弃去前几毫升滤液，收集后续滤液作分析之用。

6.5　上机运行工作标准液和样品液。如样品液浓度超出工作标准液的浓度范围，则应稀释。

7　结果的计算与表述

7.1　水溶性糖的计算

以干基试样计的水溶性糖的含量，以葡萄糖计，由式（1）得出：

$$\text{总(还原)糖(\%)} = \frac{c \times V}{m \times (1 - W)} \times 100 \tag{1}$$

式中　c——样品液总（还原）糖的仪器观测值，mg/mL；

V——萃取液的体积，mL；

m——试料的质量，mg；

W——试样水分的质量分数，%。

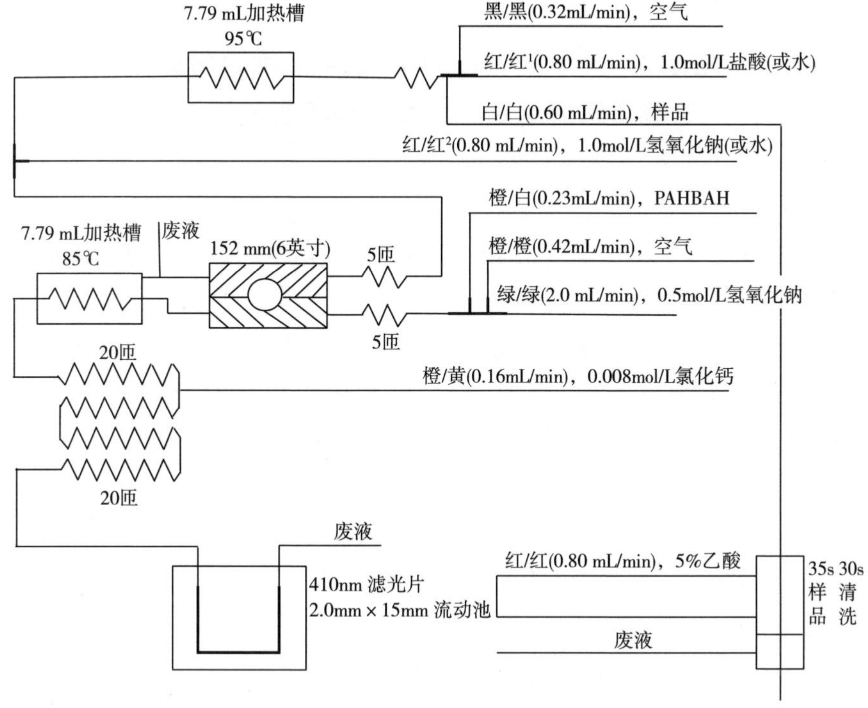

图 1　水溶性糖测定管路图

注：测定总糖时，红/红[1]为 1.0mol/L 盐酸，95℃加热槽打开；测定还原糖时，红/红[1]管为活化水，红/红[2]管为水，95℃加热槽关闭。

7.2　结果的表述

以两次测定的平均值作为测定结果。

若测得的水溶性糖含量大于或等于 10.0%，结果精确至 0.1%；若小于 10.0%，结果精确至 0.01%。

8　精密度

两次平行测定结果绝对值之差不应大于 0.50%。

附录3 YC/T 468—2013 烟草及烟草制品总植物碱的测定 连续流动硫氰酸钾法

1 范围

本标准规定了烟草及烟草制品中总植物碱（以烟碱计）的连续流动硫氰酸钾测定方法。

本标准适用于烟草及烟草制品中总植物碱（以烟碱计）的测定。

本方法测定烟草及烟草制品中总植物碱（以烟碱计）的检出限为0.045%，定量限为0.160%。

2 规范性引用文件

下列文件对于本文件的应用是必不可少的。凡是注日期的引用文件，仅注日期的版本适用于本文件，凡是不注日期的引用文件，其最新版本（包括所有的修改单）适用于本文件。

GB/T 6682—2008 分析实验室用水规格和试验方法

YC/T 31 烟草及烟草制品 试样的制备和水分测定 烘箱法

3 原理

用水萃取烟草样品，萃取液中的总植物碱（以烟碱计）与对氨基苯磺酸和氯化氰反应，氯化氰由硫氰酸钾和二氯异氰尿酸钠在线反应产生。反应产物用比色计在460nm 测定。

注：用5%乙酸溶液作为萃取液亦可得到相同的结果。

4 试剂与材料

除特别要求以外，均应使用分析纯试剂，水应符合 GB/T 6682 中一级水的规定。

4.1 磷酸氢二钠（$Na_2HPO_4 \cdot 12H_2O$），纯度>99.0%。

4.2 柠檬酸［$COH(COOH)(CH_2COOH)_2 \cdot H_2O$］，纯度>99.0%。

硼酸钠（$Na_2B_4O_7 \cdot 10H_2O$），纯度>99.5%。

4.3 对氨基苯磺酸（$NH_2C_6H_4SO_3H$），纯度>99.8%。

4.4 硫氰酸钾（KSCN），纯度>98.5%。

4.5 二氯异氰尿酸钠（$C_3Cl_2N_3NaO_3$），纯度>95.0%。

4.6 硫酸亚铁（$FeSO_4 \cdot 7H_2O$），纯度>99.0%。

4.7　碳酸钠（Na_2CO_3），纯度 >99.8%。

4.8　烟碱，纯度 >98.0%。

4.9　Brij－35 溶液（聚乙氧基月桂醚）

将 250g Brij－35 加入到 1L 水中，加热搅拌直至溶解。

4.10　缓冲溶液 A

称取 65.5g 磷酸氢二钠（4.1）、10.4g 柠檬酸（4.2）至烧杯中，用水溶解，然后转入 1000mL 容量瓶中，用水定容至刻度，加入 1mL Brij－35 溶液（4.9），混匀。使用前用定性滤纸过滤。

4.11　缓冲溶液 B

称取 222g 磷酸氢二钠（4.1）、8.4g 柠檬酸（4.2）、7g 对氨基苯磺酸（4.3）至烧杯中，用水溶解，然后转入 1000mL 容量瓶中，用水定容至刻度，加入 1mL Brij－35 溶液（4.9），混匀。使用前用定性滤纸过滤。

4.12　硫氰酸钾溶液

称取 2.88g 硫氰酸钾（4.4）至烧杯中，用水溶解，然后转入 250mL 容量瓶中，用水定容至刻度。

4.13　二氯异氰尿酸钠溶液

称取 2.20g 二氯异氰尿酸钠（4.5）至烧杯中，用水溶解，然后转入 250mL 容量瓶中，用水定容至刻度。该溶液应现配现用。

4.14　解毒溶液 A

称取 1g 柠檬酸（4.2）、10g 硫酸亚铁（4.6）至烧杯中，用水溶解，然后转入 1000mL 容量瓶中，用水定容至刻度。

4.15　解毒溶液 B

称取 10g 碳酸钠（4.7）至烧杯中，用水溶解，然后转入 1000mL 容量瓶中，用水定容至刻度。

4.16　烟碱标准溶液

4.16.1　标准储备液

称取适量烟碱（4.8）于 250mL 容量瓶中，精确至 0.0001g，用水溶解，定容至刻度。此溶液烟碱含量应在 1.6mg/mL 左右。标准储备液应储存于 0～4℃冰箱中。有效期为一个月。

4.16.2　系列标准工作溶液

由标准储备液（4.16.1）制备至少 5 个系列标准工作溶液，其浓度范围应覆盖预计检测到的样品含量。该工作溶液在 0 ~4℃冰箱中保存，有效期为 2 周。

5　仪器

5.1　具塞三角瓶，50mL。

5.2　定量加液器或移液管。

5.3　快速定性滤纸。

5.4　分析天平，感量 0.0001g。

5.5　振荡器。

5.6　连续流动分析仪，由下述各部分组成：

取样器；比例泵；螺旋管；透析槽；比色计，配 460nm 滤光片；数据处理装置。

6　分析步骤

6.1　试样制备

按 YC/T 31 制备试样，并测定其水分含量。

6.2　样品处理

称取 0.25g 试样于 50mL 具塞三角瓶中（5.1），精确至 0.0001g，加入 25mL 水，盖上塞子，在振荡器（5.5）上振荡（转速 >150rpm）萃取 30min。用快速定性滤纸（5.3）过滤萃取液，弃去前几毫升（2 ~3mL）滤液，收集后续滤液作分析之用。

6.3　仪器分析

上机运行系列标准工作溶液（4.16.2）和滤液（6.2），分析流程图参见附录 A。如样品浓度超出标准工作溶液的浓度范围，则应稀释后再测定。

7　结果的计算与表述

7.1　总植物碱（以烟碱计）含量的计算

a 表示以干基试样计的总植物碱（以烟碱计）的含量，数值以% 表示，由式（1）计算：

$$a = \frac{c \times v}{m \times (1 - w) \times 1000} \times 100 \tag{1}$$

式中　c——萃取液总植物碱的仪器观测值，mg/mL；

v——萃取液的体积，mL；

m——试样的质量，g；

w——试样水分的质量分数，%。

7.2 结果的表述

以两次平行测定结果的平均值作为测定结果，结果精确至0.01%。两次平行测定结果绝对值之差不应大于0.05%。

8 精密度和回收率

本方法的精密度结果见表1和加标回收率结果见表2。

表1 本方法的精密度（$n=6$）

	总植物碱含量/%	相对标准偏差（RSD）/%
烤烟	1.75	0.41
白肋烟	4.56	0.55
香料烟	0.97	1.26
烤烟型卷烟	1.68	0.99
混合型卷烟	2.21	0.77

表2 方法的低，中，高加标回收率（$n=3$）

样品类型	总植物碱含量/%	回收率/%					
		低		中		高	
		添加量 mg	回收率 %	添加量 mg	回收率 %	添加量 mg	回收率 %
烤烟	1.75	2.7012	99.06	4.0518	99.34	5.4024	99.70
白肋烟	4.56	9.0040	99.10	10.8048	99.15	13.5060	99.81
香料烟	0.97	1.8008	98.64	2.2510	99.42	2.7012	99.47
烤烟型卷烟	1.68	2.7012	98.90	4.0518	99.25	5.4024	99.28
混合型卷烟	2.21	3.6016	98.94	5.4024	99.14	6.3028	99.95

9 试验报告

试验报告应包括以下内容：

——识别被测试样需要的所有信息；

——参照本标准所使用的试验方法；

——测定结果，包括各单次测定结果及其平均值；

——与本标准规定的分析步骤的差异；

——在试验中观察到的异常现象；

——试验日期；

——测定人员。

附录 A

(资料性附录)

总植物碱(以烟碱计)的连续流动硫氰酸钾法分析流程图

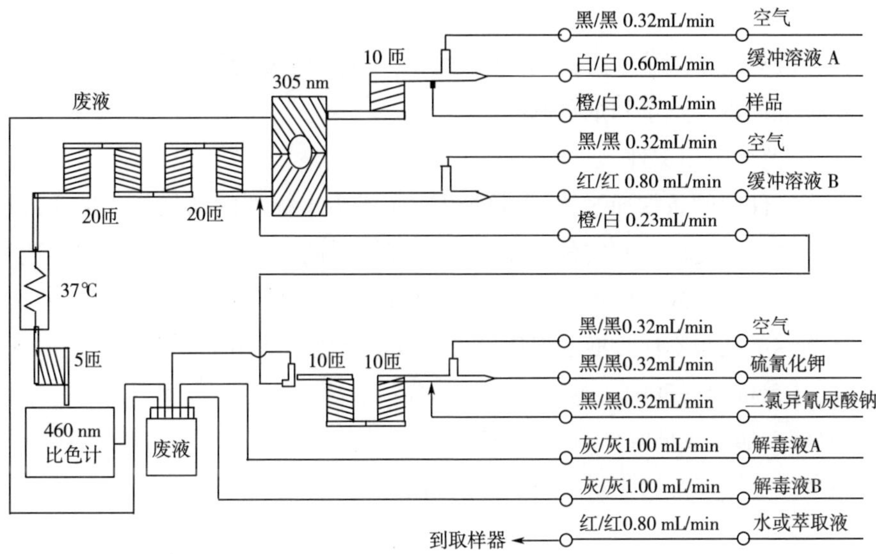

图 A. 1　总植物碱的连续流动硫氰酸钾法分析流程图(大流量)

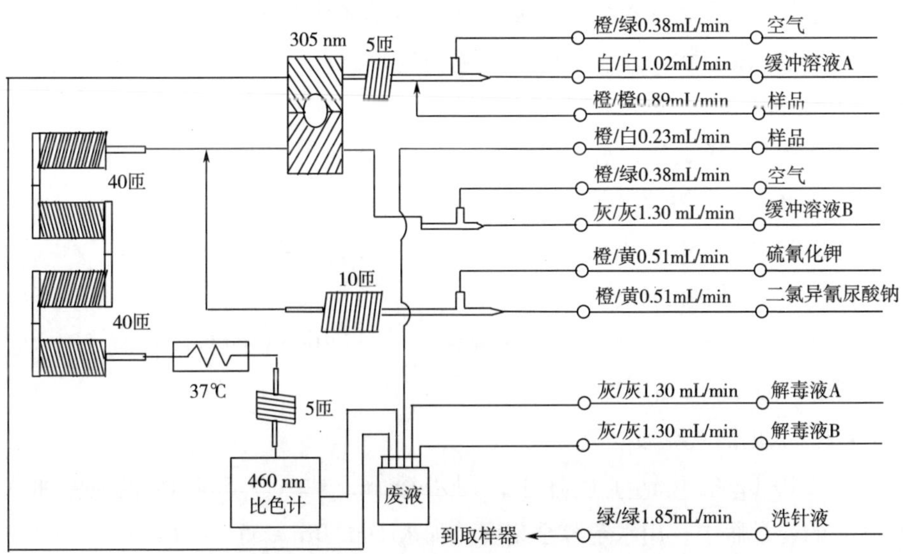

图 A. 2　总植物碱的连续流动硫氰酸钾法分析流程图(小流量)

附录4　YC/T 161—2002 烟草及烟草制品总氮的测定　连续流动法

1　范围

本标准规定了烟草中总氮的测定方法（不包括硝态氮）。

本标准适用于烟草和烟草制品。

2　规范性引用文件

下列文件中的条款通过本标准的引用而成为本标准的条款。凡是注日期的引用文件，其随后所有的修改单（不包括勘误的内容）或修订版均不适用于本标准，然而，鼓励根据本标准达成协议的各方研究是否可使用这些文件的最新版本。凡是不注日期的引用文件，其最新版本适用于本标准。

GB/T 5606.1—2004　卷烟　第一部分：抽样

YC/T 5 烟叶成批取样的一般原则

YC/T 31 烟草及烟草制品　试样的制备和水分测定　烘箱法

3　原理

有机含氮物质在浓硫酸及催化剂的作用下，经过强热消化分解，其中的氮被转化为氨。在碱性条件下，氨被次氯酸钠氧化为氯化铵，进而与水杨酸钠反应产生一靛蓝物质，在660nm 比色测定。

4　试剂

使用分析纯级试剂，水应为蒸馏水或同等纯度的水。

4.1　Brij－35 溶液（聚乙氧基月桂醚）

将250g Brij－35 加入到1L 水中，加热搅拌直至溶解。

4.2　次氯酸钠溶液

移取6mL 次氯酸钠（有效氯含量≥5%）于100mL 的容量瓶中，用水稀释至刻度，加2滴 Brij－35（4.1）。

4.3　氯化钠－硫酸溶液

称取10.0g 氯化钠于烧杯中，用水溶解，加入7.5mL 浓硫酸，加入1000mL的容量瓶中，用水定容至刻度，加入1mL Brij－35（4.1）。

4.4　水杨酸钠－亚硝基铁氰化钠溶液

称取75.0g 水杨酸钠（$Na_2C_7H_5O_3$）、亚硝基铁氰化钠［$Na_2Fe(CN)_5NO$·

$2H_2O$］0.15g 于烧杯中，用水溶解，转入 500mL 容量瓶中，用水定容至刻度，加入 0.5mL Brij－35（4.1）。

4.5　缓冲溶液

称取酒石酸钾钠（$NaKC_4H_4O_6 \cdot 4H_2O$）25.0g、磷酸氢二钠（$Na_2HPO_4 \cdot 12H_2O$）17.9g、氢氧化钠（NaOH）27.0g，用水溶解，转入 500mL 容量瓶中，加入 0.5mL Brij－35 溶液。

4.6　进样器清洗液

移取 40mL 浓硫酸（H_2SO_4）于 1000mL 容量瓶中，缓慢加水，定容至刻度。

4.7　氧化汞（HgO），红色

4.8　硫酸钾（K_2SO_4）

4.9　标准溶液

4.9.1　储备液：称取 0.943g 硫酸铵于烧杯中，精确至 0.0001g，转入 100mL 容量瓶中，用水定容至刻度。此溶液氮含量为 2mg/mL。

4.9.2　工作标准液：根据预计检测到的样品的总氮含量，制备至少 5 个工作标准液。制备方法是：分别移取不同量的储备液，按照与样品消化同样的量加入氧化汞、硫酸钾、硫酸，并与样品一同消化。

5　仪器设备

常用实验仪器如下所示。

5.1　连续流动分析仪（见图 1），由下述各部分组成：

——消化器，建议消化管容量为 75mL；

——取样器；

——比例泵；

——渗析器；

——加热槽；

——螺旋管；

——比色计，配 660nm 滤光片；

——记录仪或其他合适的数据处理装置。

5.2　分析天平，感量 0.0001g。

6　分析步骤

6.1　按照 GB/T 5606.1——2004 或 YC/T 5 抽取样品。

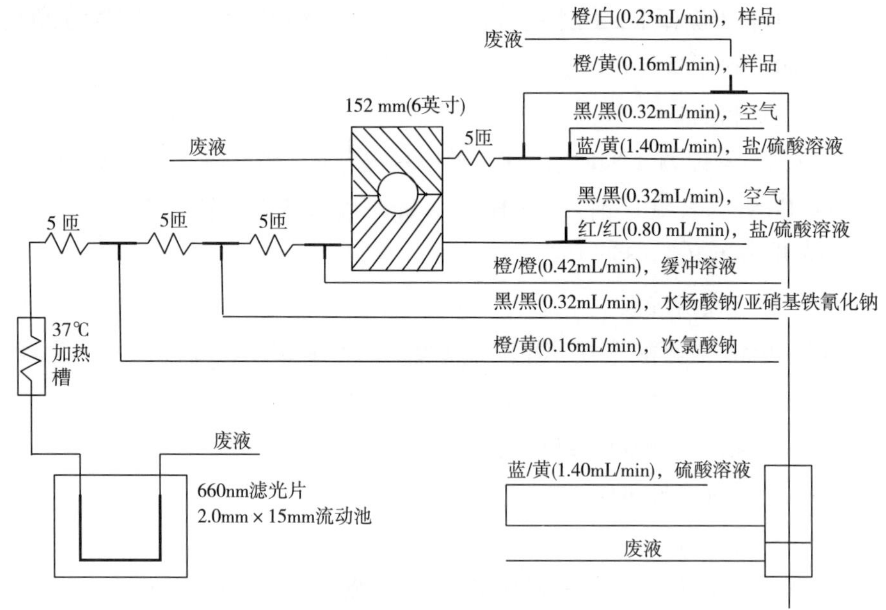

图1　总氮测定管路图

6.2　按照 YC/T 31 制备试样，测定水分含量。

6.3　称取 0.1g 试料于消化管中，精确至 0.0001g，加入氧化汞（4.7）0.1g、硫酸钾 1.0g、浓硫酸 5.0mL。

6.4　将消化管置于消化器上消化。消化器工作参数为：150℃ 1h，370℃ 1h。消化管稍冷，加入少量水，冷却至室温，用水定容至刻度，摇匀。

6.5　上机运行工作标准液和样品液。如样品液浓度超出工作标准液的浓度范围，则应重新制作工作标准液。

7　结果的计算与表述

7.1　总氮含量的计算

以干基计的总氮的含量，由式（1）得出：

$$总氮(\%) = \frac{c}{m \times (1 - W)} \times 100 \tag{1}$$

式中　c——样品液总氮的仪器观测值，mg；

m——试料的质量，mg；

W——试样水分的质量分数，%。

7.2　结果的表述

以两次测定的平均值作为测定结果，结果精确至0.01%。

8 精密度

两次平行测定结果绝对值之差不应大于0.05%。

附录5 YC/T 162—2011 烟草及烟草制品 氯的测定 连续流动法

1 范围

本标准规定了烟草及烟草制品中氯的连续流动测定方法。

本标准适用于烟草及烟草制品中氯的测定。

本方法测定烟草及烟草制品中氯的检出限为0.92mg/L，定量限为3.07mg/L。

2 规范性引用文件

下列文件对于本文件的应用是必不可少的。凡是注日期的引用文件，仅注日期的版本适用于本文件，凡是不注日期的引用文件，其最新版本（包括所有的修改单）适用于本文件。

GB/T 6682—2008 分析实验室用水规格和试验方法

YC/T 31 烟草及烟草制品 试样的制备和水分测定 烘箱法

3 原理

用水萃取样品中的氯，氯与硫氰酸汞反应，释放出硫氰酸根，进而与三价铁反应形成络合物，反应产物在460nm处进行比色测定。反应方程式如下：

$$2Cl^- + Hg(SCN)_2 \longleftrightarrow HgCl_2 + 2SCN^-$$

$$n\,SCN^- + Fe^{3+} \longleftrightarrow Fe(SCN)_n^{3-n}$$

注：用5%乙酸水溶液作为萃取液亦可得到相同的结果。

4 试剂与材料

除特别要求以外，均应使用分析纯试剂，水应符合GB/T 6682—2008中一级水的规定。

4.1 硫氰酸汞，纯度>99.0%。

4.2 硝酸铁，9水合硝酸铁［$Fe(NO_3)_3 \cdot 9H_2O$］，纯度>99.0%。

4.3 浓硝酸，浓度为65%~68%（质量百分比）。

4.4 氯化钠标准物质［GBW（E）060024c］。

4.5 Brij-35溶液（聚乙氧基月桂醚）：称取250g Brij-35至3000mL烧杯中，精确至1g，用量筒量取1000mL水，加入到烧杯中，混合均匀。

4.6 硫氰酸汞溶液：称取2.1g硫氰酸汞（4.1）于烧杯中，精确至0.1g，加入甲醇溶解，转移至500mL容量瓶中，用甲醇定容至刻度。该溶液

在常温下避光保存，有效期为90d。

4.7 硝酸铁溶液：称取101.0g硝酸铁（4.2）于烧杯中，精确至0.1g，用量筒量取200mL水，加入到烧杯中溶解。后用量筒量取15.8mL浓硝酸（4.3），加入到溶液中，混合均匀，将混合溶液转移至500mL容量瓶中，用水定容至刻度。该溶液在常温下保存，有效期为90d。

4.8 显色剂：用量筒分别量取硫氰酸汞溶液（4.6）和硝酸铁溶液（4.7）各60mL于同一250mL容量瓶中，用水定容至刻度，加入0.5mL Brij－35溶液（4.5）。显色剂应在常温下避光保存，有效期为2d。

4.9 硝酸溶液（0.22mol/L）：用量筒量取16mL浓硝酸（4.3），用水稀释后，转入1000mL容量瓶中，用水定容至刻度。

4.10 氯标准溶液

4.10.1 标准储备液（1000mg/L，以Cl计）

称取1.648g干燥后的氯化钠标准物质（4.4）于烧杯中，精确至0.1mg，用水溶解，转移至1000mL容量瓶中，用水定容至刻度。

注：国家标准物质中心的氯标准溶液（1000mg/L，GBW（E）080268）亦可作为标准储备液。

4.10.2 标准工作溶液

由标准储备液（4.10.1）制备至少5个工作标准液，其浓度范围应覆盖预计检测到的样品含量。

5 仪器

5.1 具塞三角瓶，50mL。

5.2 定量加液器或移液管。

5.3 快速定性滤纸。

5.4 分析天平，感量0.1mg。

5.5 振荡器。

5.6 连续流动分析仪，由下述各部分组成：

——取样器；

——比例泵；

——螺旋管；

——透析槽；

——比色计，配460nm滤光片；

——数据处理装置。

6　分析步骤

6.1　试样制备

按 YC/T 31 制备试样，并测定其水分含量。

6.2　样品处理

称取 0.25g 试样于 50mL 具塞三角瓶中（5.1），精确至 0.1mg，加入 25mL 水，盖上塞子，在振荡器（5.5）上振荡（转速 > 150r/min）萃取 30min。用快速定性滤纸（5.3）过滤萃取液，弃去前 2 ~ 3mL 滤液，收集后续滤液作分析之用。

6.3　仪器分析

上机运行标准工作溶液（4.10.2）和滤液（6.2），分析流程图参见附录 A。如样品浓度超出工作标准溶液的浓度范围，则应稀释后再测定。

7　结果的计算与表述

7.1　氯含量的计算

a 表示以干基试样计的氯的含量，数值以% 表示，由式（1）计算：

$$a = \frac{c \times v}{m \times (1 - w)} \times 100 \tag{1}$$

式中　c——萃取液氯的仪器观测值，mg/mL；

v——萃取液的体积，mL；

m——试样的质量，mg；

w——试样水分的质量分数，%。

7.2　结果的表述

以两次平行测定结果的平均值作为测定结果，结果精确至 0.01%。两次平行测定结果绝对值之差不应大于 0.05%。

8　精密度和回收率

本方法的精密度和回收率见表 1、表 2 和表 3。

表 1　方法测定精密度（n = 5）

项目	相对标准偏差（RSD）/%	
	日内	日间
烤烟	4.00	1.84
香料烟	3.56	1.31
白肋烟	1.29	1.11

表 2　　方法的低，中，高加标回收率（$n=6$）

组分	回收率/%		
	低	中	高
氯	99.9	101.0	99.7

表 3　　不同含量样品加标回收率（$n=6$）

组分	回收率/%		
	低含量样品（烤烟）	中含量样品（香料烟）	高含量样品（白肋烟）
氯	99.0	105.2	101.2

9　试验报告

试验报告应包括以下内容：

——识别被测试样需要的所有信息；

——参照本标准所使用的试验方法；

——测定结果，包括各单次测定结果及其平均值；

——与本标准规定的分析步骤的差异；

——在试验中观察到的异常现象；

——试验日期；

——测定人员。

附录 A

（资料性附录）

氯的连续流动分析流程图

氯的连续流动分析流程见图 A.1。

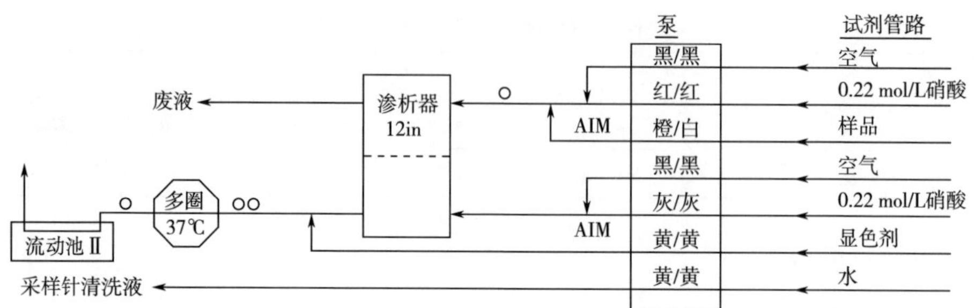

图 A.1　氯的连续流动分析流程图

附录 6　YC/T 217—2007 烟草及烟草制品钾的测定　连续流动法

1　范围

本标准规定了烟草及烟草制品中钾的连续流动分析法。

本标准适用于烟草及烟草制品中钾含量的测定。

2　规范性引用文件

下列文件中的条款通过本标准的引用而成为本标准的条款。凡是注日期的引用文件，其随后所有的修改单（不包括勘误的内容）或修订版均不适用于本标准，然而，鼓励根据本标准达成协议的各方研究是否可使用这些文件的最新版本。凡是不注日期的引用文件，其最新版本适用于本标准。

GB/T 5606.1—2004 卷烟　第 1 部分：抽样

GB/T 19616—2004 烟草成批原料取样的一般原则（GB/T 19616—2004，ISO 4874：2000，MOD）

YC/T 31 烟草及烟草制品 试样的制备和水分测定　烘箱法

3　原理

用水萃取烟草样品，萃取液燃烧时，钾的外围电子吸收能量，由基态跃迁至激发态，电子在激发态不稳定，又释放出能量，返回基态，其释放出的能量被光电系统检测。当钾的浓度在一定范围时，其辐射强度同浓度成正比。

4　试剂与材料

水应为蒸馏水或同等纯度的水。

4.1　氯化钾，基准物质

4.2　氯化钾标准溶液

4.2.1　储备溶液

称取 1.91g 氯化钾，精确至 0.0001g，用水溶解于烧杯中，转入 1000mL 容量瓶中，用水定容至刻度。

4.2.2　工作标准溶液

由储备溶液用水制备至少 5 个工作标准溶液，其浓度范围应覆盖检测到的样品含量。工作标准溶液应储存于 0 ~ 4℃条件下，每 2 周配制一次。

5　仪器

常用实验仪器及下述各项。

5.1　连续流动分析仪（见图1），由下述各部分组成：

——取样器；

——比例泵；

——螺旋管；

——火焰光度计检测器；

——空气压缩机；

——液化气；

——记录仪或其他数据处理装置。

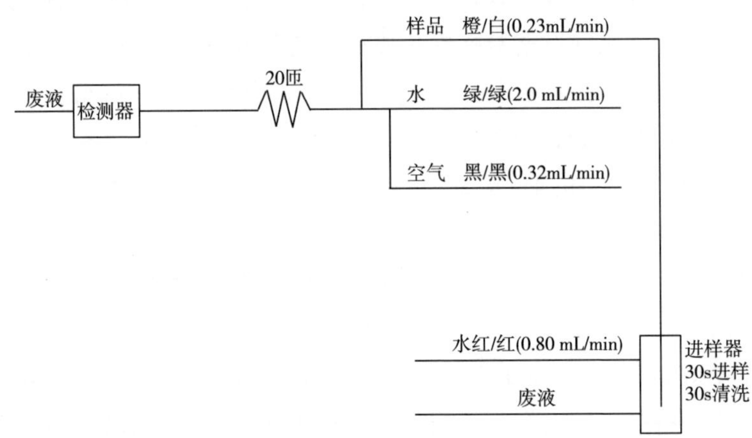

图1　钾测定管路图

5.2　分析天平，精确至0.1mg。

5.3　振荡器。

5.4　磨口具塞三角瓶，50mL。

6　抽样

6.1　烟叶

按GB/T 19616—2004抽取烟叶作为实验室样品。

6.2　卷烟

按GB/T 5606.1—2004抽取卷烟作为实验室样品。

7　分析步骤

7.1　试样的制备

按 YC/T 31 制备试样。

7.2　测定

7.2.1　测定次数

每个试样应平行测定两次。

7.2.2　水分的测定

按照 YC/T 31 测定试样的水分含量。

7.2.3　称样

称取约 0.25g 试料于 50mL 具塞三角瓶中（5.4），精确至 0.0001g。

7.2.4　钾的测定

将 25mL 水加入 50mL 具塞三角瓶中（7.2.3），加塞，在振荡器（5.3）上振荡萃取 30min。用定性滤纸过滤，弃去前几毫升滤液，收集后续滤液作分析之用。

注：5% 的乙酸溶液也可作为萃取溶液使用

8　结果的计算与表述

8.1　结果的计算

C 表示以干基计的钾的含量，数值用% 表示，由式（1）得出：

$$W = \frac{X \times V}{(m_1 - m_2) \times (1 - W) \times 1} \tag{1}$$

式中　X——样品溶液钾的仪器观测值，mg/mL；

V——样品液的定容体积，mL；

W——试样的水分百分百含量（质量分数），%；

m_1——称量瓶质量与样品质量之和，g；

m_2——称量瓶质量，g；

8.2　结果的表述

两次平行测定结果绝对值之差不应大于 0.05% 。

附录 7　YC/T 216—2013 烟草及烟草制品淀粉的测定　连续流动法

1　范围

本标准规定了烟草中淀粉含量的连续流动测定方法。

本标准适用于烟草及烟草制品中淀粉的测定。

本方法测定烟草及烟草制品中淀粉的检出限为 0.46mg/L，定量限为 1.53mg/L。

2　规范性引用文件

下列文件对于本文件的应用是必不可少的。凡是注日期的引用文件，仅所注日期的版本适用于本文件。凡是不注日期的引用文件，其最新版本（包括所有的修改单）适用于本文件。

GB/T 6682—2008 分析实验室用水规格和试验方法

YC/T 31 烟草及烟草制品 试样的制备和水分测定 烘箱法

3　原理

用 80% 乙醇 - 饱和氯化钠溶液超声 30min，去除烟草样品中的干扰物质，弃去萃取溶液，再用 40% 高氯酸超声提取 10min，淀粉在酸性条件下与碘发生显色反应，在 570nm 比色测定。

4　试剂与材料

除特别要求以外，均应使用分析纯试剂，水应符合 GB/T 6682—2008 中一级水的规定。

4.1　直链淀粉、支链淀粉，标准品纯度 99.8%。

4.2　氯化钠。

4.3　无水乙醇。

4.4　氢氧化钠。

4.5　高氯酸溶液。

4.6　高氯酸溶液，质量比 40%。

移取 300mL 高氯酸溶液（4.5），溶解于 224mL 水中。

4.7　高氯酸溶液，质量比 15%

移取 52mL 高氯酸溶液（4.5），溶解于 198mL 水中。

4.8 碘/碘化钾溶液

称取5.0g碘化钾和0.5g（精确至0.001g）碘于400mL烧杯中，用玻棒研磨粉碎混匀后加入少量水溶解，待完全溶解后，转入250mL棕色容量瓶中，用水定容至刻度。该溶液常温下避光保存，有效期为1个月。

4.9 80%乙醇-饱和氯化钠溶液

称取64g氯化钠，溶于200mL水中，加入800mL无水乙醇，溶解，静置，待溶液澄清后过滤。

4.10 淀粉标准溶液

4.10.1 标准储备液

分别称取0.15g直链淀粉和0.60g支链淀粉于不同烧杯中，精确至0.0001g。直链淀粉中加入1.0g氢氧化钠后用水煮沸溶解，支链淀粉用水煮沸溶解，冷却后分别转入500mL容量瓶中，用水定容至刻度。该溶液储存于0~4℃的条件下，有效期为1个月。

4.10.2 混合标准储备液

分别移取直链淀粉储备液和支链淀粉储备液（4.10.1）各30mL于100mL容量瓶中，用水定容至刻度，摇匀，得到混合标准储备液。

4.10.3 系列标准工作液

分别移取不同体积的混合标准储备液（4.10.2）于50mL容量瓶中，并分别加入2.5mL高氯酸萃取液（4.6），用水定容至刻度。制备至少5个标准工作液（其浓度范围应覆盖预计检测到的样品含量），该系列标准工作液应即配即用。

5 仪器

常用实验仪器及下述各项。

5.1 超声波发生器（700W）。

5.2 G3烧结玻璃砂芯漏斗（参见附录A），50mL。

5.3 分析天平，感量0.1mg。

5.4 烧杯，100mL、400mL。

5.5 容量瓶，50mL、100mL、500mL。

5.6 定量加液器或移液管。

5.7 连续流动分析仪，由下述各部分组成：

——取样器；

——比例泵；
——螺旋管；
——比色计，配570nm滤光片；
——数据处理装置。

6 分析步骤

6.1 试样制备

按YC/T 31制备试样，并测定其水分含量。

6.2 样品处理

准确称取0.25g试样于50mL G3烧结玻璃砂芯漏斗（5.2）中，量取25mL 80%乙醇－饱和氯化钠溶液（4.9）加入漏斗中，将漏斗放入盛有适量水的400mL烧杯中，室温下超声（功率350W）萃取30min。取出漏斗，打开旋塞弃去萃取溶液，用2mL 80%乙醇－饱和氯化钠溶液（4.9）洗涤漏斗内样品残渣，再用双链球加压弃去洗涤液，关闭旋塞。将漏斗放回至400mL烧杯中，向漏斗内样品残渣中加入15mL 40%高氯酸溶液（4.6），室温下超声（功率350W）提取10min，再加入15mL水于漏斗中，混合均匀后，打开旋塞，将淀粉提取液放入50mL三角瓶中。准确移取5mL提取液于50mL容量瓶中，用水定容至刻度，摇匀备用。

注：经过样品处理的G3烧结玻璃砂芯漏斗，用水清除漏斗中的烟末残杂，再加入0.5mL重铬酸钾洗液，浸泡过夜，然后放掉并回收重铬酸钾洗液，再用水冲洗干净，即可。

6.3 仪器分析

上机运行系列标准工作溶液（4.10.2）和样品溶液（6.2），分析流程图参见附录B。如样品浓度超出工作标准溶液的浓度范围，则应稀释后再重新测定。

7 结果的计算与表述

7.1 淀粉含量的计算

a表示以干基试样计的淀粉含量，数值以%表示，由式（1）计算：

$$a = \frac{C \times V \times 6}{m \times (1 - w) \times 1000} \times 100 \tag{1}$$

式中 C——样品溶液中淀粉的仪器观测值，mg/mL；

V——样品溶液的定容体积，mL；

m——试样的质量，g；

w——试样水分的质量分数,%。

7.2　结果的表述

以两次平行测定结果的平均值作为测定结果，结果精确至0.01%。两次平行测定结果的相对平均偏差不应大于10%。

8　精密度和回收率

本方法的精密度和回收率见表1和表2。

表1　方法精密度（n=5）

项　目	相对标准偏差（RSD）,%	
	日内	日间
烤烟	1.74	1.74
白肋烟	2.42	5.95
香料烟	2.52	3.02

表2　不同含量样品加标回收率（n=6）

组分	回收率,%		
	低含量样品（白肋烟）	中含量样品（香料烟）	高含量样品（烤烟）
淀粉	97.8	98.2	98.4

9　检验报告

试验报告应包括以下内容：

——识别被测试样需要的所有信息；

——参照本标准所使用的试验方法；

——测定结果，包括各单次测定结果及其平均值；

——与本标准规定的分析步骤的差异；

——在试验中观察到的异常现象；

——实验日期；

——测定人员。

附录 A
（资料性附录）
G3 砂芯烧结玻璃漏斗

G3 砂芯烧结玻璃漏斗见图 A. 1。

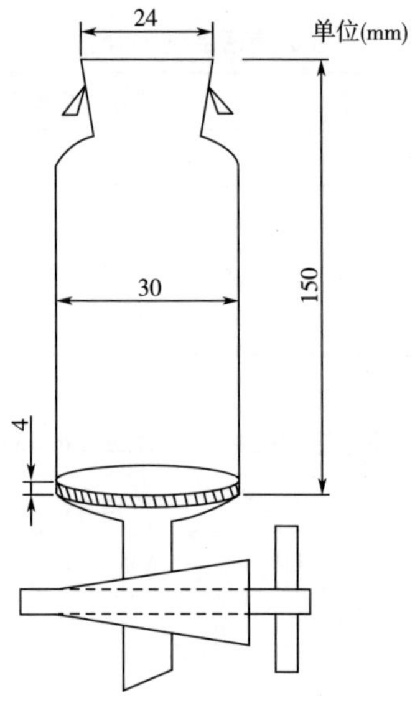

图 A. 1　G3 砂芯烧结玻璃漏斗

附录 B
（资料性附录）
淀粉连续流动分析流程图

淀粉连续流动分析流程图见图 B. 1。

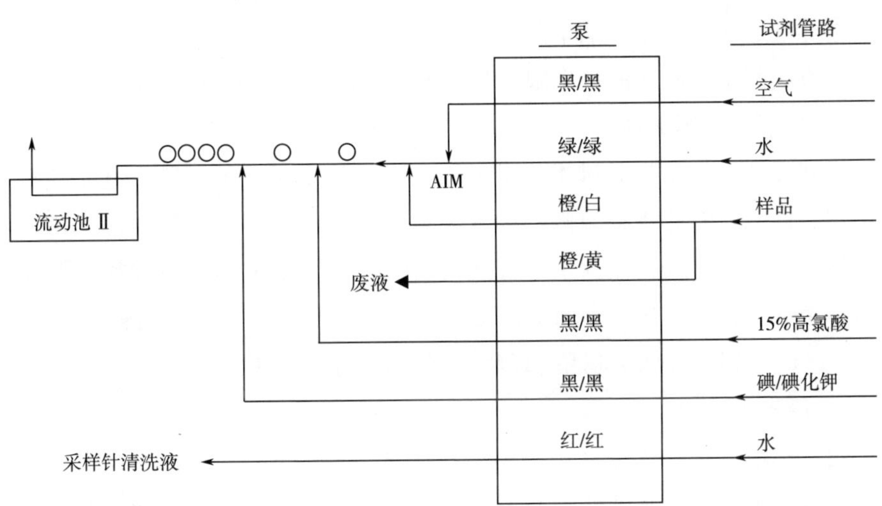

O = 5圈螺旋管
O O O O= 20圈螺旋管
AIM=空气模块

比色参数	采样参数	泵管流速
滤光片：570nm	分析速率：30次/h	黑/黑=0.32 mL/min
流动池：10mm × 1.5mm i. d.	1:1	绿/绿=2.00 mL/min
		橙/白=0.23 mL/min
		橙/黄=0.16 mL/min
		红/红=0.80 mL/min

图 B. 1　淀粉连续流动分析流程图

附录8 YC/T 296—2009 烟草及烟草制品硝酸盐的测定 连续流动法

1 范围

本标准规定了烟草及烟草制品中硝酸盐的连续流动测定方法。

本标准适用于烟草及烟草制品中硝酸盐含量的测定。

本方法测定硝酸盐的检出限为0.0059%，定量限为0.0198%。

2 规范性引用文件

下列文件中的条款通过本标准的引用而成为本标准的条款。凡是注日期的引用文件，其随后所有的修改单（不包括勘误的内容）或修订版均不适用于本标准，然而，鼓励根据本标准达成协议的各方研究是否可使用这些文件的最新版本。凡是不注日期的引用文件，其最新版本适用于本标准。

YC/T 31 烟草及烟草制品 试样的制备和水分测定 烘箱法

3 原理

用水萃取试样，萃取液中的硝酸盐在碱性条件下与硫酸肼－硫酸铜溶液反应生成亚硝酸盐。亚硝酸盐与对氨基苯磺酰胺反应生成重氮化合物，在酸性条件下，重氮化合物与*N*－（1－萘基）－乙二胺二盐酸发生偶合反应生成一种紫红色配合物，其最大吸收波长为520nm，用比色计测定。

若萃取液中含有亚硝酸盐，将同时被检测。

注：亦可使用5%醋酸作为萃取液。

4 试剂与材料

除特殊要求外，应使用分析纯试剂，水应为去离子水。

4.1 Brij－35溶液

将约250g Brij－35（聚乙氧基月桂醚）加入到1000mL水中，加热搅拌直至溶解。

4.2 活化水

每1000mL水中加入1mL Brij－35溶液（4.1），搅拌均匀。

4.3 氢氧化钠溶液

称取约8.0g氢氧化钠，溶于800mL水中，加入1mL Brij－35溶液（4.1）后稀释至1000mL。

4.4　硫酸铜溶液

称取约1.20g硫酸铜（$CuSO_4 \cdot 5H_2O$），溶于100mL水中。

4.5　硫酸肼－硫酸铜溶液

应选择最适宜的硫酸肼浓度，具体参见附录A。根据选择的硫酸肼浓度，称取相应量的硫酸肼（$N_2H_6SO_4$），溶于800mL水中，加入1.5mL硫酸铜溶液（4.4），稀释至1000mL，储存于棕色瓶中。此溶液应每月配制一次。

4.6　对氨基苯磺酰胺溶液

移取25mL浓磷酸，加入至175mL水中，然后加入约2.5g对氨基苯磺酰胺（$C_6H_8N_2O_2S$）和0.125g*N*－（1－萘基）－乙二胺二盐酸（$C_{12}H_{14}N_2 \cdot 2HCl$），搅拌溶解，用水定容至250mL，过滤后转移至棕色瓶中。配好的溶液应呈无色，若为粉红色说明有亚硝酸根干扰，应重新配制。该溶液应即配即用。

4.7　标准储备溶液（2mg/mL）

准确称取3.3g硝酸钾，精确至0.0001g，用水溶解后转移至1000mL容量瓶中，用水定容至刻度，混匀后存放于冰箱中。此溶液应每月配制一次。

4.8　工作标准溶液

由标准储备液（4.7）用水或5%醋酸溶液制备至少5个工作标准溶液，其浓度范围应覆盖预计检测到的试样中硝酸盐的含量。工作标准溶液应储存于0～4℃条件下，每2周配制一次。工作标准溶液配置所使用溶液应与样品萃取液保持一致。

5　仪器

5.1　连续流动分析仪，由下述各部分组成：

——取样器；

——比例泵；

——渗析器；

——加热槽；

——螺旋管；

——比色计，配520nm滤光片；

——记录仪或其他数据处理装置。

5.2　分析天平，精确至0.1mg。

5.3　快速定性滤纸。

5.4　振荡器。

6　分析步骤

6.1　试样制备

按 YC/T 31 制备试样，测定水分含量。

6.2　萃取

称取试样约 0.25g，精确至 0.0001g，至 50mL 具塞三角瓶中，加入 25mL 水，具塞后置于振荡器（5.4）上，振荡萃取 30min。用快速定性滤纸（5.3）过滤萃取液，弃去前几毫升滤液，收集后续滤液作分析用。

6.3　标准曲线的制作

按图 1 所示的管路图，上机运行系列工作标准溶液（4.8），根据试验结果绘制标准曲线。标准曲线应为线性，相关系数应不小于 0.999。

6.4　测定

按图 1 所示的管路图，测定试样萃取液（6.2），若萃取液浓度超出工作标准溶液的浓度范围，则应稀释后重新测定。

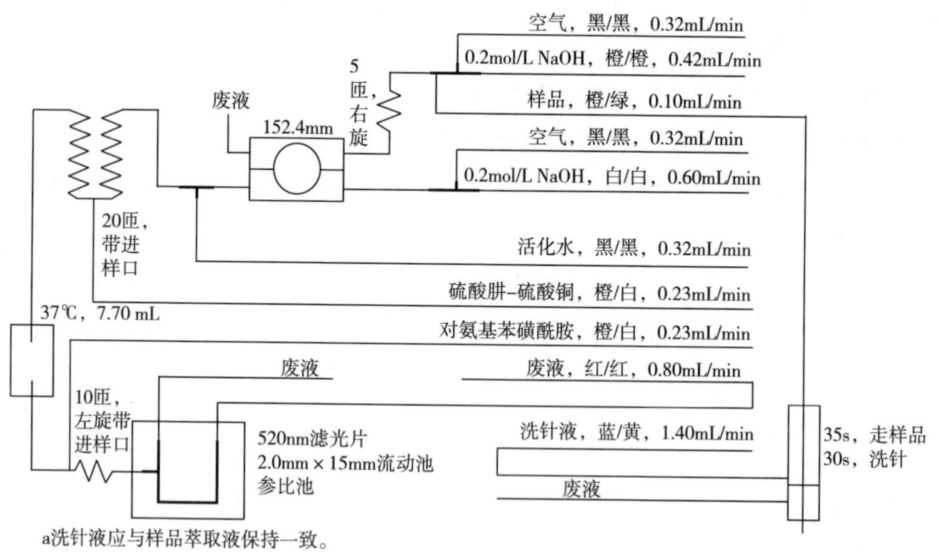

图 1　硝酸盐的测定管路图

7　结果的计算与表述

7.1　结果的计算

以干基计的硝酸盐含量，由式（1）得出：

$$c = \frac{X \times V}{(m_1 - m_2) \times (1 - W) \times 1000} \times 100 \qquad (1)$$

式中　c——以干基计的硝酸盐含量，%；

X——样品溶液硝酸盐的仪器观测值，mg/mL；

V——萃取液体积，mL；

W——试样水分的质量分数，%；

m_1——称量瓶质量 + 样品质量，g；

m_2——称量瓶质量，g。

7.2　结果的表述

结果以两次平行测定的平均值表示，精确至0.01%。

两次平行测定结果绝对值之差应不大于0.05%。

7.3　精密度

本方法的精密度试验结果见表1。

表1　　**方法的精密度试验结果**

名称	回收率/%
硝酸盐	98.4～100.4

附录 A
（资料性附录）
硫酸肼溶液最佳浓度的选择

硫酸肼溶液最佳浓度的选择应在安装调试仪器后，及在购买新的硫酸肼试剂时进行。可采用本附录中的方法 A 或方法 B。

A.1　方法 A

该方法在 ISO 15517 中被采用。

A.1.1　亚硝酸盐标准溶液

A.1.1.1　储备液

称取 0.900g 亚硝酸钠（$NaNO_2$），溶于 800mL 水中，用水定容至 1000mL。该储备液中亚硝酸根离子的浓度为 0.6mg/mL。

A.1.1.2　工作溶液

移取 25mL 储备液（A.1.1.1），用水定容至 100mL，该工作溶液中亚硝酸根离子的浓度为 150μg/mL。

A.1.2　硫酸肼溶液最佳浓度的选择

A.1.2.1　移取 0.75mL 硫酸铜溶液，用水定容至 1000mL。

A.1.2.2　称取 0.5g 硫酸肼，溶于 50mL 水中。定容至 100mL。

A.1.2.3　移取 1.0mL、2.0mL、3.0mL、……、10.0mL 硫酸肼溶液（A.1.2.2）分别用水定容至 25mL。这些溶液浓度为：每 1000mL 含有 0.2g，0.4g，0.6g，……，2.0g 硫酸肼。

A.1.2.4　将图 1 中硫酸肼/硫酸铜试剂管路连接到进样针上，水的管路放入硫酸铜溶液储液瓶。样品的管路放入亚硝酸钠标准工作溶液储液瓶（A.1.1.2）。

A.1.2.5　打开比例泵，用正常方式走试剂。

A.1.2.6　把硫酸肼溶液（A.1.2.3）倒入样品杯中，按浓度由小到大的顺序放到进样器上。

A.1.2.7　当反应颜色到达流动池时，调节记录仪响应至满刻度的 90%，开始进样。

A.1.2.8　当所有硫酸肼溶液进样完毕后，记下由于亚硝酸根离子被还原为氮，而使溶液颜色变浅的硫酸肼溶液的浓度（c_1）。

A. 1. 2. 9　配制浓度为150μg/mL的硝酸盐溶液，代替亚硝酸盐工作溶液（A. 1. 1. 2）。基线回零后，将硫酸肼溶液重新进样，记录下硝酸盐响应值最大时硫酸肼溶液浓度（c_2）。

A. 1. 2. 10　硫酸肼溶液最佳浓度 c，$c_2 < c < c_1$，保证硝酸根离子完全还原为亚硝酸根离子，而亚硝酸离子不被还原为氮。

A. 2　方法 B

该方法被加拿大官方方法 T－308 所采用。

A. 2. 1　配制相同浓度的亚硝酸盐溶液和硝酸盐溶液。

A. 2. 2　同时运行亚硝酸盐溶液和硝酸盐溶液，如果后者的响应值比前者低很多，增加硫酸肼溶液的浓度重新进样，直到两者响应值相等。

附录 B
（资料性附录）
实验室间共同研究结果

1993 年进行的有 12 个实验室参加使用 3 个样品进行的国际间共同试验表明，当用本方法分析单一等级烟草时，得到下列的重复性值（r）和再现性值（R）。

在正常且正确使用本方法、分析期间对仪器不进行校准、由一个操作者使用同一台仪器、在较短时间间隔内（分析 40 杯样品的时间）用不同萃取液得到的两个单个结果的差异超过重复值（r）的情况每 20 次不多于一次。

在正常而且正确使用本方法时，由两个实验室得到的结果超过再现性值的情况每 20 次不多于一次。

数据分析结果见表 B. 1、表 B. 2。

表 B. 1　　使用水萃取样品

烟草类型	硝酸盐含量平均值/%	重复性值 r	再现性值 R
烤烟	0. 11	0. 03	0. 12
香料烟	0. 16	0. 04	0. 11
白肋烟	2. 43	0. 12	0. 41

表 B. 2　　使用 5%醋酸萃取样品

烟草类型	硝酸盐含量平均值/%	重复性值 r	再现性值 R
烤烟	0. 11	0. 03	0. 20
香料烟	0. 16	0. 04	0. 21
白肋烟	2. 43	0. 05	0. 39

计算 r 和 R 时，一个试验结果是指每一萃取液分析一次得到的值。

附录 C
（资料性附录）
本标准与 ISO 15517：2003 的技术性差异及其原因

表 C.1 给出了本标准与 ISO 15517：2003 的技术性差异及其原因的一览表。

表 C.1　　本标准与 ISO 15517：2003 的技术性差异及其原因

标准的章条编号	技术性差异	原因
2	增加“规范性引用文件”	以适合我国国情
5.1	删除 ISO 15517：2003 的 5.1“样品的准备”；增加了 6.1“试样的制备”	与“规范性引用文件”一致
6	删除 ISO 15517：2003 的 6“计算”；增加了 6.3“标准曲线的制作”	以适合我国国情
7	删除 ISO 15517：2003 的 7“精密度”；增加了 7“结果的计算与表述”	以适合我国国情
附录 B	删除 ISO 15517：2003 的附录 B“硝酸盐的测定管路图”；增加了图 1“硝酸盐的测定管路图”	以适合我国国情
	增加“附录 B”	以适合我国国情

附录9 YC/T 245—2008 烟草及烟草制品氨的测定 连续流动法

1 范围

本标准规定了烟草及烟草制品中氨的连续流动分析法。

本标准适用于烟草及烟草制品中氨的测定。

2 规范性引用文件

下列文件中的条款通过本标准的引用而成为本标准的条款。凡是注日期的引用文件，其随后所有的修改单（不包括勘误的内容）或修订版均不适用于本标准，然而，鼓励根据本标准达成协议的各方研究是否可使用这些文件的最新版本。凡是不注日期的引用文件，其最新版本适用于本标准。

GB/T 5606.1—2004 卷烟 第1部分：抽样

GB/T 19616——2004 烟草成批原料取样的一般原则（GB/T 19616—2004，ISO 4874：2000，MOD）

YC/T 31 烟草及烟草制品 试样的制备和水分测定 烘箱法

3 原理

样品经水提取后，在碱性缓冲溶液中与水杨酸和次氯酸反应，亚硝基铁氰化钠［$Na_2Fe(CN)_5NO$］为反应中的催化剂，反应生成物在660nm处进行比色测定。

4 试剂与材料

4.1 要求

除特殊要求外，均应使用分析纯级试剂。水应为蒸馏水或同等纯度的水。

4.2 清洗溶液

将1mL 30%的Brij－35（聚乙氧基月桂醚，Astoria－Pacific # 90－0710－04或等同物质）加入至1000mL水中，混合均匀。

4.3 20%氢氧化钠溶液

称取约200g氢氧化钠（NaOH），溶解于800mL水中，放置冷却至室温后，转移至1000mL容量瓶中，用水定容至刻度。

4.4 20%酒石酸钾钠溶液

称取约200g酒石酸钾钠（$NaKC_4H_4O_6$），溶解于800mL水中，放置冷却

至室温后，转移至1000mL容量瓶中，用水定容至刻度。

4.5　缓冲溶液

称取约71g磷酸氢二钠（Na_2HPO_4），20g氢氧化钠（NaOH），用水溶解后转移至1000mL容量瓶中，放置冷却至室温后，用水定容至刻度。常温下其pH约为12.2。

4.6　工作缓冲溶液

量取250mL酒石酸钾钠溶液（4.4）加入至200mL缓冲溶液（4.5）中，搅拌并同时加入250mL氢氧化钠溶液（4.3）。将混合液转移至1000mL容量瓶中，冷却至室温后用水定容至刻度，使用时加入数滴30%的Brij－35溶液。常温下其pH约为13.7。

4.7　氯化钠－硫酸溶液

称取约100g氯化钠（NaCl）溶解于600mL水中，再加入7.5mL浓硫酸，搅拌后转移至1000mL容量瓶中，用水定容至刻度。使用时加入数滴30%的Brij－35溶液。

4.8　水杨酸钠－亚硝基铁氰化钠溶液

称取约150g水杨酸钠（$Na_2C_7H_5O_3$）溶解于600mL水中，再加入0.3g亚硝基铁氰化钠［$Na_2Fe(CN)_5NO$］，搅拌溶解后转移至1000mL容量瓶中，用水定容至刻度。使用时加入数滴30%的Brij－35溶液。

4.9　次氯酸钠溶液

将6mL次氯酸钠（有效氯含量应不低于5%）溶解于水中，转移至100mL容量瓶中，用水定容至刻度，即配即用。使用时加入1滴30%的Brij－35溶液。

4.10　标准溶液

4.10.1　标准储备液（100mg/L，以NH_3计）。

称取0.3898g干燥的硫酸铵［$(NH_4)_2SO_4$，纯度应不低于99%］，用水溶解后转移至1000mL容量瓶中，用水定容至刻度。混合均匀后储存于冰箱中。

$$100\text{mg/L} \times 1\text{L} \times \frac{132.53}{2 \times 17 \times 1000\text{mg/g}}\% = 0.3898\text{g}$$

4.10.2　工作标准溶液

用移液管准确移取一定体积的标准储备液（4.10.1）至100mL容量瓶中，用水定容至刻度，混合均匀。该溶液在常规试验条件下至少可以稳定3个月。表1列出了移取液体积与其换算浓度。

表 1　　标准溶液浓度的换算

标准储备液体积/mL	换算为氨的浓度/(mg/L)	标准储备液体积/mL	换算为氨的浓度/(mg/L)
2.0	2.0	20.0	20.0
5.0	5.0	30.0	30.0
10.0	10.0	40.0	40.0

4.10.3　工作标准曲线

标准数据点至少应为 5 个，工作标准曲线应为线性，线性相关系数应大于 0.998。

5　仪器

5.1　具塞三角瓶，50mL。

5.2　定量加液器或移液管。

5.3　快速定性滤纸。

5.4　分析天平，精确至 0.1mg。

5.5　振荡器。

5.6　连续流动分析仪由下述各部分组成：

——取样器；

——比例泵；

——渗析器；

——加热槽；

——螺旋管；

——比色计，配 660nm 滤光片；

——数据处理装置。

6　分析步骤

6.1　按照 GB/T 5606.1—2004 或 GB/T 19616—2004 抽取样品。

6.2　按照 YC/T 31 制备试样，并测定试样的水分含量。

6.3　称取约 0.3g 试样于 50mL 具塞三角瓶中（5.1），精确至 0.0001g，加入 25mL 水，盖上塞子，在振荡器（5.5）上振荡萃取 30 ~ 40min。

6.4　用快速定性滤纸（5.3）过滤萃取液，弃去前几毫升滤液，收集后续滤液作分析用。暂不用于分析的滤液，可储存于冰箱中过夜。

6.5　上机运行工作标准溶液（4.10.2）和萃取液（6.4）分析流程图参见附录 A。如萃取液浓度超出工作标准溶液的浓度范围，则应稀释后重新测定。

7 结果的计算与表述

7.1 结果的计算

以干基试样计的氨含量以质量分数 w 计，数值以% 表示，按式（1）计算：

$$W = \frac{c \times V \times n}{m \times (1 - w_1)} \times 100 \qquad (1)$$

式中 c——样品液中氨含量的仪器示值，mg/L；

V——萃取液的体积，mL；

n——稀释倍数；

m——试样的质量，mg；

w_1——试样水分的质量分数,%。

7.2 结果的表述

以两次测定的平均值作为测定结果，结果精确至0.01%。

8 测试报告

测试报告应包含采用的方法和得到的以干基计的结果。报告应包含本方法未规定的或是选择性的操作条件，以及可能对结果产生影响的其他情况。报告还应包含样品的唯一性资料。

9 重复性和再现性

本方法的重复性和再现性共同实验研究结果见附录 B。

附录 A
（资料性附录）
氨的连续流动分析流程图

测定范围：0.2mg/100mL～4.0mg/100mL

连续流动分析类型：μL/min

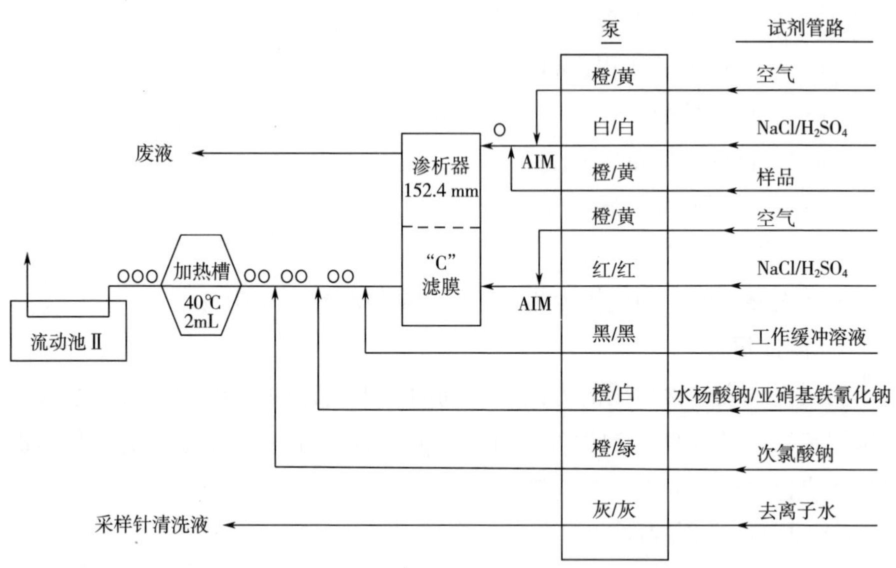

（若泵速可调节，泵速设为45）

O = 5圈螺旋管

O O = 10圈螺旋管

O O O = 15圈螺旋管

AIM=空气模块

比色参数

滤光片：660nm

流动池：10mm

衰减：2.0

采样参数

分析速率：90次/h

采样时间：20s

清洗时间：20s

泵管流速

橙/黄=118 μL/min

白/白=385 μL/min

红/红=482 μL/min

黑/黑=226 μL/min

橙/白=166 μL/min

橙/绿=74 μL/min

灰/灰=568 μL/min

图 A.1

连续流动分析类型：mL/min

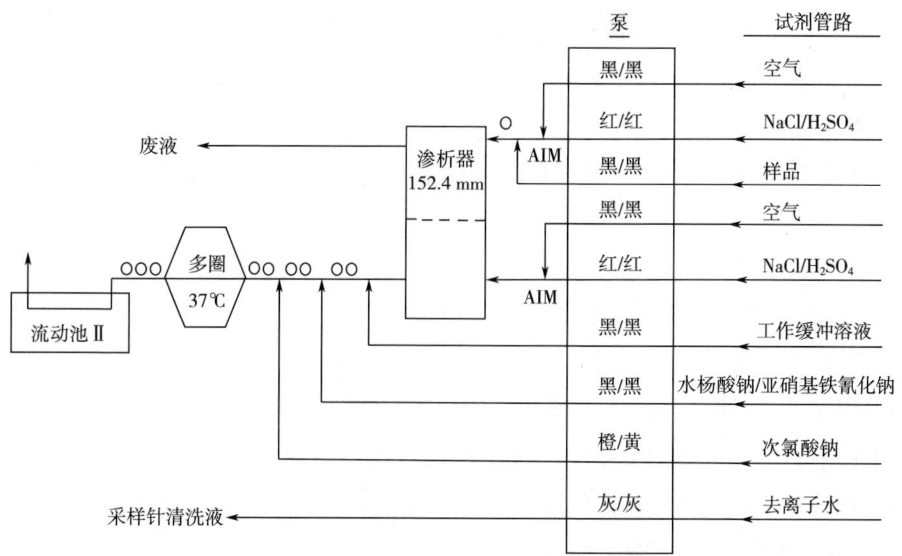

O = 5圈螺旋管

O O= 10圈螺旋管

O O O=15圈螺旋管

AIM=空气模块

比色参数	采样参数	泵管流速
滤光片：660nm 流动池：10mm × 1.5mm	分析速率：40次/h 1:1	橙/黄=0.16 mL/min 橙/橙=0.42 mL/min 红/红=0.80 mL/min 黑/黑=0.32 mL/min 黄/黄=1.20 mL/min 灰/灰=1.0 mL/min

图 A. 2

附录10　YC/T 253—2008 卷烟　主流烟气中氰化氢的测定　连续流动法

1　范围

本标准规定了卷烟主流烟气中氰化氢（氢氰酸）释放量的连续流动测定方法。

本标准适用于卷烟主流烟气中氰化氢（氢氰酸）的测定。

2　规范性引用文件

下列文件中的条款通过本标准的引用而成为本标准的条款。凡是注日期的引用文件，其随后所有的修改单（不包括勘误的内容）或修订版均不适用于本标准，然而，鼓励根据本标准达成协议的各方研究是否可使用这些文件的最新版本。凡是不注日期的引用文件，其最新版本适用于本标准。

GB/T 5606.1——2004 卷烟 第1部分：抽样

GB 6682——2008 分析实验室用水规格和试验方法（GB 6682—2008，neq ISO 3696：1987）

GB/T 19609—2004 卷烟 用常规分析用吸烟机测定总粒相物和焦油（GB/T 19609—2004，ISO 4387：2000，MOD）

3　原理

使用异烟酸－1，3－二甲基巴比妥酸显色体系在连续流动分析仪上检测氰化氢，其反应单元发生的显色反应为：在微酸性条件下，主流烟气中的氰离子与氯胺T作用生成氯化氰，氯化氰与异烟酸反应，经水解生成戊烯二醛类化合物，再与1，3－二甲基巴比妥酸反应生成蓝色化合物，在600nm处进行吸光度检测。

4　试剂与材料

4.1　除特别要求以外，均应使用分析纯试剂。水应符合GB/T 6682—2008中一级水的要求。

4.2　试剂

4.2.1　氢氧化钠。

4.2.2　氰化钾。

4.2.3　氯胺T。

4.2.4　邻苯二甲酸氢钾。

4.2.5　异烟酸。

4.2.6　1，3－二甲基巴比妥酸。

4.2.7　浓盐酸，37%（质量分数）。

4.3　Brij－35溶液（聚乙氧基月桂醚）。将250g Brij－35加入到1L水中，加热搅拌直至溶解。

4.4　盐酸溶液，1.0mol/L。在通风橱中，将84mL浓盐酸（4.2.7）缓慢加入到500mL水中，加入0.5mL Brij－35溶液（4.3），用水稀释至1L。

4.5　氢氧化钠溶液，1.0mol/L。用500mL水溶解40g氢氧化钠（4.2.1），用水稀释至1L。

4.6　邻苯二甲酸氢钾缓冲溶液：称取约2.3g氢氧化钠（4.2.1）、20.5g邻苯二甲酸氢钾（4.2.4），用水溶解，转移至1000mL容量瓶中，用水稀释至约975mL。用盐酸溶液（4.4）或氢氧化钠溶液（4.5）调pH至5.3。加入0.50mL的Brij－35溶液，用水定容至刻度。

4.7　显色试剂（异烟酸－1，3－二甲基巴比妥酸溶液）。称取约7.0g氢氧化钠（4.2.1）、16.8g 1，3－二甲基巴比妥酸（4.2.6）和13.6g异烟酸（4.2.5），用水溶解，转移至1000mL容量瓶中，用水稀释至约975mL。用盐酸溶液（4.4）或氢氧化钠溶液（4.5）调pH至5.3。加入0.50mL的Brij－35溶液，用水定容至刻度。在30℃下强力搅拌1h，过滤后备用。该溶液在2～5℃条件下，有效期为3个月。

4.8　氯胺T溶液。称取约2.0g氯胺T（4.2.3），转移至500mL容量瓶中，用水稀释至刻度。该溶液在2～5℃条件下，有效期为3个月。

4.9　氢氧化钠溶液，0.1mol/L。称取约4.0g NaOH（4.2.1），用水溶解，转移至1000mL容量瓶中，用水定容至刻度。

4.10　氢氧化钠清洗溶液，0.1mol/L。称取约4.0g NaOH（4.2.1），用水溶解，转移至1000mL容量瓶中，加入约1.0mL的Brij－35溶液（4.3），用水定容至刻度。

4.11　100mg/L氰离子标准储备溶液。称取约0.25g氰化钾（4.2.2）于烧杯中，用氢氧化钠溶液（4.9）溶解后转移至1000mL容量瓶中，用氢氧化钠溶液（4.9）定容至刻度，混合均匀，标定氰离子实际浓度。标准储备溶液用棕色瓶保存，储存于冰箱中2～5℃条件下。此溶液应每月制备一次。

注意：KCN 剧毒！

4.12　工作标准溶液。由标准储备溶液（4.11）用氢氧化钠溶液（4.9）制备至少 5 个工作标准溶液，其浓度范围应覆盖预计检测到的样品含量（每支 104μg 氰化氢对应的样品溶液氰离子浓度约为 4mg/L）。工作标准液应存储于冰箱中 2～5℃条件下。工作标准溶液应即配即用。

5　仪器

5.1　设备

GB/T 19609 所规定的各项仪器设备及下述各项：

——分析天平，精确至 0.1mg；

——连续流动分析仪，配吸光度检测器和 600nm 滤光片；

——振荡器；

——精密 pH 计；

——打孔气体吸收瓶，80mL。

5.2　卷烟主流烟气中氰化氢捕集装置

卷烟主流烟气粒相部分中的氰化氢由剑桥滤片捕集，气相部分中的氰化氢由串接于剑桥滤片之后的打孔吸收瓶捕集，吸收瓶中装有 30mL 氢氧化钠溶液（4.9）。捕集装置见图 1。

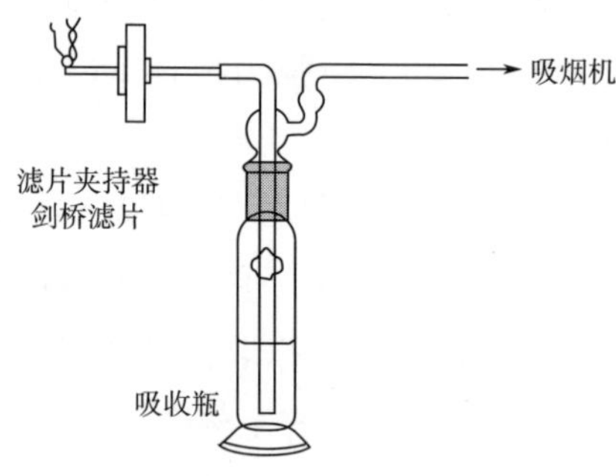

图 1　卷烟主流烟气中氰化氢的捕集装置

6　采样及试样制备

6.1　按照 GB/T 5606.1—2004 抽取实验室样品。

6.2　按照 GB/T 19609—2004 标准条件抽吸卷烟，每个通道抽吸 4 支。

7　样品的前处理和分析

7.1　滤片浸提

抽吸卷烟后，取出截留主流烟气的剑桥滤片，放入125mL锥型瓶中，加入50mL氢氧化钠溶液（4.9），常温下浸泡振荡30min，过滤后装入样品杯内。

7.2　气相捕集

用30mL氢氧化钠溶液（4.9）捕集4支卷烟主流烟气气相中的氰化氢。用氢氧化钠溶液（4.9）淋洗吸收瓶与主流烟气接触的部分，合并捕集液及淋洗液，转移至50mL容量瓶中，用氢氧化钠溶液（4.9）定容至刻度，摇匀，装入样品杯内。

7.3　样品的测定

样品在连续流动仪上经过在线稀释后二次进样分析，一种典型的连续流动分析仪配置方案参见附录A中图A.1。分析工作标准液（4.12）系列和样品溶液（7.1和7.2），由600nm处检测器响应值（峰高）采用外标法定量。每个样品重复测定两次。连续流动仪样品测试典型图谱参见附录A中图A.2。

7.4　空白样

每批次样品的连续流动检测过程中应加入空白样品以考察分析过程可能受到的污染。

空白样品：把空白剑桥滤片放入125mL锥型瓶中，加入50mL氢氧化钠溶液（4.9），常温下浸泡振荡30min，过滤后装入样品杯内。

空白样中不应检出氰化氢。如检出，则应清洗管道直至空白样中未检出氰化氢。

8　结果的计算与表述

8.1　卷烟主流烟气粒相物中的氰化氢（剑桥滤片捕集的部分）按式（1）计算：

$$y_1 = 1.038 \times c_1 \times V_1 / n \tag{1}$$

式中　y_1——卷烟主流烟气粒相物中的氰化氢，μg/支；

1.038——由氰离子换算成氰化氢的系数；

c_1——样品溶液中氰离子的检测浓度，μg/mL；

V_1——滤片萃取液的体积，mL；

n——抽吸烟支的数目，支。

8.2　卷烟主流烟气气相中的氰化氢（氢氧化钠溶液捕集的部分）按式（2）计算：

$$y_2 = 1.038 \times c_2 \times V_2 / n \tag{2}$$

式中　y_2——卷烟主流烟气气相中的氰化氢，μg/支；

1.038——由氰离子换算成氰化氢的系数；

c_2——样品溶液中氰离子的检测浓度，μg/mL；

V_2——滤片萃取液的体积，mL；

n——抽吸烟支的数目，支。

8.3　卷烟主流烟气氰化氢释放量按式（3）计算：

$$y = y_1 + y_2 \tag{3}$$

式中　y——卷烟主流烟气氰化氢释放量，μg/支。

以两次测定的平均值作为测定结果，精确至1μg/支。两次平行测定结果之间的相对偏差不应大于10.0%。

9　回收率与检出限

9.1　回收率

控制样品：把空白剑桥滤片放入125mL锥形瓶中，加入47.5mL氢氧化钠溶液（4.9）和2.5mL 100mg/L标准储备溶液（4.11），常温下浸泡振荡30min，过滤后装入样品杯内。控制样品氰离子浓度5.0μg/mL。

本方法测得的控制样品的典型回收率为98.6%。

在每批次样品的连续流动检测过程中，最多连续检测10个样品后需检测一个控制样品以考察回收率，在整个批次样品检测期间测得的控制样品的回收率应介于95%~105%之间。

9.2　检出限

本方法典型检出限为0.02μg/mL（以氰离子计），相当于烟气粒相或气相中0.26μg/支氰化氢释放量。

10　检验报告

检验报告应包括以下内容：

——识别被测样品需要的所有信息；

——参照本标准所使用的试验方法；

——检测环境大气条件；

——检测结果，包括各单次测定结果及其平均值；

——卷烟总粒相物产生量；

——总粒相物中烟碱含量；

——焦油量；

——抽吸口数；

——检测日期；

——检测人员。

11 注意事项

氰化物剧毒，实验人员应在进行相关操作时佩戴防护手套以保证安全。测定后的废液不允许与酸性溶液混合，不可直接排放，实验废液收集后须按相关规定处理。

附录 A（资料性附录）
连续流动分析仪典型配置和样品测试典型图谱

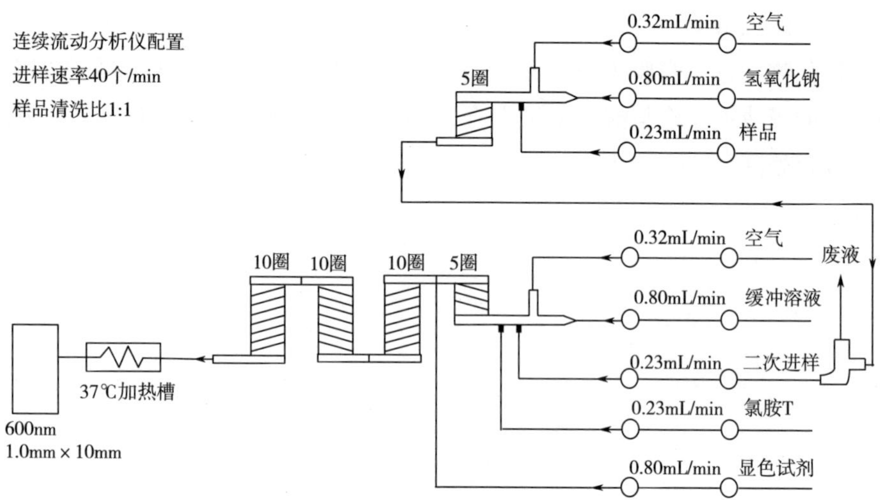

图 A.1　氰化氢检测连续流动仪典型配置图

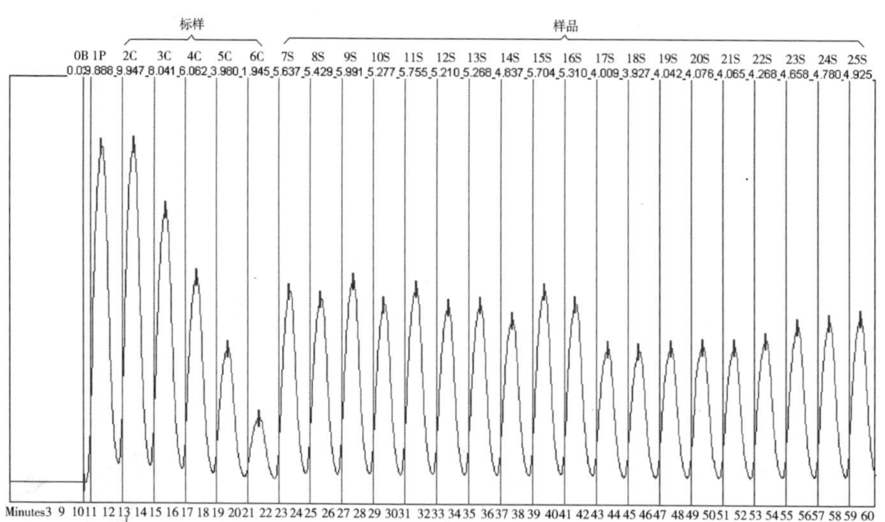

图 A.2　样品测试典型图谱示例

附录 11　YC/T 350—2010 卷烟　侧流烟气中氰化氢的测定　连续流动法

1　范围

本标准规定了卷烟侧流烟气中氰化氢（氢氰酸）释放量的连续流动测定方法。

本标准适用于卷烟侧流烟气中氰化氢（氢氰酸）的测定。

本方法测定卷烟侧流烟气中氰化氢（氢氰酸）的检出限为 0.020μg/mL，定量限为 0.062μg/mL（均以氰离子计）。

2　规范性引用文件

下列文件对于本文件的应用是必不可少的。凡是注日期的引用文件，仅注日期的版本适用于本文件。凡是不注日期的引用文件，其最新版本（包括所有的修改单）适用于本文件。

GB/T 6682—2004 分析实验室用水规格和试验方法

GB/T 19609—2004 卷烟 用常规分析用吸烟机测定总粒相物和焦油

3　原理

采用鱼尾罩及氢氧化钠溶液收集卷烟侧流烟气中的氰化氢，应用异烟酸　1，3 - 二甲基巴比妥酸显色体系在连续流动分析仪上检测氰化氢，其反应单元发生的显色反应为：在微酸性条件下，侧流烟气中氰离子与氯胺 T 作用生成氯化氰，氯化氰与异烟酸反应，经水解生成戊烯二醛类化合物，再与 1，3 - 二甲基巴比妥酸反应生成蓝色化合物，在 600nm 处进行吸光度检测。

4　试剂与材料

除特别要求以外，均应使用分析纯试剂。水应符合 GB/T 6682—2004 中一级水的要求。

4.1　试剂

4.1.1　氢氧化钠；

4.1.2　氰离子标准物质；

4.1.3　氯胺 T；

4.1.4　邻苯二甲酸氢钾；

4.1.5　异烟酸；

4.1.6 1，3-二甲基巴比妥酸；

4.1.7 浓盐酸，36%~38%（质量分数）。

4.2 Brij-35溶液（聚乙氧基月桂醚）

将250g Brij-35加入到1L水中，加热搅拌直至溶解。

4.3 1mol/L盐酸溶液

在通风橱中，将84mL浓盐酸（4.1.7）缓慢加入到500mL水中，加入0.5mL Brij-35溶液（4.2），用水稀释到1L。

4.4 1mol/L氢氧化钠溶液

称取40g氢氧化钠（4.1.1），用500mL水溶解，冷却至室温后转移至1000mL容量瓶中，用水稀释至刻度。

4.5 邻苯二甲酸氢钾缓冲溶液

称取2.3g氢氧化钠（4.1.1）、20.5g邻苯二甲酸氢钾（4.1.4），加入975mL水中完全溶解，用盐酸溶液（4.3）或氢氧化钠溶液（4.4）调pH至5.3，再加入0.50mL的Brij-35溶液，转移至1000mL容量瓶中，用水定容至刻度。

4.6 显色试剂（异烟酸-1，3-二甲基巴比妥酸溶液）

分别称取7.0g氢氧化钠（4.1.1）、16.8g 1，3-二甲基巴比妥酸（4.1.6）和13.6g异烟酸（4.1.5），加入975mL水，在30℃下搅拌至完全溶解，过滤，用盐酸溶液（4.3）或氢氧化钠溶液（4.4）调pH至5.3，再加入0.50mL的Brij-35溶液，转移至1000mL棕色容量瓶中，用水定容至刻度。该溶液在2~5℃条件下，有效期为3个月。

4.7 氯胺T溶液

称取2.0g氯胺T（4.1.3），转移至500mL棕色容量瓶中，用水稀释至刻度。该溶液在2~5℃条件下，有效期为3个月。

4.8 0.1mol/L氢氧化钠溶液

称取4.0g氢氧化钠（4.1.1），用水溶解，转移至1000mL容量瓶中，用水定容至刻度。

4.9 0.1mol/L氢氧化钠清洗溶液

称取4.0g氢氧化钠（4.1.1），用水溶解，转移至1000mL容量瓶中，加入1.0mL的Brij-35溶液（4.2），用水定容至刻度。

4.10 标准工作溶液

由氰离子标准物质（4.1.2）用氢氧化钠溶液（4.8）制备至少5个标准工作溶液，其浓度范围应覆盖预计检测到的样品含量。标准工作溶液应使用棕色容量瓶配制，并在2～5℃条件下保存，有效期为一周。

5　仪器

GB/T 19609—2004所规定的各项仪器设备及下述各项。

5.1　分析天平，精确至0.1mg。

5.2　卷烟侧流吸烟机。

5.3　连续流动分析仪，配吸光度检测器和600nm滤光片。

5.4　回旋振荡器。

5.5　pH计。

5.6　气体吸收瓶，80mL（规格参见附录A）。

6　采样及试样制备

6.1　卷烟侧流烟气粒相部分中氰化氢由剑桥滤片捕集。气相部分中氰化氢由串联于剑桥滤片后的两个80mL气体吸收瓶捕集，吸收瓶中各装入35mL氢氧化钠溶液（4.8），检查装置的气密性，校准侧流空气流速为3L/min。捕集装置见图1。

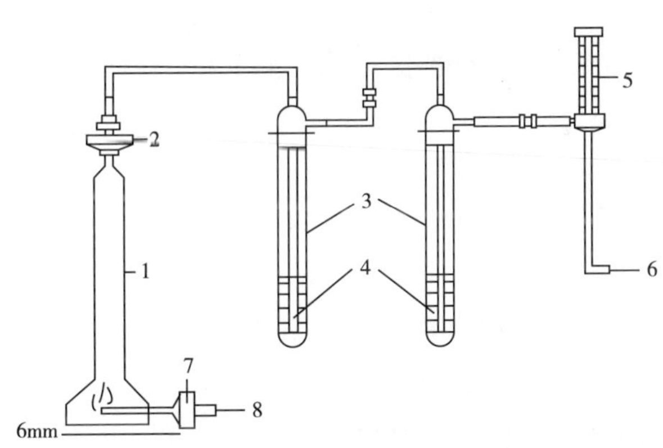

图1　单个孔道卷烟侧流烟气中氰化氢的捕集装置示意图

1—鱼尾罩　2—侧流烟气捕集器（剑桥滤片）　3—气体吸收瓶　4—氢氧化钠吸收液
5—气体流量计　6—（连接）泵　7—主流烟气捕集器（剑桥滤片）　8—主流烟气

6.2　按GB/T 19609—2004规定条件抽吸卷烟，每个通道抽吸两支，每个卷烟样品平行测定两次。

7　样品处理和分析

7.1　粒相物处理

抽吸完卷烟后，取出截留测流烟气的剑桥滤片，将捕集器内壁用滤片擦干净，将滤片放入100mL锥型瓶中，准确加入25.0mL氢氧化钠溶液（4.8），常温下浸泡振荡30min，使用0.45μm水系滤膜过滤后待测。样品处理完后宜立即上机分析，时间间隔不应超过6h。

7.2　气相物处理

7.2.1　鱼尾罩内壁用30mL氢氧化钠清洗溶液（4.9）淋洗至150mL容量瓶中。

7.2.2　将两个吸收瓶中吸收液转移至150mL容量瓶中，分别用5～8mL氢氧化钠清洗溶液（4.9）淋洗吸收瓶与侧流烟气接触部分，每个吸收瓶洗涤2～3次，淋洗液并入150mL容量瓶中，用氢氧化钠溶液（4.8）定容至刻度，摇匀，待测。样品处理完后宜立即上机分析，时间间隔不应超过6h。

7.3　样品测定

样品在连续流动仪上经过在线稀释后二次进样分析，一种典型的连续流动分析仪配置方案参见附录B中的图B.1。

分析系列标准工作溶液（4.10）和样品溶液（7.1、7.2），由600nm处检测器响应值（峰高）采用外标法定量。连续流动仪样品测试典型图谱参见附录B中的图B.2。

8　结果的计算与表述

8.1　卷烟侧流烟气粒相物中氰化氢的含量按式（1）计算得出。

$$y_1 = 1.038 \times c_1 \times V_1 / n \tag{1}$$

式中　y_1——卷烟侧流烟气粒相物中氰化氢的含量，μg/支；

1.038——由氰离子换算成氰化氢的系数；

c_1——样品溶液中氰离子的检测浓度，μg/mL；

V_1——滤片萃取液的体积，mL；

n——抽吸烟支数，支。

8.2　卷烟侧流烟气气相中氰化氢的含量按（2）计算得出。

$$y_2 = 1.038 \times c_2 \times V_2 / n \tag{2}$$

式中　y_2——卷烟侧流烟气气相中氰化氢的含量，μg/支；

1.038——由氰离子换算成氰化氢的系数；

c_2——样品溶液中氰离子的检测浓度，μg/mL；

V_2——定容体积，mL；

n——抽吸烟支数，支。

8.3　卷烟侧流烟气的氰化氢释放量按式（3）计算得出。

$$y = y_1 + y_2 \tag{3}$$

式中　y——卷烟侧流烟气氰化氢的释放量，μg/支；

y_1——卷烟侧流烟气粒相物中氰化氢的含量，μg/支；

y_2——卷烟侧流烟气气相中氰化氢的含量，μg/支。

取两个平行样品的算术平均值作为测定结果，精确至0.1μg/支。两次平行测定结果之间的相对偏差应不大于10.0%。

9　回收率

样品加标回收率试验结果见表1。

表1　　**样品加标回收率试验结果**

试验部位	原始值 μg/支	加标量 μg/支	加标后测定值 μg/支	回收率 %
粒相（剑桥滤片）	10.2	5.3	15.4	98.1
		10.6	20.7	99.1
		15.9	25.9	98.7
气相（鱼尾罩+吸收液）	130.1	53.0	181.8	97.5
		106.0	235.0	99.0
		159.0	287.4	98.9

10　检验报告

检验报告应包括以下内容：

——识别被测样品需要的所有信息；

——参照本标准所使用的试验方法；

——检测环境大气条件；

——检测结果，包括各单次测定结果及其平均值；

——检测日期；

——检测人员。

11　注意事项

氰化物剧毒，试验人员应在进行相关操作时佩戴防护手套以保证安全。测定后的废液不允许与酸性溶液混合，不可直接排放，实验废液收集后须按相关规定处理。

附录 A
（资料性附录）
气体吸收瓶示意图

气体吸收瓶示意图，见图 A. 1。

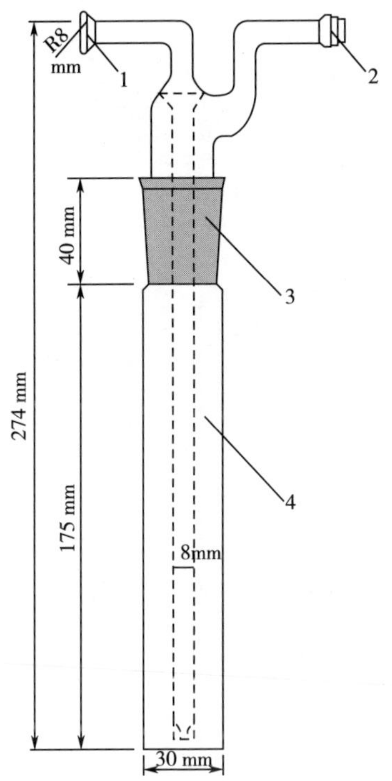

图 A. 1　气体吸收瓶示意图

1—进气口　2—出气口　3—磨砂标准口　4—吸收瓶主体（80mL）

附录 B（资料性附录）
氰化氢连续流动仪典型配置图及样品测试典型色谱图示例

B.1　氰化氰检测连续流动仪典型配置图，见图 B.1。

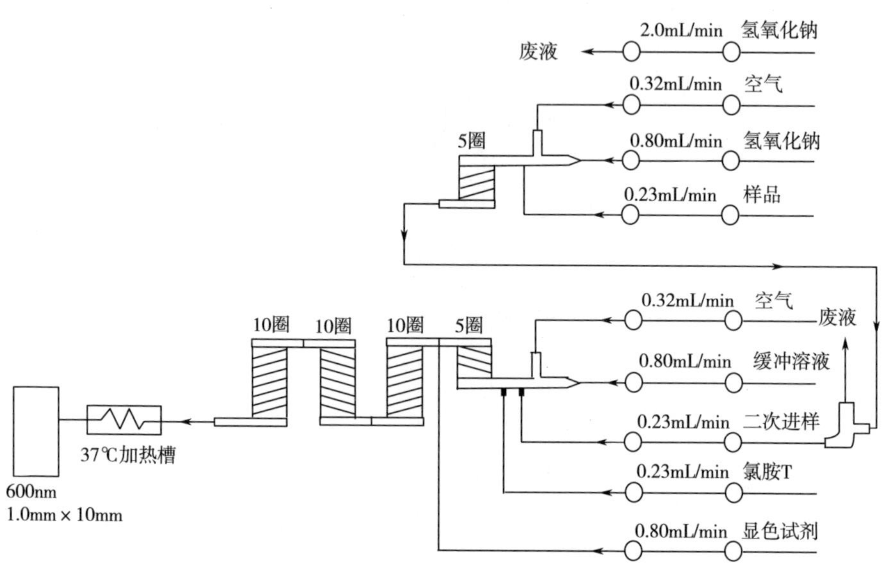

图 B.1　氰化氢检测连续流动仪典型配置图

B.2　样品测试典型色谱图示例，见图 B.2。

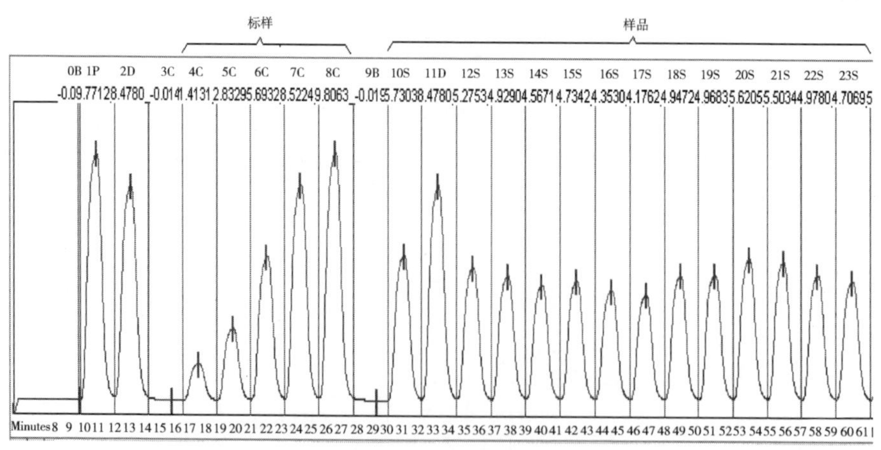

图 B.2　样品测试典型图谱示例

附录12 YQ/T 16—2012 卷烟
主流烟气中氨的测定 连续流动法

1 范围

本标准规定了卷烟主流烟气中氨的连续流动测定方法。

本标准适用于卷烟主流烟气中氨的测定。

本方法测定卷烟主流烟气中氨的检出限为 0.07μg/支，定量限为 0.23μg/支。

2 规范性引用文件

下列文件对于本文件的应用是必不可少的。凡是注日期的引用文件，仅注日期的版本适用于本文件。凡是不注日期的引用文件，其最新版本（包括所有的修改单）适用于本文件。

GB/T 6682—2008 分析实验室用水规格和试验方法

GB/T 16450—2004 常规分析用吸烟机 定义和标准条件

GB/T 19609—2004 卷烟 用常规分析用吸烟机测定总粒相物和焦油

YC/T 377 卷烟 主流烟气中氨的测定 离子色谱法

3 原理

用稀盐酸溶液捕集主流烟气气相物；以剑桥滤片捕集烟气总粒相物，并用稀盐酸溶液萃取。分别定量移取气相吸收液和粒相萃取液，合并后稀释定容，经石墨化炭黑固相萃取柱净化。样品溶液中的铵，在碱性缓冲溶液中与水杨酸和二氯异氰尿酸钠反应，反应催化剂为亚硝基铁氰化钠，反应生成物在 660nm 处进行吸光度测定，并换算得出卷烟主流烟气中氨的含量。

4 试剂

除特别要求以外，均应使用分析纯级试剂。水应符合 GB/T 6682—2008 中一级水的规定。

4.1 盐酸，36% ~38%（质量分数）。

4.2 Brij－35 溶液（聚乙氧基月桂醚）

称取 250g Brij－35 加入到 1L 水中，加热搅拌直至溶解。

4.3 吸收液，0.01mol/L 盐酸溶液，现配现用。

4.4 缓冲溶液

称取40.0g柠檬酸钠（$C_6H_5Na_3O_7 \cdot 2H_2O$）于烧杯中，加入约600mL水溶解后，定容至1000mL容量瓶，加入1mL Brij－35溶液（4.2）。

4.5 水杨酸钠溶液

称取40.0g水杨酸钠（$NaC_7H_5O_3$）及1.0g亚硝基铁氰化钠（$Na_2[Fe(CN)_5NO] \cdot 2H_2O$）于烧杯中，加入约600mL水溶解后，转移至1000mL容量瓶，定容摇匀。

4.6 二氯异氰尿酸钠溶液（DCI）

称取20.0g氢氧化钠（NaOH）及3.0g二氯异氰尿酸钠（$NaC_3Cl_2N_3O_3 \cdot 2H_2O$）于烧杯中，加入约600mL水溶解后，转移至1000mL容量瓶，定容摇匀。

4.7 标准溶液

4.7.1 标准储备液

水中氨氮成分分析标准物质［100μg/mL（以N计）］。

4.7.2 系列标准工作溶液

分别移取一定体积的NH_4^+标准储备液（4.7.1），用吸收液（4.3）稀释定容，现配现用。表1为推荐的系列标准工作溶液浓度。

表1　　　　系列标准工作溶液　　　　单位：μg/L

NH_4^+系列标准工作溶液	1#	2#	3#	4#	5#
浓度（以N计）	0.15	0.30	0.50	0.80	1.20

5 仪器及材料

5.1 GB/T 19609—2004所规定的各项仪器设备。

5.2 振荡器，回旋式或往复式振荡器。

5.3 捕集阱，见YC/T 377。

5.4 石墨化炭黑固相萃取柱（250mg，6mL），使用前使用5mL吸收液（4.3）活化。

5.5 连续流动分析仪

由下述各部分组成：

——取样器；

——比例泵；

——加热槽；

——螺旋管；

——比色计，配660nm滤光片；

——记录仪或其他合适的数据处理装置。

连续流动分析仪测定管路图参见附录A。

6　分析步骤

6.1　卷烟抽吸

6.1.1　捕集阱连接方式参见附录B。装有吸收液的捕集阱连至吸烟机后，应按照GB/T 16450—2004规定要求，调整每孔道抽吸容量至（35±0.3）mL。

6.1.2　按照GB/T 19609—2004规定要求进行抽吸，直线型吸烟机每个样品同一孔道抽吸4支卷烟。

6.1.3　按照GB/T 19609—2004规定要求进行抽吸，转盘式吸烟机每个样品一轮抽吸20支卷烟。

6.2　气相吸收液的制备

6.2.1　直线型吸烟机：捕集阱内准确加入20mL吸收液（4.3），抽吸后制得主流烟气气相吸收液。

6.2.2　转盘式吸烟机：捕集阱内准确加入50mL吸收液（4.3），抽吸后制得主流烟气气相吸收液。

6.3　粒相萃取液的制备

6.3.1　对于44mm剑桥滤片，卷烟抽吸完成后，把捕集有粒相成分的滤片及擦拭捕集器用的四分之一滤片（44mm）一起放入100mL萃取瓶中。准确加入20mL吸收液（4.3）。

6.3.2　对于92mm剑桥滤片，卷烟抽吸完成后，把捕集有粒相成分的滤片及擦拭捕集器用的四分之一滤片（44mm）一起放入250mL萃取瓶中。准确加入50mL吸收液（4.3）。

6.4　分析样品制备

6.4.1　对于由直线型吸烟机得到的主流烟气气相吸收液与粒相萃取液，各定量移取4mL，合并置入10mL容量瓶；使用吸收液（4.3）定容。摇匀后，使用石墨化炭黑固相萃取柱（5.4）过滤（流速：5mL/min），弃去前2～3mL滤液，后续滤液置于样品杯中，即制得待测样品。

6.4.2　对于由转盘式吸烟机得到的主流烟气气相吸收液与粒相萃取液，各定量移取5mL，合并置入25mL容量瓶；使用吸收液（4.3）定容。摇匀后，使用石墨化炭黑固相萃取柱（5.4）过滤（流速：5mL/min），弃去前2~3mL滤液，后续滤液置于样品杯中，即制得待测样品。

6.4.3　对于由6.4.1或6.4.2制备的待测样品，应在12h完成检测。

6.5　标准工作曲线制作

对系列标准工作溶液（4.7.2）进行连续流动法测定，外标法定量。根据标准工作溶液各组分的浓度及对应的响应峰高，建立线性回归方程，相关系数应不小于0.999。

6.6　样品测定

测定分析样品溶液（6.4.1或6.4.2）。每个样品平行测试两次。工作标准溶液和样品溶液连续流动分析图示例参见附录C。

7　结果计算与表述

卷烟主流烟气中的氨含量按照式（1）计算得出：

$$X=\frac{c\times V\times k\times 17.03}{n\times 18.04} \tag{1}$$

式中　X——样品中的氨含量，μg/支；

c——样品中氮的连续流动测定浓度，μg/mL；

V——样品定容体积，mL；

k——换算系数，使用转盘式吸烟机时为10，使用直线型吸烟机时为5；

17.03——NH_3的式量；

n——抽吸卷烟烟支数量，支；

14.01——N的式量。

取两个平行样品的算术平均值为检测结果，结果精确到0.01μg/支。平行测定结果之间的相对平均偏差应不大于10%。

8　回收率与精密度

本方法的精密度结果见表2。加标回收率结果见表3。

表2　　精密度　　单位：μg/支

测定次数	烤烟型卷烟			混合型卷烟		
	第一日	第二日	第三日	第一日	第二日	第三日
1	8.61	8.50	8.06	6.24	6.43	6.55
2	8.19	8.27	8.58	6.09	6.32	6.31

续表

测定次数	烤烟型卷烟			混合型卷烟		
	第一日	第二日	第三日	第一日	第二日	第三日
3	8.50	8.49	8.37	6.51	6.11	6.60
4	8.72	8.65	8.25	6.42	6.55	6.15
5	8.67	8.30	8.41	6.13	6.17	6.23
日内平均值	8.54	8.44	8.33	6.28	6.32	6.37
RSD/%	2.5	1.9	2.3	2.9	2.9	3.1

表 3　　加标回收率

样品名称	样品含量 μg/支	加标含量 μg/支	测定值 μg/支	回收率 %
烤烟型卷烟	8.56	3.78	12.01	91.3
	8.56	7.56	15.86	96.6
	8.56	11.33	19.36	95.3
混合型卷烟	6.49	3.78	10.19	97.9
	6.49	7.56	13.72	95.6
	6.49	11.33	17.56	97.7

9　测试报告

测试报告应说明所使用的方法和检验结果。报告中应包含本方法未规定的或选择性的操作条件，以及可能对结果产生影响的其他情况。

测试报告应包括样品的唯一性资料。

检验结果应包括以下内容：

——依据本标准的说明；

——识别被测样品需要的所有信息；

——检测结果；

——检测日期；

——检测人员。

附录 A
(资料性附录)
连续流动分析仪测定管路图

连续流动分析仪测定管路图见图 A. 1。

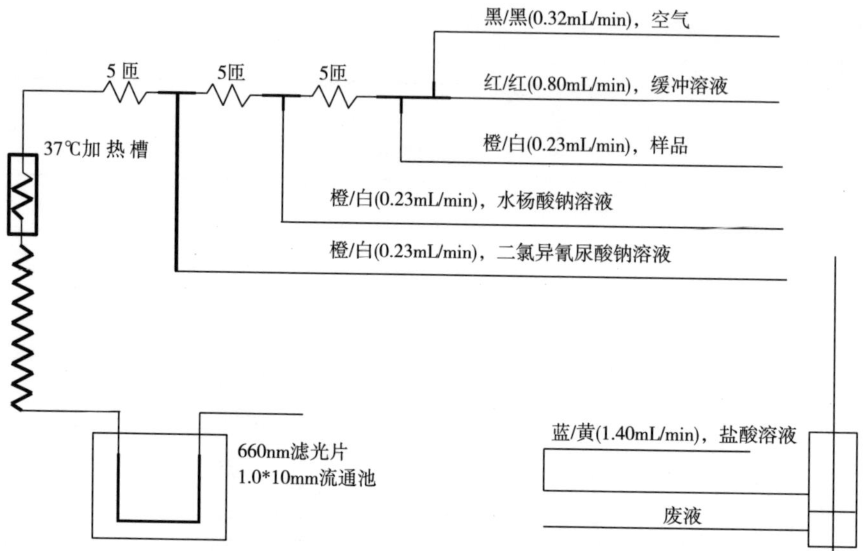

图 A. 1　连续流动分析仪测定管路图

附录 B
（资料性附录）
吸烟系统连接方式示意图

吸烟系统连接方式见图 B. 1。

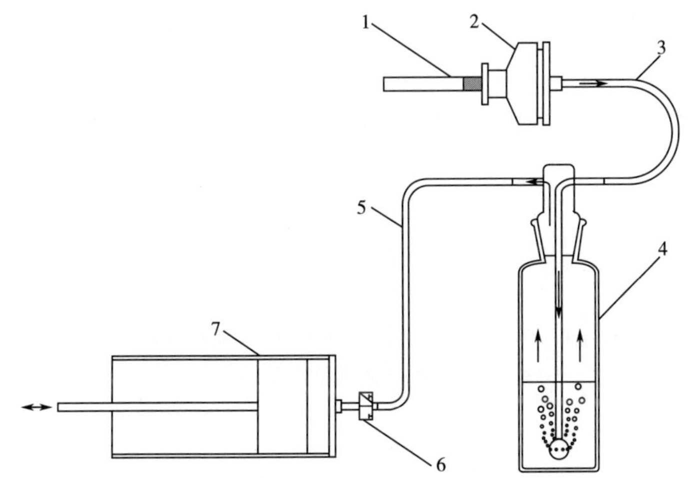

图 B. 1 吸烟系统连接方式示意图

1—烟支 2—捕集器 3，5—连接管路 4—捕集阱 6—二位三通阀 7—抽吸单元

附录 C
(资料性附录)
标准工作溶液及样品溶液连续流动分析图示例

标准工作溶液及样品溶液连续流动分析图示例见图 C. 1。

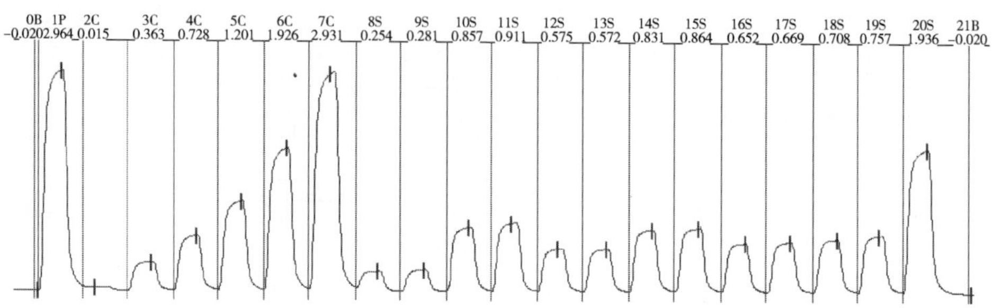

图 C. 1 标准工作溶液及样品溶液连续流动分析图示例

P—起始样品 C—工作标准溶液 S—样品溶液